U0711053

国家级一流专业（计算机科学与技术）建设成果系列教材

普通高等院校计算机类专业系列精品教材

Java程序设计基础

主　编 ◎ 常新功

副主编 ◎ 尉哲明　周志刚

参　编 ◎ 白增亮　张少霞　张文跃

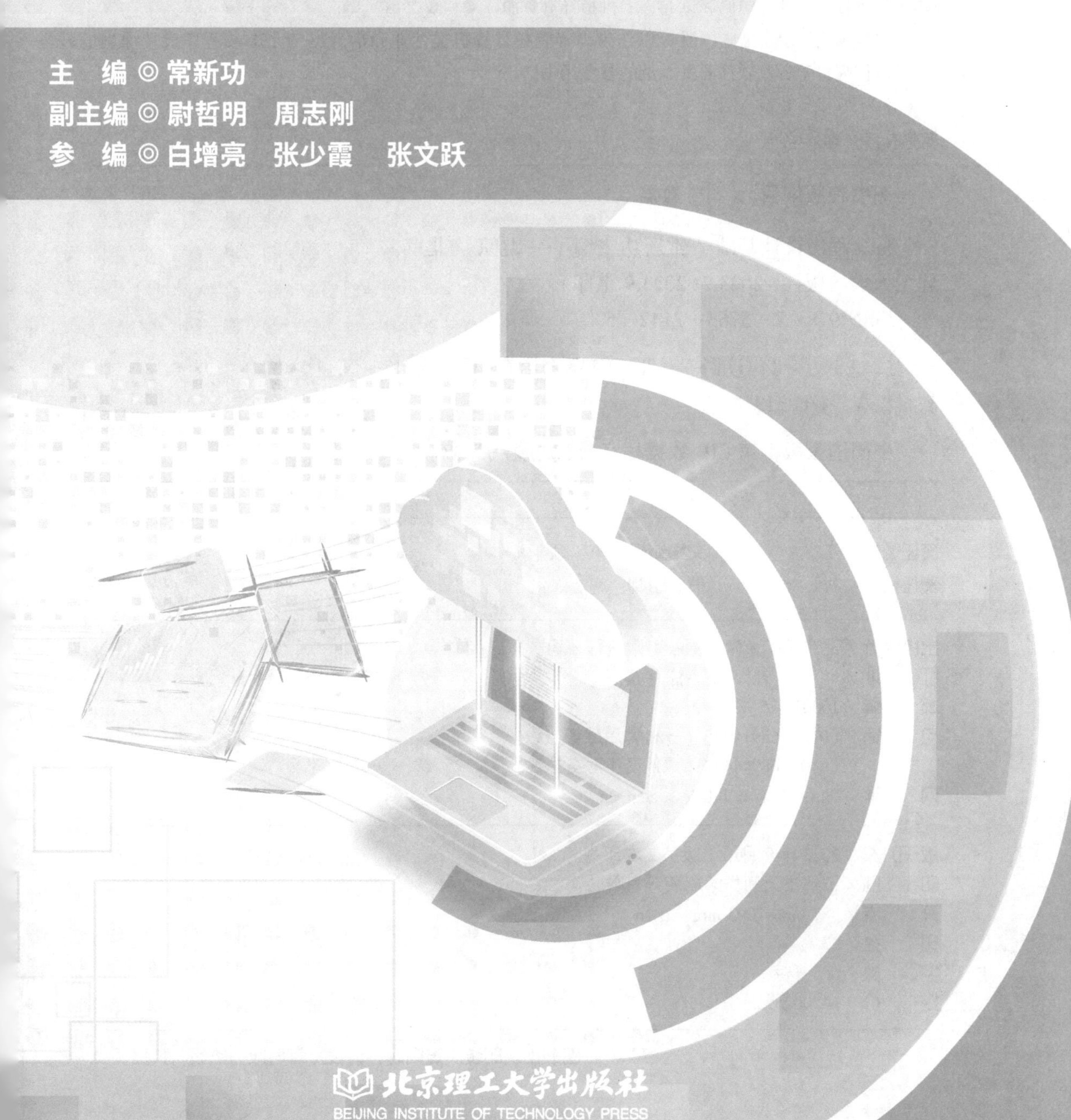

北京理工大学出版社

BEIJING INSTITUTE OF TECHNOLOGY PRESS

内容简介

本书内容由浅入深，紧密联系实际，结合大量典型案例，详细讲解 Java 面向对象的编程思想、程序设计模式和 Java 高级编程。

本书的设计秉承工程教育专业认证理念：以学生为中心，破除教师“满堂灌”式的讲授，从问题出发，强调对学生解决问题的引导，培养学生自我探索和深钻问题的能力，完成产学研融合教学的闭环；以成果为导向，秉承成果导向教育（Outcome Based Education，OBE）理念，破除知识点罗列模式，将知识点暗藏在大量实际问题场景的设计解决过程中，伴随学习进程设置自测习题，方便读者自我定位；以持续改进为目标。全书分为基础篇、进阶篇和应用篇 3 个阶梯层次，方便读者进阶强化。

本书提供教学课件、源码和试卷、上机指导等资源。

本书内容翔实，层次清晰，既可以作为高等院校计算机类专业和信息类专业 Java 程序设计课程的教材，也可以作为自学者及软件开发人员的参考用书。

图书在版编目(CIP)数据

Java 程序设计基础 / 常新功主编. -- 北京 : 北京理工大学出版社, 2023.2(2023.9 重印)

ISBN 978-7-5763-2142-5

Ⅰ. ①J… Ⅱ. ①常… Ⅲ. ①JAVA 语言-程序设计-教材 Ⅳ. ①TP312.8

中国国家版本馆 CIP 数据核字(2023)第 034877 号

责任编辑：江　立　　**文案编辑**：李　硕
责任校对：刘亚男　　**责任印制**：李志强

出版发行 / 北京理工大学出版社有限责任公司
社　　址 / 北京市丰台区四合庄路 6 号
邮　　编 / 100070
电　　话 / (010) 68914026 (教材售后服务热线)
(010) 68944437 (课件资源服务热线)
网　　址 / http://www.bitpress.com.cn

版 印 次 / 2023 年 9 月第 1 版第 2 次印刷
印　　刷 / 三河市天利华印刷装订有限公司
开　　本 / 787 mm×1092 mm　1/16
印　　张 / 23
字　　数 / 603 千字
定　　价 / 64.00 元

前言

本书秉承工程教育专业认证理念和 OBE 理念，面向国家一流专业建设和国家一流课程建设进行设计。全书分为三大部分，共 17 章。

第一部分　基础篇：面向对象编程（第 1~7 章），主要包括 Java 编程的基本数据类型、运算符、表达式和语句；类与对象、子类与继承、接口与多继承、多态；泛型、集合框架；访问控制、异常处理；输入/输出流等内容。这部分内容重点介绍了面向对象编程的基本理论和方法，并在此基础上突出强调了类的设计，重点培养学生针对复杂工程问题设计特定解决方案的能力。

第二部分　进阶篇：程序设计模式（第 8~10 章），主要包括 Java 语言创建型、结构型和行为型 3 类程序设计模式的结构、范式、应用场景和特点等内容。这部分内容是对上一部分“设计”主题的延续和加强，它确保了 Java 教学的高阶性，提高了学习的难度，以进一步助力“新工科”教改，真正做到让“课业难起来、教师强起来、学生忙起来、质量高起来”。

第三部分　应用篇：Java 高级编程（第 11~17 章），基于 JavaFX 10 详细讲解了 Java 图形用户界面设计，重点介绍了 Java 多线程程序设计、Java 网络编程、Java 数据库编程等内容，最后还提供一个大型实用程序“C/S 网络程序（Web 服务器与浏览器）”作为综合实例。

本书内容面向课程思政、工程教育专业认证理念进行设计，通过将 Java 发展史、Java 技术发展趋势、社会热点、科学家故事、中国优秀传统文化、社会主义核心价值观等思政教学元素以润物无声的方式与教学内容有机融合，努力在传授知识和培养能力的同时突出课程思政教学。课程思政教学案例大多取自本书作者多年的教改成果。本书在习题中设计了“探究题”题型和“团队项目”题型，前者与“扩展阅读”“扩展练习”结合，训练和培养学生自主学习、终身学习的能力和习惯，后者旨在培养学生的团队合作与沟通能力。

本书第 1、2、3 章由常新功老师编写，第 4、7、16 章由白增亮老师编写，第 5、10、15 章由张文跃老师编写，第 6、9 章由周志刚老师编写，第 8、14 章由张少霞老师编写，第 11、12、13、17 章由尉哲明老师编写。本书的编写得到了北京理工大学出版社华北分社冯洪波社长和倪荣霞编辑的指导和帮助，在此表示衷心的感谢！感谢所有参编教师的家人给予的理解和支持。

衷心希望本书能为 Java 学习者提供有效的帮助，并恳请读者批评指正。

编者
2022 年 9 月

基础篇：面向对象编程

进阶篇：程序设计模式

应用篇：Java 高级编程

基础篇：面向对象编程

第 1 章　Java 概述

每个人都应该学习如何编程，因为它教会你如何思考。——史蒂夫·乔布斯

【本章导读】

Java 是一种纯粹的面向对象编程（Object-Oriented Programming，OOP）语言。Java 诞生于 1995 年，在诞生之初，它就定位于网络应用项目开发。随着互联网技术的迅猛发展，Java 也逐步发展成为主流的、标杆式的网络应用程序设计语言。与Python、C/C++等相比，Java 具有平台无关、面向对象、简单易学、健壮性高、安全性好、支持多线程编程、支持分布式计算等优点，它也因此得到了广大程序开发人员的喜爱。自诞生以来，Java 在 TIOBE 等主流编程语言排行榜的排名一直名列前茅。

本章首先简要介绍 Java 的用途、发展历程和特点，然后结合 Hello World 实例介绍 Java 程序的编写和运行，最后简要介绍 Java 开发环境的搭建。

【本章思维导图】

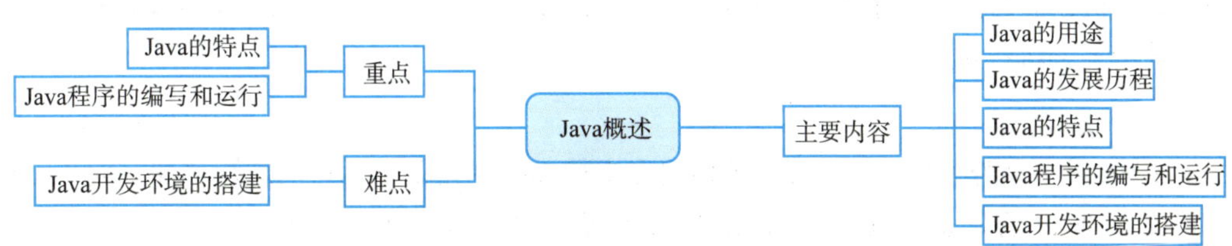

1.1　Java 的用途

Java 是优秀的程序设计语言，使用它可以有效地降低开发成本，缩短开发时间，激发创新，提高应用服务性能。目前，全世界已有超过 510 亿台的 Java 虚拟机被数百万用户所使用。Java 一直以来都是众多企业用户和开发者的不二之选。

Java 开发平台包括 Java SE（Java Platform Standard Edition）、Java ME（Java Platform Micro Edition）和 Java EE（Java Platform Enterprise Edition），它们分别面向不同的应用。其中，Java SE

面向桌面应用软件编程；Java ME 主要用于手机等嵌入式系统的开发；Java EE 则广泛应用于企业级分布式网络应用开发，如电子商务网站和 ERP 系统等。本书主要介绍 Java SE，它是进一步学习 Java ME 和 Java EE 的基础。

Java 的用途主要有以下几个方面。

1. 图形用户界面开发

图形用户界面（Graphics User Interface，GUI）程序是用于人机交互的客户端程序，QQ、迅雷、360、Adobe Acrobat Reader、ThinkFree Office 等都是用 Java 开发的 GUI 程序。

除了强大的基础类库，Java 还提供了 java. awt、java. swing 和 JavaFX 等扩展模块用于开发 GUI 程序。这些模块提供了丰富的应用程序接口（Application Programming Interface，API），能够帮助用户开发做出复杂、炫酷的效果，如颜色采集器、树形菜单、3D 图形等。早期的 GUI 程序主要用 java. awt 和 java. swing 开发，现在，JavaFX 正变得越来越流行。java. awt 包含许多预先构建的组件，如菜单、按钮、列表以及众多的第三方组件，而 java. swing 在此基础上还提供了一些高级组件，如表格、滚动窗格、选项卡式面板和列表等。从 Java 8 开始，Java 开发工具包中就绑定了 JavaFX，除控件、面板外，它还提供强大的图形和媒体功能。

2. Web 应用开发

Java 可以用来开发 Web 应用，很多大型网站都是用 Java 编写的，例如谷歌、亚马逊、淘宝、百度、携程等。基于 Java 的 Web 开发组件有很多，包括 Java 官方提供的 Servlet 和 JSP，以及第三方提供的 Structs、Spring、Hibernate、MyBatis、Spring MVC、Spring Boot、Spring Cloud 等。

3. 嵌入式系统开发

Java ME 主要用于嵌入式系统开发。嵌入式系统是完整工业产品的一部分，由微型芯片、微处理器等构成，它们往往比较廉价，性能不高，所以一般被当作低级系统。使用 Java 能够快速且有效地处理程序异常，因此也常用它开发运行在低级系统上的应用程序，如 SIM 卡、蓝光光盘播放器、机顶盒的控制程序等。根据 Oracle 公司统计，绝大多数的蓝光光盘播放器和大量电视设备都采用了 Java 技术。

4. 移动应用开发

Java ME 是一个跨平台框架，可用于构建在支持 Java 的设备上运行的应用程序。此外，移动操作系统 Android 通常也会使用 Android 软件开发工具包（Android SDK）在 Java 环境中编写脚本。

使用 Java 开发的 Android App 有谷歌地球、优步、抖音、淘宝、微信等。

5. 企业级应用开发

Java 是企业级应用开发的首选语言，因为它不但功能强大、性能出众，而且安全性好、易于扩展。Java 拥有专门的企业级开发版本 Java EE，它提供了丰富的 API 和专门的运行时环境（Runtime Environment，RTE），让用户在开发图形用户界面、Web 应用、嵌入式系统及移动应用时更加容易。根据 Oracle 公司统计，绝大多数企业计算机都在运行 Java 程序。

使用 Java 开发的典型企业级应用程序有企业资源规划（Enterprise Resource Planning，ERP）系统、客户资源管理（Customer Resource Management，CRM）系统等。另外，在办公自动化（Office Automation，OA）、邮箱、物流、医疗、股票、金融、考试、矿山等方面的信息系统开发中，Java 都占有极为重要的地位。

6. Web 服务器开发

很多 Web 服务器也是使用 Java 开发的，包括 Tomcat、WebSphere、JBoss、WebLogic、Jigsaw、Rimfaxe Web Server（RWS）等，这些 Web 服务器使用广泛，在商业应用领域占据重要地位。

7. 金融软件开发

银行、证券交易所等金融机构需要各种各样的软件来处理日常事务，如电子交易软件、结算软件、数据处理软件等，这些软件统称为“金融软件”。Java 主要用来开发金融软件的后台程序，即运行在服务器端的程序。它可以从一台服务器接收数据，并对它进行处理，然后将处理结果发送给另一台服务器或另一个进程，从而高效应对频繁的实时金融交易。

Java 性能强大、健壮、安全，大多数金融机构（如花旗银行、高盛、巴克莱银行等）都使用 Java 来开发金融软件。

8. 集成开发环境开发

很多集成开发环境（Integrated Development Environment，IDE）都是使用 Java 编写的，包括 Eclipse、IntelliJ IDEA 和 NetBeans 等环境，它们同时也是非常流行的 GUI 程序。

9. 大数据分析与处理

大数据技术是当今最流行、最热门的话题之一，也是未来的发展趋势。大数据技术用于从大规模的数据中分析和提取出有用的信息。Hadoop 是大数据处理的热门框架之一，它就是使用 Java 编写的。

与其他编程语言相比，Java 在垃圾自动回收、堆内存和栈内存分配等方面有较大的优势，这使其更加适合处理大数据。基于 Java 的大数据分析与处理工具有 Hadoop、Apache Hbase、Elasticsearch、Accumulo 等。

10. 科学应用开发

Java 是许多软件开发人员编写涉及科学计算和数学运算的应用程序时的首要选择。这些程序通常被认为是快速和安全的，具有更高的可移植性和易维护性。数学和工程计算软件 MATLAB 就是使用 Java 来开发用户交互界面及核心系统的。

11. 游戏开发

在计算机上运行的大多数游戏也是用 Java 来开发的，包括《我的世界》《英雄联盟》等。

综上所述，Java 的用途如图 1.1 所示。

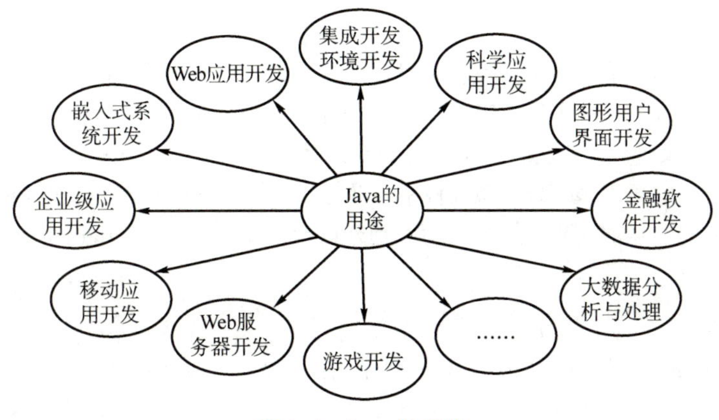

图 1.1 Java 的用途

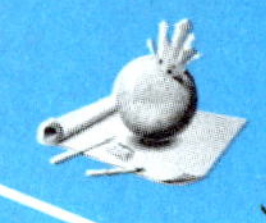

1.2 Java 的发展历程

二维码 1-1 Java 的发展历程

二维码 1-2 科学家故事——詹姆斯·高斯林

1.3 Java 的特点

1. 面向对象

任何一个具体的事物可以被称为对象，将同一类对象的公共属性和功能抽象为一个整体，就形成类。对象是类的实例，类是对象的模板。Java 是一种纯粹的 OOP 语言。与传统的面向机器的语言（机器语言、汇编语言）和面向过程的语言（如 C/C++、Pascal、Fortran、BASIC 等）不同，OOP 语言直接面向现实生活中的对象，将对象的静态属性和动态行为抽象并封装为一个整体，使程序模块化，从而更便于调试和维护。OOP 语言的继承性和多态性还使程序更灵活、更便于扩展，代码更便于复用。OOP 语言更符合人类的思维模式，更健壮，使用 OOP 语言更易于解决复杂问题，更便于进行创造性的程序设计。

2. 简单易用

Java 基于 C++，它继承了 C++绝大多数的优点，改进了 C++的缺点（如摒弃了）指针、释放内存、多继承、运算符重载、goto 语句等模糊且易发生错误的功能，并提供了垃圾自动回收机制，使程序员不必为内存管理担忧。

3. 平台无关

平台无关是指软件具有这样的特点：它可以不受计算机硬件和操作系统的约束，在任意计算机环境下正常运行。Java 通过两个机制实现平台无关性：一是将 Java 源代码（.java 文件）先编译为字节码文件（.class 文件）；二是针对具有不同底层硬件平台及操作系统的机器，Java 提供了一组被称为虚拟机的程序，它可以很好地屏蔽硬件平台及操作系统带来的影响，“一视同仁”地对字节码文件进行解释和执行，从而实现“一次书写，到处运行”（Write once，run anywhere）。平台无关性示例如图 1.2 所示。

4. 安全可靠

Java 的安全可靠主要从以下几个方面得到保证：首先，Java 摒弃了 C++中的指针和释放内存等功能，避免了非法内存操作；其次，Java 在执行前要经过一个字节码验证过程，如进行代码校验，以检查代码段的格式，检测指针操作、对象操作是否过分，以及是否有试图改变一个对象的

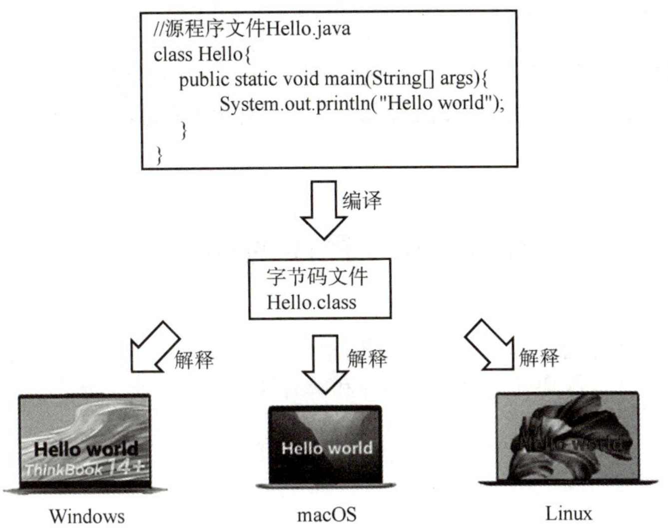

图 1.2 平台无关性示例

类型的行为等；再次，Java 完善的异常处理机制（try…catch…finally、throw、throws）使 Java 程序更加健壮；最后，Java 的存储分配模型使它能够防御恶意代码，因此很多大型企业级项目都会选择用 Java 来开发。

5. 多线程

多线程是指允许一个应用程序同时存在两个或两个以上的线程，以支持事务并发和多任务处理。Java 除了内置的多线程技术外，还定义了一些类、方法、同步原语等来建立和管理用户定义的多线程程序。

6. 分布式

Java 是分布式语言，支持 Web 应用开发。在基本的 Java 应用编程接口中，有一个网络应用编程接口，它提供了用于网络应用编程的类库，包括 URL、URLConnection、Socket、ServerSocket 等。Java 的远程方法调用（Remote Method Invocation，RMI）机制也是开发分布式应用的重要手段。

7. 可移植

Java 的平台无关性使 Java 程序可在多种硬件和操作系统的环境下运行。同时，Java 的语言声明不依赖于实现，它严格规定了各个基本数据类型的长度。此外，Java 编译器是用 Java 实现的，Java 的运行环境是用 ANSI C 实现的，这些都保证了 Java 具有良好的可移植性。

8. 先编译后解释

Java 先编译后解释，这使其兼有编译型语言和解释型语言的优点。一方面，Java 编译程序生成字节码，而不是通常的机器码，这使得用 Java 的开发效率比用 C++等编译型语言要高许多。另一方面，Java 解释器能直接运行目标代码指令，链接程序所需的资源通常比编译程序所需的少，这使程序员可以将更多的精力花在程序的创建上，而 Java 程序的执行速度也比 Python 程序等快许多。

9. 性能强大

Java 是一种先编译后解释的语言，它使用起来没有 C++等全编译型语言快捷。不过，如果解释器的速度不慢，Java 程序可以在运行时直接将目标代码翻译成机器指令，其翻译速度与C/C++程序基本相当。与目前主流的数据处理语言 Python 相比，Java 具有明显的性能优势。

10. 适应动态变化的环境

Java 的设计目标之一就是适应动态、变化的环境。Java 程序需要的类可以被动态地载入，还可以通过网络来载入。这有助于提升内存的管理效率，也有利于软件的升级更新。

1.4 Java 程序的编写和运行

Java 程序的编写和运行过程可以分为分析问题、建立模型、设计算法、编写代码、调试运行 5 个步骤，其中的调试运行又分为编辑、编译和解释执行 3 个步骤。本节结合实例进行讲解。

1.4.1 Hello World——第一个 Java 应用程序

拍一部电影首先要编写剧本，然后拍摄胶片，最后将胶片分发到各个影院去上映。Java 源代码（.java 文件）就相当于程序的剧本，而编译好的字节码文件（.class 文件）相当于胶片，字节码文件的解释执行相当于电影胶片的播放。一个 Java 应用程序由一个或多个 Java 源文件构成，每个源文件又包括一个或多个类定义。一般来说，Java 源文件由以下 3 部分组成。

（1）package 语句（0 句或 1 句）。

（2）import 语句（0 句或多句）。

（3）类定义（1 个或多个类定义）。

例 1.1　编程输出 Hello World 程序如下：

```
public class Example1_1 {
    public static void main (String args[]) {
        System.out.println("Hello World");
    }
}
```

关键字是 Java 提前规定好的具有特定用途或意义的一些单词，如例 1.1 程序中的 public、class、static、void 等。关键字 class 在此例中的作用就是定义了一个名称为 Example1_1 的类。第一个{和最后一个}括起来的部分为 Example1_1 类的类体，其中包含一个 main()方法。所谓方法是指某一类中的一个特定行为功能模块。类与方法的确切含义将在第 3 章中详细介绍。第二个{和倒数第二个}括起来的部分是 main()方法的方法体，里面包含一条输出语句。执行上述程序，就会在显示器上输出 Hello World。

例 1.2　编程输出 Hello+一个同学的名字+! Together for a Shared Future，例如输出 Hello 张华! Together for a Shared Future。程序如下：

```
package ex1_2;                    //定义该程序属于 ex1_2 包
import java.util.Scanner;         //导入 java.util 类库中的 Scanner 类
public class Example1_2 {
    public static void main (String args[]) {
        Scanner sc = new Scanner(System.in);
        System.out.print("请输入同学的名字");
        String str = sc.next();
        Student stu = new Student();
```

```
            stu. name=str;
            System. out. print("Hello" + stu. name + "!");
            stu. speak("Together for a Shared Future");
        }
    }
    class Student {
        public String name;
        public void speak(String s) {
            System. out. println(s);
        }
    }
```

1.4.2 Java 程序的编辑

使用记事本、Notepad++、Eclipse 等文本编辑器，输入例 1.1 中给出的源代码。

注意：输入时应严格区分大小写、全半角。Java 源代码中的语句所涉及的括号及标点符号都是在英文状态下输入的，例如"Hello World"中的引号必须是英文状态下的引号，而字符串里面的符号不受汉字字符或英文字符的限制。

在编写 Java 程序时，应养成良好的编程习惯。例如一行最好只写一条语句，且应保持良好的缩进。若一行代码在逻辑上被上一行代码包含（如方法体被方法头包含，循环体被循环语句包含），则这一行代码要向右缩进 2~4 个空格。缩进体现了代码之间的逻辑关系，同一逻辑层次的代码应具有相同的缩进量，即各行之间应保持左对齐。大括号的占行习惯有两种：一种是左大括号 { 和右大括号 } 都独占一行并上下对齐；另一种是左大括号 { 在上一行的尾部，右大括号 } 独占一行且与其配对的 { 所在行的第一个字符上下对齐。

Java 程序支持两种格式的注释（Comment）：单行注释和多行注释。单行注释使用//表示注释开始，即该行中从//开始的后续内容为注释；多行注释使用/* 表示注释开始，以 */表示注释结束。注释并不影响程序的执行，编译器编译时会忽略掉注释内容。

Java 程序的注释增加了程序的可读性，有利于代码的维护和阅读。注释的内容主要包含 4 个方面：做什么、为什么、怎么做、怎么用。Java 程序的注释可以对一些边界条件、特殊情况进行说明；对方法输入、输出、异常进行说明；对一些总结性的情况和特殊情况进行说明。对于逻辑比较复杂的代码或比较长的方法，写一些总结性的注释可以让代码结构更清晰、更有条理。类和方法一定要写注释，而且要写得尽可能全面、详细，而方法内部的注释可以相对少一些，一般依靠好的命名、提炼方法、解释性变量、总结性注释来提高代码的可读性。给代码添加注释是一个良好的编程习惯。

编辑源代码的过程中要随时保存源文件。Java 程序是类的集合，它可由多个源文件组成，每个源文件可包含若干个类。如果一个源文件中有多个类，其中最多只能有一个 public 类。如果源文件中有一个类是 public 类，那么源文件的文件名必须与这个类的名字完全相同，扩展名是 .java；如果源文件中没有 public 类，那么源文件的名字只要和源文件中某个类的名字相同即可，扩展名一定是 .java。由此可见，例 1.1 和例 1.2 中的源文件都必须命名为 Example1_1.java 和 Example1_2.java，虽然例 1.2 中还有一个类 Student，但文件名必须为 public 类的类名。

下面演示将源文件 Example1_1.java 保存到 D:\ch1 文件夹中的过程：在记事本“文件”菜单中选择“另存为”命令，在弹出的“另存为”对话框中，将文件保存路径设置为 D:\ch1，在

“文件名”处输入 Example1_1. java,“保存类型”设置为“所有文件”,“编码”设置为“ANSI”,最后单击“保存”按钮，源文件保存示例如图 1.3 所示。

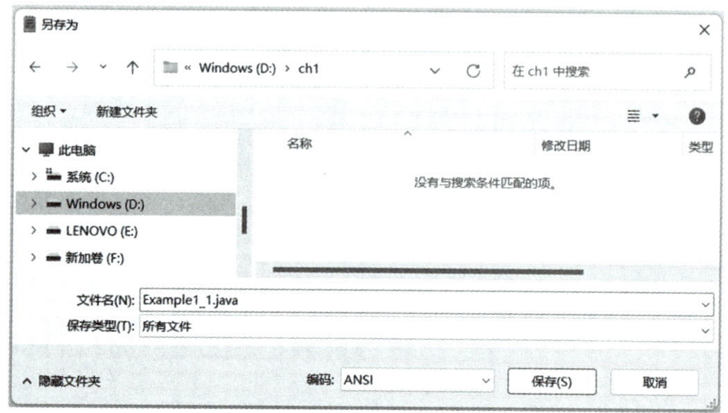

图 1.3 源文件保存示例

1.4.3 Java 程序的编译和解释执行

用记事本编辑好例 1.1 的源文件 Example1_1. java 后，接下来要对其进行编译和解释执行。

1. 编译

Java 虚拟机中的编译器为 javac. exe，编译执行的命令是：

```
javac 源文件名
```

它可将源文件翻译为二进制字节码文件。

启动命令窗口：可以按〈Win+R〉组合键，在弹出的“运行”对话框中输入 cmd，按〈Enter〉键；也可以在桌面左下角单击“开始”按钮，在搜索栏中输入“命令提示符”后按〈Enter〉键。

因为 Example1_1. java 保存在 D:\ch1 文件夹中，所以接下来要把当前盘切换为 D 盘，当前目录改为 D:\ch1。在命令窗口中输入 d:，按〈Enter〉键；输入 cd ch1，再按〈Enter〉键。

在命令窗口输入 javac Example1_1. java，按〈Enter〉键，即可对源文件进行编译，编译结果为 Example1_1. class 字节码文件，可输入 dir 命令查看，编译源文件示例如图 1.4 所示。

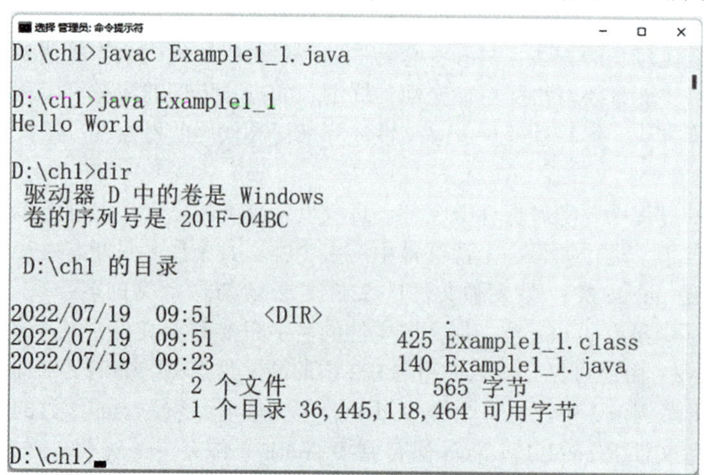

图 1.4 编译源文件示例

2. 解释执行

执行的命令是：

```
java 主类名
```

Java 应用程序中含有 main( )方法的类被称为该程序的主类。

使用 Java 虚拟机中的 Java 解释器 java. exe 来解释执行其字节码文件。Java 应用程序总是从主类的 main( )方法开始执行。因此，需进入主类字节码文件所在目录，如 D:\ch1，然后使用 Java 解释器运行主类的字节码 java Example1_1。

注意：解释执行是针对主类而不是文件进行的，所以 Example1_1 后面不用加.class 扩展名。

仿照上述步骤对例 1. 2 进行编辑、编译、解释执行。

Java 程序的调试运行过程如图 1. 5 所示。

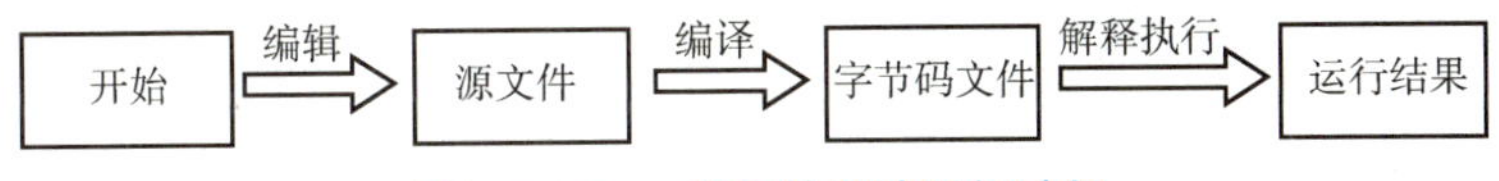

图 1. 5　Java 程序的调试运行过程

1. 5　Java 开发环境的搭建

Java 开发平台主要包括以下 3 个版本。

(1) Java SE（也称为 J2SE），称为 Java 标准版。

(2) Java ME（也称为 J2ME），称为 Java 微型版。

(3) Java EE（也称为 J2EE），称为 Java 企业版。

其中，Java SE 是进一步学习 Java ME 和 Java EE 的基础，本书主要讲解 Java SE 的安装和使用。

以上 Java 开发平台都包括 Java 开发工具包（Java Development Kits，JDK）、Java 运行环境（Java Runtime Environment，JRE）及相应的 Java 虚拟机（Java Virtual Machine，JVM）。JDK 是面向 Java 程序员的产品，是整个 Java 的核心，它包括 javac. exe、java. exe 等工具，开发时用的基础类库及 JRE。JRE 是运行 Java 程序所需的环境，它主要包括 Java 程序运行时用的核心类库及 JVM。JVM 是整个 Java 实现跨平台的最核心的部分，它负责将字节码文件（包括程序使用的类库中的字节码）加载到内存，然后采用解释方式来执行字节码文件，即根据相应平台的机器指令，翻译一句执行一句。JVM 是不能独立安装的，JDK 和 JRE 都可以独立安装。有单独的 JDK 安装包和单独的 JRE 安装包，但是没有单独的 JVM 安装包。一般情况下，在安装 JDK 的时候，JRE 就自动安装了，同时 JRE 内部的 JVM 也就自动安装了。因为程序员开发时总会进行测试，所以 JDK 中包含了 JRE。

注意：假如一家公司为客户用 Java 开发了一款新软件，现在要去客户的公司部署软件，把项目“跑”起来，那么客户公司的计算机上需要安装 JDK 吗？答案是不需要。客户公司的计算机上只需要安装 JRE 就可以了，因为客户不需要开发，只需要运行。另外，与 JDK 相比，JRE 具有体积小、安装快捷、使用方便的优点。

图 1. 6 所示为 Java 开发环境各组成要素间的关系。

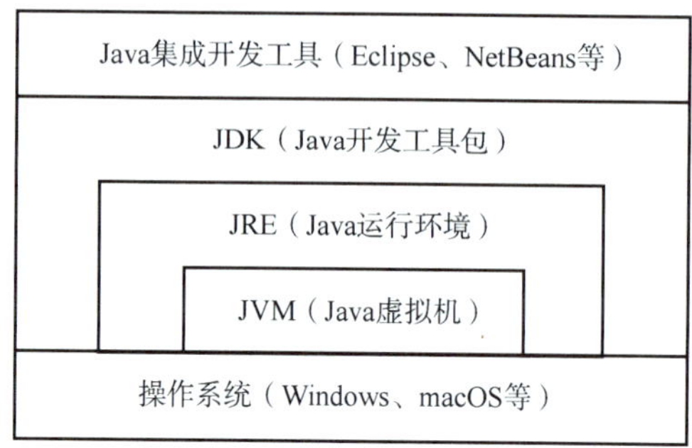

图 1.6　Java 开发环境各组成要素间的关系

1.5.1　Java 开发工具的下载与安装

读者可以进入网址 https://www.oracle.com/java/technologies/downloads/，根据自己的计算机及开发所用的操作系统选择相应的版本，按照网页提示进行下载。本书使用 64 位 Windows 10 Java SE 10，下载 JDK 10 版的安装文件，文件名为 jdk-10_windows-x64_bin.exe。

双击安装文件，按照提示进行安装，安装过程中可以改变 JDK 和 JRE 的安装路径，建议使用默认设置。安装完毕后，JDK 被安装到了 C:\Program Files\Java\jdk-10 文件夹中，JRE 被安装到了 C:\Program Files\Java\jre-10 文件夹中。

在 jdk-10 文件夹中有 6 个子文件夹，其作用如下。

（1）bin：存放 javac、java 等命令程序。

（2）conf：存放系统配置文件。

（3）include：存放与 Java 编程相关的 C 语言头文件。

（4）jmods：存放一些预编译的 Java 模块。

（5）legal：存放与 Java 模块有关的版权声明和许可协议。

（6）lib：存放 Java 开发时用到的类库。

在 jre-10 文件夹中有 4 个子文件夹，其作用如下。

（1）bin：存放运行时用到的应用程序。

（2）conf：存放系统配置文件。

（3）legal：存放一些版权声明和许可协议。

（4）lib：存放虚拟执行时用到的类库。

1.5.2　Java 开发环境的设置

JDK 安装好以后，在进行开发之前，还要设置 JAVA_HOME、Path 等系统变量。所谓系统变量，就是在操作系统层面定义的变量，供在该操作系统上运行的所有应用程序使用。

1. 设置系统变量 JAVA_HOME

顾名思义，JAVA_HOME 就是 JDK 的安装路径，目前是 C:\Program Files\Java\jdk-10。在桌面上右击“此电脑”→单击“属性”→“高级系统设置”→“高级”→“环境变量”，弹出“系统属性”对话框，如图 1.7 所示（本书图中的“帐户”正确表述应为“账户”）。单击“环境变量”按钮，在弹出的“环境变量”对话框中单击下方的“新建”按钮，在弹出的“新建系

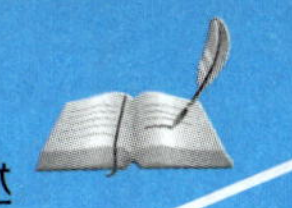

统变量”对话框中添加系统变量 JAVA_HOME，在“变量值”后输入 JDK 安装目录，单击“确定”按钮，新建系统变量 JAVA_HOME，如图 1.8 所示。

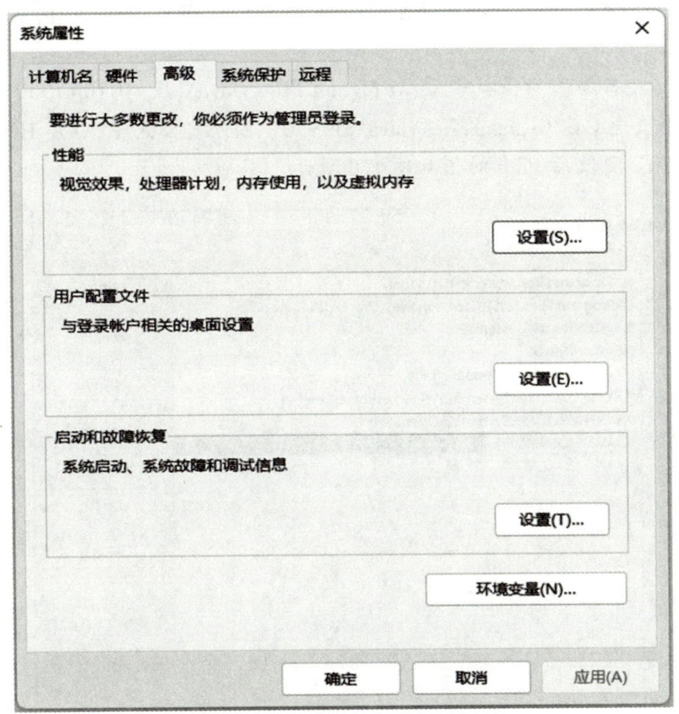

图 1.7 “系统属性”对话框

图 1.8 新建系统变量 JAVA_HOME

新建系统变量 JAVA_HOME 的作用主要有以下 3 个。

（1）方便引用。假设 JDK 安装在 C:\Program Files\Java\jdk-10 文件夹中，当需要使用该地址进行一些操作时，仅使用%JAVA_HOME%代表该地址即可。

（2）方便更新。如果 JDK 地址因某种原因发生改变，如果没有设置 JAVA_HOME，则需要改变所有使用该地址的地方，若某处漏改，找不到 JDK，将引发系统崩溃。若提前设置了 JAVA_HOME，则只需要修改该变量的设置。

（3）方便第三方软件使用。一些第三方软件会引用 JAVA_HOME 的值，若不设置，将无法使用该软件。因此，当遇到某个软件无法正常使用时，可检查 JAVA_HOME 的配置是否有问题。

2. 设置系统变量 Path

在图 1.7 所示的“系统属性”对话框中单击“环境变量”按钮，在弹出的“环境变量”对话框的“系统变量”中找到 Path（如果找不到，则单击下方的“新建”按钮），单击下方的

“编辑”按钮，在弹出的“编辑环境变量”对话框中输入%JAVA_HOME%\bin，单击右边的“上移”按钮，将其移到最上方第一行位置，单击“确定”按钮。

设置 Path 的作用是指定 javac、java 等命令的搜索路径，否则 Java 程序的编译、解释执行无法正常进行。

注意：这里为 Path 添加的新值就是 C:\Program Files\Java\jdk-10\bin。由于已经设置了系统变量 JAVA_HOME 的值是 C:\Program Files\Java\jdk-10，因此可以用%JAVA_HOME%代替 C:\Program Files\Java\jdk-10，更改后 Path 的值如图 1.9 所示。

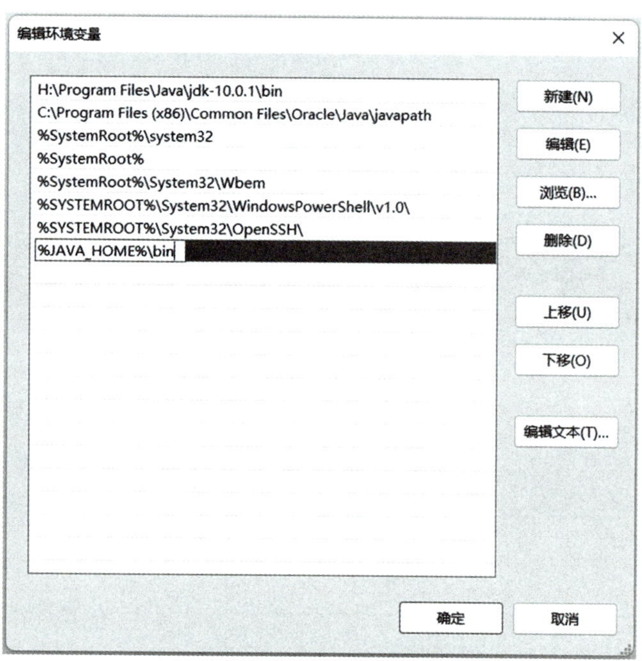

图 1.9 更改后 Path 的值

1.5.3 Java 参考文档的下载与使用

读者可以进入 Java 参考文档所在网址 https://www.oracle.com/java/technologies/java-archive-javase10-downloads.html，下载 JDK 10 参考文档。下载了 JDK 参考文档的安装文件 jdk-10_doc-all.zip 后，将其解压即可使用。

配置完成后，可进行验证。按〈Win+R〉组合键，弹出“运行”对话框，输入 cmd，按〈Enter〉键，弹出命令窗口，分别输入 java -version、javac、java 命令进行验证，如果运行正常，则说明安装成功。

本章小结

（1）Java 是一种 OOP 语言，广泛应用于 GUI 程序开发、Web 应用开发、嵌入式系统开发、移动应用开发、企业级应用开发、Web 服务器开发、金融软件开发、集成开发环境开发、大数据分析与处理、科学应用开发、游戏开发等领域。

（2）和英语一样，Java 是一门语言，是人与计算机进行深度交流的语言（操作→编程）；和数学一样，Java 是一种工具，是用来做高级数据处理的工具（算盘→计算机，算盘口诀→程序设计语言）；和小说一样，Java 是一个世界，是模拟、反映和影响现实生活的世界（人物、情节→对象、方法的调用），编写程序就像在写小说；和哲学一样，Java 是一种世界观和方法论（事物、事物的属性和行为、事件→对象、对象的成员变量和成员方法、方法的调用）。

（3）Java 程序由 0 或 1 个 package 语句、0 或多个 import 语句、若干个类组成。

（4）Java 程序的调试运行分为编辑、编译、解释执行 3 个步骤，编译用 javac 命令，解释执行用 java 命令。

（5）Java 支持两种格式的注释：单行注释//和多行注释/ * … * /。注释并不影响程序的执行，编译器编译时会忽略掉注释的内容。注释可增加程序的可读性，有利于代码的维护和阅读。

（6）关于 Java 的学习：听讲重在理解；读书掌握细节；练习增强信心。

编程是用“手”学会的！

计算机是最好的老师（练习、探求、百度、学习），所有的问题都可以通过运行程序得到答案。

例如，语句 float foo = 42e1；有问题吗？要知道答案，可以将它放到以下程序中运行：

```
public class Ex1{
    public static void main string[ ]args( ){
        float foo = 42e1;
    }
}
```

对其进行编译并解释执行，计算机就会给出出错信息。

习题 1

简答题

1.1　到网址 http://www.oracle.com/technetwork/java/index.html 下载并安装 JDK。系统变量 Path 和 CLASSPATH 的含义有何不同？

1.2　什么是平台无关性？

1.3　什么是 JVM？

1.4　JDK、JRE、JVM 三者之间的关系是怎样的？

1.5　一个 Java 源文件由哪几个部分组成？

1.6　设置系统变量 JAVA_HOME 的作用是什么？

1.7　Java 的用途有哪些？

1.8　Java 程序中注释的作用是什么？如何添加注释？

选择题

1.9　用于手机应用开发的 Java 开发平台是以下哪一个？（　　）

A. Java SE　　B. Java EE　　C. Java ME　　D. javap

1.10 假设 Java 安装到了 D:\java 路径下，对系统变量 Path 的设置，以下哪一个是正确的？(　　)

A. D:\java\bin;　　B. D:\java\jre\rt. jar;

C. D:\java\jre\lib\rt. jar;　　D. D:\java\jre\lib\rt. jar;

1.11 以下哪一个 Java 命令可以用于运行 Java 程序？(　　)

A. javac　　B. java　　C. javap　　D. javadoc

1.12 以下哪种注释符号不是 Java 中合法的注释符号？(　　)

A. #　　B. //　　C. /*…*/　　D. &

1.13 “一次书写，到处运行”反映了 Java 的哪个特点？(　　)

A. 面向对象　　B. 平台无关性　　C. 多线程　　D. 简单易用

程序设计题

1.14 编程输出自己的名字。

1.15 用记事本编写程序，用 javac 命令编译，用 java 命令解释运行，在显示器上输出 practice makes perfect!。

探究题

1.16 通过网络学习系统变量 CLASSPATH 的含义及设置方法。

1.17 对比 Java 和 Python，说出它们各自的优缺点。

实验 1

实验 1.1 Java 开发环境的安装与配置

实验 1.2 Java 程序的编辑、编译与解释执行

实验 1.3 Eclipse 开发环境的安装

第2章　数据、运算及语句

【本章导读】

数据是对对象进行观察、实验和计算后得到的结果，是对对象的属性、状态及关系的反映。Java 中的数据以常量或变量的形式存在，它们从宏观上可分为基本数据类型和引用数据类型。不同类型的数据，其表示方法和性质也不同，如不同的数据结构、不同的存储方式、不同的取值范围、参与不同的运算和操作等。数据经过运算后，可以生成新的数据。Java 提供了丰富的运算形式，包括算术运算、关系运算、逻辑运算、赋值运算、条件运算等。分支、循环、跳转语句控制了运算的流程。就像单词构成句子，句子构成段落，段落构成文章一样，常量、变量、运算符一起构成表达式，表达式在控制语句的作用下构成一个有机的整体——程序。

本章将介绍数据与数据类型、运算符与表达式、Java 程序的功能结构和控制结构。

【本章思维导图】

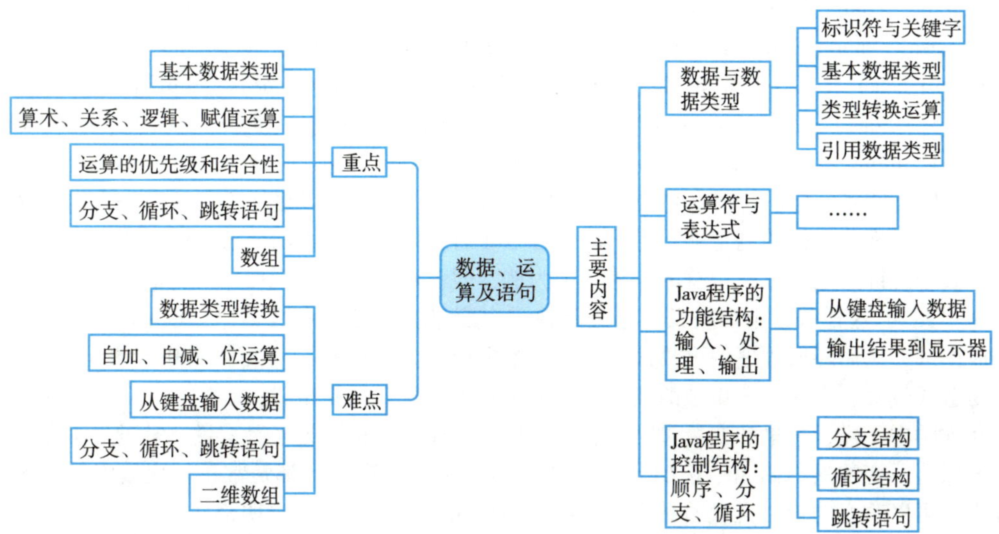

2.1 数据与数据类型

在计算机中，“被处理的”对象被称为数据，如字符、数字、文本、图形、图像、音频、视频甚至程序本身；“处理数据的”对象被称为程序，如用 Java 编写的程序、.exe 文件等。因此，计算机中的文件（信息的组织单位）可分为两类：数据文件和可执行文件。

程序是用来处理数据的，Java 中的数据以常量或变量的形式存在。Java 将数据分为基本数据类型（Primitive Types）和引用数据类型（Reference Types）。基本数据类型（如整数型、字符型等）由 Java 程序设计语言系统本身定义，所占内存大小、取值范围都是固定的，与软硬件环境无关，它在内存中存放的是数据值本身。引用数据类型是复合数据类型，系统和用户都可以定义，其所占内存大小往往是不固定的，在内存中存放的除数据值本身外，还有指向该数据的地址，这样便于灵活访问。类、数组、接口、枚举等属于引用数据类型。

2.1.1 标识符与关键字

用来标识类名、变量名、方法名、接口名、数组名、文件名等程序设计元素名称的有效字符序列被称为标识符。

Java 的标识符构成规则如下。

（1）标识符由字母、下划线、$ 符号和数字组成，长度不受限制。

（2）标识符的第一个字符不能是数字。

（3）标识符不能是关键字。

注意：以上的字母不限于英文、俄文、希腊文等字母，应包括收录在 Unicode 字符集编码中各个国家的基本文字。例如，中文汉字和日文平假名、片假名均为字母，它们都可以构成标识符；

关键字就是具有特定用途或被赋予特定意义的一些单词，不可以把关键字作为标识符来使用。以下是 Java 定义的关键字：

abstract、assert、boolean、break、byte、case、catch、char、class、const、continue、default、do、double、else、enum、exports、extends、false、final、finally、float、for、goto、if、implements、import、instanceof、int、interface、long、module、native、new、open、opens、null、package、private、protected、provides、public、requires、return、short、static、strictfp、super、switch、synchronized、this、throw、throws、to、transient、transitive、true、try、uses、void、volatile、while、with。

Java 中有许多像标识符的命名规则这样的语法规定，读者可以这样来理解：一方面，这些规定是纪律的体现，纪律的制定就是为了规避各方矛盾，以取得最大的效益；另一方面，这些规定也都有其合理性。还是以标识符的命名规则为例，假设数字可以出现在标识符的开头，如一个标识符为“9a”，这样就会出现歧义，它是单独一个变量？还是 9 乘以 a？即使机器能识别，也容易造成误解，从而降低程序的可读性。再如一个标识符为“a+b”，即标识符中出现了运算字符，也容易造成歧义，它是一个单独的变量名，还是两个变量 a 和 b 相加？

和数学中一样，常量和变量常常需要一个标识符作为名称。先来看常量，常量是程序运行过程中值保持不变的量，如 30、0.618、“绿水青山就是金山银山”都是常量。变量则是程序运行过程中值可以改变的量。变量遵循“先声明、后使用”的原则，其声明格式为：

```
数据类型 变量名[=初值][,变量名[=初值]…];
```

其中，中括号 [ ] 括起的内容为可选内容，变量名是一个合法的标识符。声明指定了变量所属的数据类型，并为该变量分配了特定的内存空间。当有多个变量的数据类型相同时，可在同一语句中声明，变量名之间用英文逗号,分隔，声明语句以英文分号;结尾。

在声明变量的同时给变量赋值，这一过程被称为变量的初始化，例如：

```
int i,j = 0;          //声明变量 i、j 均为整型变量,同时将 j 初始化为 0
i = 8;                //赋值语句
float k;              //声明变量 k 为单精度浮点型变量
k = 3.6f;             //将单精度浮点型常量 3.6 赋值给变量 k
```

Java 程序中可以随时定义变量，不必集中在执行语句之前。

常量可以直接使用，也可以按如下格式定义：

```
final 数据类型 常量名[=初值][,常量名[=初值]…];
```

例如：

```
final float PI = 3.14f;
```

定义了常量 PI，它的值在程序运行过程中保持不变。

程序中的常量名常常采用大写形式，以与变量和关键字进行区分，而变量名则常采用“驼峰式”命名法，关键字均采取小写形式。程序中使用常量标识符的好处有两点：增加可读性，从常量名“望文生义”就能知道常量的含义；增加可维护性，当程序在多处使用同一常量时修改起来更方便，例如上面定义的 PI，如果想使其精度更高一些，可以把 PI 的值改为 3.1415f，这时只需修改声明语句即可，无须将每一处的 3.14f 改为 3.1415f。

2.1.2 基本数据类型

基本数据类型包括整数型、浮点型、字符型和逻辑型。

1. 整数型

整数型分为 byte（字节型）、short（短整型）、int（整型）、long（长整型），整数型数据的位数与范围如表 2.1 所示。

表 2.1 整数型数据的位数与范围

类型	位数	范围
byte（字节型）	8	−128~127，即 $-2^7 \sim 2^7-1$
short（短整型）	16	−32 768~32 767，即 $-2^{15} \sim 2^{15}-1$
int（整型，默认）	32	−2 147 483 648~2 147 483 647，即 $-2^{31} \sim 2^{31}-1$
long（长整型，必须加后缀 l 或 L）	64	−9 223 372 036 854 775 808~9 223 372 036 854 775 807，即 $-2^{63} \sim 2^{63}-1$

例如：

```
byte x = -12,tom = 28,漂亮 = 98;
short x = 12,y = 1234;
int x=12,平均=9898,jing;
long width = 12L,height = 2005L,length;        //注意长整型常量要加后缀 l 或 L
```

整数型常量可以以十进制、八进制和十六进制的形式表示，如 300（十进制）、0751（八进制）、0x6ABFL（十六进制）。首位以“0”开头为八进制，以“0x”开头为十六进制。

2. 浮点型

浮点型分为 float（单精度浮点型）和 double（双精度浮点型），浮点型数据用于表示实数，浮点型数据的位数与范围如表 2.2 所示。

表 2.2　浮点型数据的位数与范围

类型	位数	范围
float（单精度浮点型，必须加后缀 f 或 F）	32	1.4E-45~3.4E+38
double（双精度浮点型，默认，后缀 d 或 D 可选）	64	4.9E-324~1.8E+308

例如：

```
float x = 22.76f, tom = 1234.987f, weight = 1e- 12F;
double height = 23.35, width = 34.5D, length = 1e12;
```

二维码 2-1　负整数的补码表示

浮点型数据有标准记数法和科学记数法两种表示方式：前者一个数由整数部分、小数点和小数部分组成，如 23.35、-34.5f 等；后者一个数由整数部分、小数点、小数部分和指数部分组成，其中指数部分由英文字母 E 或 e 和带正负号的整数表示，如 2.335E-1 表示 2.335×10^{-1}。

3. 字符型

二维码　2-2　Unicode 编码简介

字符型（char）数据用来存储单个字符。Java 采用的是 Unicode 字符集编码方案，一个字符在内存中占 2 个字节，共有 65 536 种可能，编码取值范围为 0~65 535。

一个字符要用英文单引号引起来，如'A'、'b'、'*'、'!'、'8'、'好'、'\t'、'き'、'モ'等，即用单引号引起来的 Unicode 表中的一个字符表示一个字符常量。

可使用关键字 char 来声明字符型变量，例如：

```
char ch = 'A', home = '家', handsome = '酷';
```

有些字符（如回车符）不能通过键盘输入，此时需要使用转义字符常量来表示，如\n（换行）、\b（退格）、\t（水平制表）、\'（单引号）、\"（双引号）、\\（反斜线）等。

Unicode 字符也可采用\u0000 ~ \uFFFF 之间的十六进制数来表示，\u 后跟一个十六进制数表示 Unicode 编码中相应位置的字符，例如：'\u0041' 表示字符 A，'\u0061' 表示字符 a。

字符型数据可以与 0~65535 范围内的整型数据相互转化。例如：(char)(20302)表示位置在 Unicode 编码表中第 20 303 个字符；(int)'a' 表示字符 a 在 Unicode 表中的顺序位置。

例 2.1　编程求出字符串"复杂工程问题"中每个汉字在 Unicode 字符集中对应的编码，以及编码 22362、25345、20013、22269、36947、36335 分别对应的字符。程序如下：

```
public class Example2_1{
    public static void main(String args[]){
        String str = "复杂工程问题";
        for(int i = 0;i<str.length();i++)
            System.out.print((int)(str.charAt(i))+" ");
```

```
            System. out. println( );
            int [] code = {22362, 25345, 20013, 22269, 36947, 36335};
            for( int i = 0;i<code. length;i++)
                System. out. print( (char) code[i]);
        }
    }
```

输入命令 javac Example2_1. java 进行编译，输入命令 java Example2_1 进行解释执行。

程序运行结果：

```
22797 26434 24037 31243 38382 39064
坚持中国道路
```

4. 逻辑型

逻辑型（boolean，又称布尔型）数据只有 true（真）和 false（假）两种。true 和 false 不能转换成数字表示形式，它们各占一个字节。变量声明要用 boolean 关键字，例如：

```
boolean x, ok = true,取消 = false;
```

2.1.3 类型转换运算

当把一种基本数据类型变量的值赋给另一种基本数据类型变量时，就涉及数据类型转换。下列基本数据类型会涉及数据类型转换（不包括逻辑型），将这些类型按精度从低到高排列为：

byte→short→char→int→long→float→double

当把级别低的变量的值赋给级别高的变量时，系统自动完成数据类型的转换，例如：

```
float x = 100;
```

如果输出 x 的值，结果将是 100. 0。

例如：

```
int x = 600;
float y;
y = x;
```

如果输出 y 的值，结果将是 600. 0。

当把级别高的变量的值赋给级别低的变量时，必须使用强制类型转换，它也可以视为一种运算，格式如下：

```
(目标类型名)要转换的变量或值
```

例如：

```
int x = (int)3. 14;
long y = (long)26. 88F;
int z = (int)2022L;
```

如果输出 x、y 和 z 的值，结果将是 3、26 和 2022，类型转换运算结果的精度可能低于原数据的精度。当把一个整型常量赋值给一个字节型、短整型和字符型变量时，所赋的值不可超出这些变量的取值范围，否则必须进行强制类型转换运算。例如，常量 128 属于整型常量，超出字节型变量的取值范围，如果将其值赋给字节型变量，则必须进行强制类型转换运算（会导致精度降低），格式如下：

```
byte a = (byte)128;
```

事实上，a 的值是-128。

另外一个常见的错误是在把一个双精度浮点型常量的值赋给单精度浮点型变量时，没有进行强制类型转换运算，例如：

```
float x = 12.12;
```

这将导致语法错误，编译器会提示 possible loss of precision。正确的做法是：

```
float x = 12.12F;
```

或：

```
float x = (float)12.12;
```

事实上，当不同类型的数据进行赋值以外的其他运算时，也应先转换为同一类型，然后进行运算。如果转换按从“短”到“长”的顺序（byte→short→char→int→long→float →double）进行，系统会自动完成数据类型的转换，否则就要手动进行强制类型转换。

2.1.4 引用数据类型

类、接口、枚举、数组为引用数据类型，详细内容会在后面介绍。为了方便读者理解，本小节将以数组为代表，从数据类型的角度简要介绍引用数据类型的定义和使用方法，并将其与基本数据类型作对比。

1. 数组

数组是同类型数据的有序集合。例如，数学中的一个数列：$a_1, a_2, a_3, \cdots, a_{100}$，在 Java 中就会表示为一个数组：int a[ ]=new int [100];。a 数组中有 100 个元素，每个元素的名字为 a[0]、a[1]、a[2]……a[99]。数学中的一个矩阵：$\boldsymbol{A} = (a_{ij})_{3\times3}$，在 Java 中就可以表示为一个二维数组：int A[ ][ ]=new int[3][3];。其中，A 数组中有 9 个元素，每个元素的名字分别为 a[0][0]、a[0][1]、a[0][2]、a[1][0]、a[1][1]、a[1][2]、a[2][0]、a[2][1]、a[2][2]。

（1）声明数组。

声明一维数组有下列两种格式：

```
数组的元素类型 数组名[];
数组的元素类型 [] 数组名;
```

例如：

```
int a[];
float [] b;
```

声明二维数组也有下列两种格式：

```
数组的元素类型 数组名[][];
数组的元素类型 [][] 数组名;
```

例如：

```
int A[][];
char [][] B;
```

（2）为数组分配元素。

为数组分配元素的格式如下：

```
数组名 =new 数组元素的类型[数组元素的个数];
```

例如：

```
b = new float[4];
```

数组属于引用数据类型变量，数组变量中存放着数组的首元素的地址，通过数组变量的名字加索引就可使用数组的元素，例如：

```
b[0] = 20;
b[1] = 22. 0F;
b[2] = 6. 0f;
b[3] = 20. 0f;
```

数组b内存示意如图2.1所示。数组b中存放的是引用，是一个十六进制的地址0xA86E，实际存放数组元素的首地址。数组属于引用数据类型变量，两个相同类型的数组如果具有相同的引用，那么它们就有完全相同的元素。

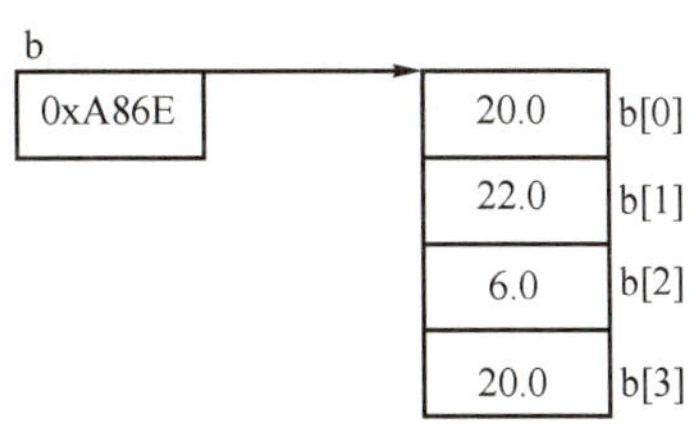

图2.1　数组b内存示意

（3）数组元素的使用。

一维数组通过索引访问自己的元素，如b[0]、b[1]等。需要注意的是，索引是从0开始的，因此，数组若有4个元素，那么索引到3为止。如果程序使用了以下语句：

```
b[4] = 314. 15f;
```

则程序可以编译通过，但运行时将发生ArrayIndexOutOfBoundsException异常，因此在使用数组时必须谨慎，防止索引越界。

二维数组通过双下标来访问，如A[0][3]表示A数组第1行第4列的元素。二维数组可视为特殊的一维数组，这个一维数组中的每一个元素都是一个一维数组，即一个二维数组可认为是由行组成的一维数组，而每一行又是一个一维数组。对于一维数组，“数组名.length”的值就是数组中元素的个数；对于二维数组，“数组名.length”的值是它含有的一维数组的个数。更高维的数组以此类推。

（4）数组的初始化。

创建数组后，系统会给数组的每个元素一个默认的值，整数型为0，浮点型为0.0，逻辑型为false，引用型为null。

在声明数组的同时，也可以给数组的元素一个初始值，例如：

```
float b[] = {3. 14f,15. 9f,2. 6f,535f,897. 9f,32. 384f,6. 26f};
```

上述语句相当于：

```
float b[] = new float[7];
b[0] = 3. 14f;b[1]= 15. 9f;b[2] = 2. 6f;b[3]= 535f;b[4] = 897. 9f; b[5]= 32. 384f;b[6] = 6. 26f;
```

也可以直接用若干个一维数组初始化一个二维数组，这些一维数组的长度可以不相同，例如：

```
int a[][] = {{1},{1,1},{1,2,1},{1,3,3,1},{1,4,6,4,1}};
```

2. 基本数据类型与引用数据类型内存模型的区别

整型、双精度浮点型等基本数据类型的变量由于所占空间大小固定，声明时就分配了空间，所赋的值也放在该空间中。

类、接口、枚举、数组为引用数据类型，由于其变量所含内容不定（如字符串数据可长可短，数组包含的元素可多可少），所以声明时统一分配一个固定长度的空间存放变量实际存放的首地址（引用），在该引用处存放变量的实际内容。引用数据类型会在后面详细介绍，此处只是通过示例指出基本数据类型和引用数据类型在内存空间上的不同，代码如下：

```
int sum = 0;
String s ="Hello World!";
int c[] = {1,2,3};
```

基本数据类型变量与引用数据类型变量内存分配方式对比示意如图 2.2 所示。

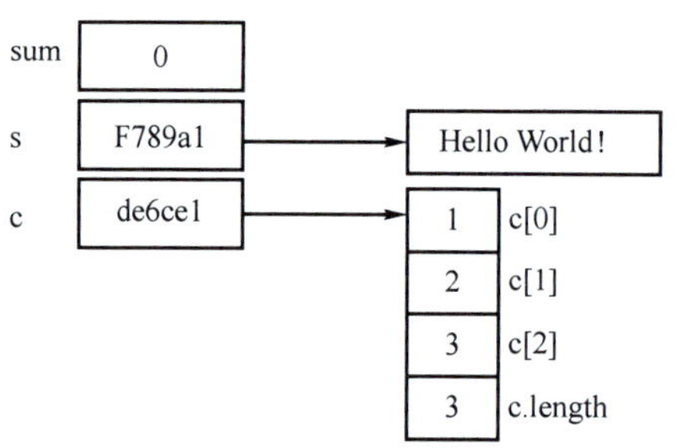

图 2.2　基本数据类型变量与引用数据类型变量内存分配方式对比示意

这样，在两个变量作比较时，如果 a==b，那么基本数据类型比较的是值，引用数据类型比较的是引用。

2.2　运算符与表达式

Java 提供了丰富的运算符，按照运算符的功能来分，基本的运算符有下面几类。

（1）算术运算符：+、-、*、/、%、++、--。

（2）关系运算符：>、<、>=、<=、==、!=。

（3）逻辑运算符：&&、||、&、|、^、!。

（4）位运算符：&、|、~、^、<<、>>、>>>。

（5）赋值运算符：=、+=、-=、*=、/=、%=、<<=、>>=、>>>=、&=、^=、/=。

（6）条件运算符：?:。

（7）其他运算符：包括成员访问运算符 .、下标运算符[ ]、实例运算符 instanceof、内存分配运算符 new、强制类型转换运算符（类型）等。

就像字符构成单词，单词构成句子，句子构成段落，段落构成文章一样，常量、变量、运算符构成表达式，表达式构成语句，语句构成程序。

2.2.1 算术运算符与算术表达式

(1) 加减运算符(+、-)。

当加减运算符作为单目运算符时,分别表示取原数和取相反数。例如,当变量 a=1 时,+a 的值还是 1,-a 的值为-1。当加减运算符作为二目运算符时,加减运算符的结合方向是从左到右,即2+3-8=(2+3)-8;加减运算符的操作元通常是整数型或浮点型数据。

一种运算的结合性指当有多个与其同级的运算一起出现时运算的先后次序(或者从左到右,或者从右到左)。一般来说,单目运算如!!x=!(!x)和赋值运算如 a=b=2 为右结合,其他运算均为左结合。

(2) 乘、除、求余运算符(*、/、%)。

乘、除、求余运算符是二目运算符,结合方向是从左到右,操作元是整数型或浮点型数据。

例如,103/10 为 10,103.0/10、103.0/10.0 或 103/10.0 均为 10.3,103%10 为 3,(123%100)/10 为 2。其中,整数除以整数是整数,浮点数除以整数是浮点数,遵循"混合类型运算需先转换为最高级别类型然后进行运算"的原则。

(3) 自增、自减运算符(++、--)。

自增、自减运算符是单目运算符,可以放在操作元之前,也可以放在操作元之后,操作元必须是一个整数型或浮点型变量,其作用是使变量的值加 1 或减 1。例如:

++x(--x)表示在使用 x 之前,先使 x 的值加(减)1;

x++(x--)表示在使用 x 之后,使 x 的值加(减)1。

例如,x=5,y=++x,运算后 y 的值为 6;x=5,y=x++,运算后 y 的值为 5。

试求以下代码运行后 x 和 y 的值。

```
int x,y;
x = 0;
y = x++;
y = ++x;
```

所有算术运算也可以作用在字符型数据上,此时是对该字符的 Unicode 编码进行运算。例如:

```
int x = '2' +'3';
```

其中,'2' 的 Unicode 编码是 50,'3' 的 Unicode 编码是 51,x 的值是 101。

(4) 算术表达式。

用算术运算符和括号连接变量和常量,组成的符合 Java 语法规则的式子被称为算术表达式,如 x+2*y-30+3/(y+5)。而 x+2*/y,30+3/(y+5 都不是合法的算术表达式。

2.2.2 关系运算符与关系表达式

关系运算符包括>、<、>=、<=、==、!=,它们是二目运算符,用来比较两个值的大小或相等、不等关系。关系运算符的运算结果是逻辑型数据,如果运算符对应的关系成立,那么运算结果是 true,否则是 false。

由关系运算组成的表达式被称为关系表达式。

2.2.3 逻辑运算符与逻辑表达式

逻辑运算符包括&&、||、&、|、^、!。其中，&&、||、&、|、^为二目运算符，&&与&均实现逻辑与运算，||与|实现逻辑或运算，^实现逻辑异或运算；!为单目运算符，实现逻辑非运算，逻辑运算定义如表2.3所示。

表2.3 逻辑运算定义

x	y	x&&y	x&y	x||y	x|y	x^y	!x
true	true	true	true	true	true	false	false
true	false	false	false	true	true	true	false
false	true	false	false	true	true	true	true
false	false	false	false	false	false	false	true

逻辑运算符的操作元必须是逻辑型数据，逻辑运算符可以用来连接关系表达式。例如，2>8 && 9>2为false，2>8||9>2为true。由逻辑运算组成的表达式被称为逻辑表达式。

观察表2.3，似乎逻辑运算符&&与&、||与|的作用是一样的，其实它们是不同的：&&、||是短路逻辑运算符，即当计算x&&y时，如果x为false，则不计算y的值，直接给出x&&y的结果是false。同理，当计算x||y时，如果x为true，则不计算y的值，直接给出x||y的结果为true。&、|为不短路逻辑运算符，它们在计算时会把x和y都算出来。

例如，int x = 1,y; boolean z求以下代码运行后x和y的值。

```
z=((y = 1)== 0)&&((x = 6) == 6);
z=((y = 1)== 0)&((x = 6) == 6);
```

2.2.4 位运算符与位表达式

位运算是对整型数据基于二进制比特位的运算，位运算符包括&、|、~、^、<<、>>、>>>。对两个整数型数据实施位运算，即对两个整数型数据对应的位进行运算，得到一个新的整数型数据。

(1) 位与运算。

位与运算符&是二目运算符，对两个整数型数据a、b按位进行位与运算，运算结果是一个整数型数据c。运算法则为：如果a、b两个数据对应位都是1，则c的该位是1，否则是0。

(2) 位或运算。

位或运算符|是二目运算符，对两个整数型数据a、b按位进行位或运算，运算结果是一个整数型数据c。运算法则为：如果a、b两个数据对应位都是0，则c的该位是0，否则是1。

(3) 按位取反运算。

按位取反运算符~是单目运算符，对一个整数型数据a按位进行取反运算，运算结果是一个整数型数据c。运算法则为：如果a对应位是0，则c的该位是1，否则是0。

(4) 按位异或运算。

按位异或运算符^是二目运算符，对两个整数型数据a、b按位进行异或运算，运算结果是一个整数型数据c。运算法则为：如果a、b两个数据对应位相同，则c的该位是0，否则是1。

由按位异或运算法则可知：a^a=0，a^0=a。因此，如果 c=a^b，那么 a=c^b。也就是说，^的逆运算仍然是^，即 a^b^b 等于 a。人们经常应用这一性质进行简单的加密/解密，加密密钥和解密密钥是完全一样的。

（5）左移位运算。

左移位运算符<<是二目运算符，对两个整数型数据 a、c 按位进行左移位运算，a<<c 表示将 a 的二进制数向左移 c 位，后面空出位补 0。

（6）符号位填充右移位运算。

符号位填充右移位运算符>>是二目运算符，对两个整数型数据 a、c 按位进行符号位填充右移位运算，a>>c 表示将 a 的二进制数向右移 c 位，前面空出位填充符号位，即正数填充 0，负数填充 1。

（7）0 填充右移位运算。

0 填充右移位运算符>>>是二目运算符，对两个整数型数据 a、c 按位进行 0 填充右移位运算，a>>>c 表示将 a 的二进制表示向右移 c 位，前面空出位补 0。

以上位运算符运算示例如表 2.4 所示，其中 a、b、c 均为字节型数据，c 为正整数。

表 2.4 位运算符运算示例

运算符	功能	示例	运算符	功能	示例
&	位与	a = 109 = $(01101101)_2$ b = −76 = $(10110100)_2$ a&b = $(00100100)_2$ = 36	<<	左移位	a = 109 = $(01101101)_2$ c = 2 a<<c = $(0110110100)_2$ =436
|	位或	a = 109 = $(01101101)_2$ b = −76 = $(10110100)_2$ a | b = $(11111101)_2$ = −3	>>	符号位填充右移位	a = 109 = $(01101101)_2$ c = 2 a>>c = $(00011011)_2$ = 27
~	按位取反	a = 109 = $(01101101)_2$ ~a = $(10010010)_2$ = −110			b = −76 = $(10110100)_2$ c = 2 b>>c = $(11101101)_2$ =−19
^	按位异或	a = 109 = $(01101101)_2$ b = −76 = $(10110100)_2$ a^b = $(11011001)_2$ = −39	>>>	0 填充右移位	a = 109 = $(01101101)_2$ c = 2 a>>>c = $(00011011)_2$ = 27

2.2.5 赋值运算符与赋值表达式

赋值运算符=是二目运算符，左边的操作元必须是变量，不能是常量或表达式，右边则可以是任何表达式。例如，x=y+2、x=x+1 是正确的，而 y+2=x、5=x 是错误的。

赋值运算符的优先级较低，结合方向为从右到左，即 x=y=3 的运算顺序是 x=(y=3)。

赋值表达式的值就是=左边变量的值。

注意：不要将赋值运算符=与等号逻辑运算符==混淆。

+=、-=、*=、/=、%=、<<=、>>=、>>>=、&=、^=、|=是扩展赋值运算符。x+=y 相当于 x=x+y，其他以此类推。

当将低级别的基本数据类型变量赋值给高级别的基本数据类型变量时，会自动进行类型转换，反之则会给出出错提示信息，此时可进行强制类型转换。

2.2.6 运算符优先级和结合性

Java 的表达式就是用运算符连接起来的符合 Java 规则的式子。运算符的优先级决定了表达式中运算执行的先后顺序。在编写程序时，可使用括号( )来实现想要的运算次序，以免产生难以阅读的计算顺序。运算符的结合性决定了并列的相同级别运算符的先后顺序。

运算符 instanceof 是二目运算符，左边的操作元是一个对象（实例），右边是一个类。当左边的对象是右边的类或子类创建的对象时，该运算符运算的结果是 true，否则是 false。例如,"abc" instanceof String 的返回值是 true。

条件运算符的使用格式为：Exp1 ？Exp2 ：Exp3。其中，Exp1、Exp2 和 Exp3 都是表达式。如果表达式 Exp1 的计算结果是 true，则整个运算返回表达式 Exp2 的值，如果表达式 Exp1 的计算结果是 false，则返回 Exp3 的值。例如 a>b? a：b 返回 a、b 中的最大值。另外，运算符 new（类型)、.、[ ] 等将在后续章节中介绍。

运算符的优先级和结合性如表 2.5 所示。

表 2.5 运算符的优先级和结合性

优先级	运算符	结合性	描述
1	.、( )、[ ]	左→右	分隔符
2	+、-、++、--、!、instanceof	右→左	正号、负号、自增、自减、逻辑非、对象归类。instanceof 为二目运算符，其他皆为单目运算符
3	new、(类型)	右→左	创建对象、强制类型转换。单目运算符
4	*、/、%	左→右	算术运算：乘、除、求余数。二目运算符
5	+、-	左→右	算术运算：加、减。二目运算符
6	>>、<<、>>>	左→右	位运算：移位。二目运算符
7	<、<=、>、>=	左→右	关系运算：大小比较。二目运算符
8	==、!=	左→右	关系运算：相等、不等。二目运算符
9	&	左→右	位运算：位与。二目运算符
10	^	左→右	位运算：按位异或。二目运算符
11	|	左→右	位运算：位或。二目运算符
12	&&	左→右	逻辑运算：与。二目运算符
13	||	左→右	逻辑运算：或。二目运算符
14	?:	左→右	条件运算。三目运算符
15	=、+=、-=、*=、/=、%=、<<=、>>=、>>>=、&=、^=、|=	右→左	赋值运算及扩展赋值运算。二目运算符

表 2.5 总结了 Java 中常见运算符的优先级和结合性，以下是一个方便记忆的口诀：分隔符第一，赋值排最后；单目二目与三目，算术关系与逻辑；算术后移位，逻辑前位或；先乘除后加减，先大小后相等，先做“与”后做“或”，“与”后“或”前是“异或”；单目赋值右到左，其他皆为左到右。

2.3　Java 程序的功能结构：输入、处理、输出

不同的程序具有不同的功能，但从数据思维的角度来看“一切都是数据”（All is data）。程序就是用来处理数据的，因此无论什么程序，都可以分为输入数据、处理数据和输出数据 3 个功能模块，这就是程序的数据思维功能结构，如图 2.3 所示。本节重点介绍如何从键盘输入数据和如何将数据处理后的结果输出到显示器。对数据的任意运算和操作均称为数据处理，其详细内容将在后续章节中介绍。

图 2.3　程序的数据思维功能结构

2.3.1　从键盘输入数据

可以使用 Scanner 类实现从键盘输入数据。首先，使用 import 语句导入 Scanner 类：

```
import java.util.Scanner;
```

其次，使用 Scanner 类创建一个对象：

```
Scanner reader = new Scanner(System.in);
```

其中，System.in 代表键盘，System.out 代表显示器。

最后，用 reader 对象调用下列方法，读取用户在命令行（如命令窗口）输入的各种基本类型数据：nextBoolean()、nextByte()、nextShort()、nextInt()、nextLong()、nextFloat()、nextDouble()。

上述方法在执行时都会堵塞，程序会等待用户在命令行输入数据并确认。

2.3.2　输出结果到显示器

使用 System.out.println()方法或 System.out.print()方法可输出字符串、表达式的值等运算结果到显示器，两者的区别是前者输出数据后换行（ln 可近似理解为'\n'），后者不换行。允许使用并置符号+将变量、表达式或一个常量值与一个字符串并置输出，例如：

```
System.out.println(n+"个数的和为"+sum);
System.out.println(""+109+"大于"+76);
```

例 2.2　从键盘输入一个整型和一个双精度浮点型的数，并求这两个数的和。程序如下

```
import java.util.*;                          //加载 java.util 类库里的所有类
public class Example2_2{
   public static void main(String[] args) {
      int num1;
      double num2;
      Scanner reader = new Scanner(System.in);
```

```
        System.out.print("请输入第一个数:");
        num1 = reader.nextInt();          //将输入的内容作为整型数据赋值给变量 num1
        System.out.print("请输入第二个数:");
        num2 = reader.nextDouble();       //输入内容作为双精度浮点型数据赋值给变量 num2
        System.out.println(num1+"+"+num2+" = "+(num1+num2));
        }
}
```

2.4 Java 程序的控制结构：顺序、分支、循环

Java 中的语句可以是以分号；结尾的简单语句，也可以是用一对大括号{}括起来的复合语句。语句的有序集合构成程序，程序的控制结构决定了语句的执行顺序。一共有 3 种控制结构：顺序结构、分支结构和循环结构。这 3 种控制结构的有机组合可以实现任意复杂的流程控制。顺序结构即程序按照语句的先后顺序自上往下顺序执行，它是最简单的流程控制结构，也是程序默认的控制结构。下面重点介绍分支结构和循环结构。

2.4.1 分支结构

分支结构包括 if…else 语句和 switch…case 语句。

1. if…else 语句

if…else 语句有单分支、双分支和多分支 3 种情形。

单分支情形的语法格式如下：

```
if(表达式){
    语句组
}
```

单分支语句的流程图如图 2.4 所示。在 if 语句中，关键字 if 后面的小括号内的表达式的值必须是逻辑型数据。当值为 true 时，执行紧跟着的语句组，然后结束当前 if 语句的执行；当值为 false 时，则直接结束当前 if 语句的执行。如果语句组中只有一条语句，{}可以省略不写。

双分支情形的语法格式如下：

```
if(表达式) {
    语句组 1
}
else {
    语句组 2
}
```

双分支语句（if…else）的流程图如图 2.5 所示。在双分支语句中，关键字 if 后面的小括号内的表达式的值必须是逻辑型数据。当值为 true 时，执行紧跟着的语句组 1，并结束当前 if…else 语句的执行；否则执行语句组 2，然后结束当前 if…else 语句的执行。

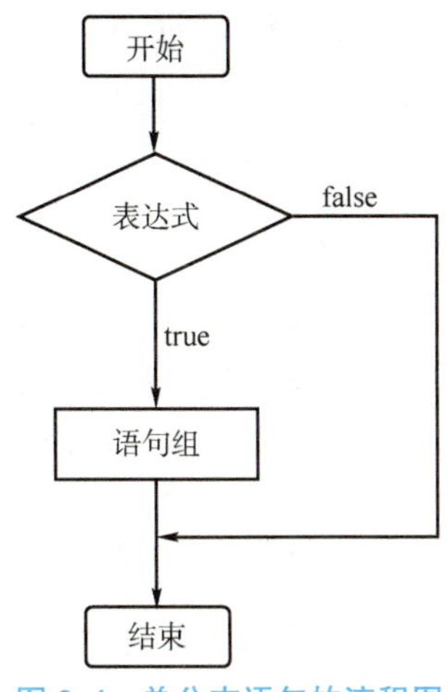

图 2.4 单分支语句的流程图

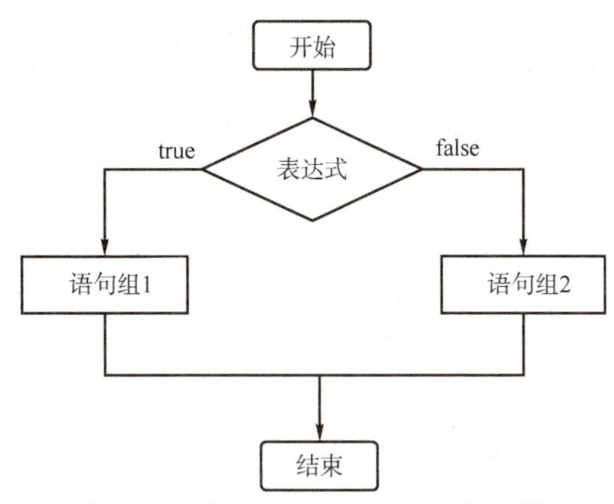

图 2.5 双分支语句（if…else）的流程图

多分支语句（if…else if…else）根据多个条件来控制程序执行的流程，其流程图如图 2.6 所示。其语法格式如下：

```
if(表达式 1) {
        语句组 1
}
else if(表达式 2) {
        语句组 2
}
…
else if(表达式 n) {
        语句组 n
}
else {
        语句组 n+1
}
```

在多分支语句中，if 以及多个 else if 后面的小括号内的表达式的值必须是逻辑型数据。当程序执行 if…else if…else 时，按该语句中表达式的顺序，首先计算表达式 1 的值。如果结果为 true，

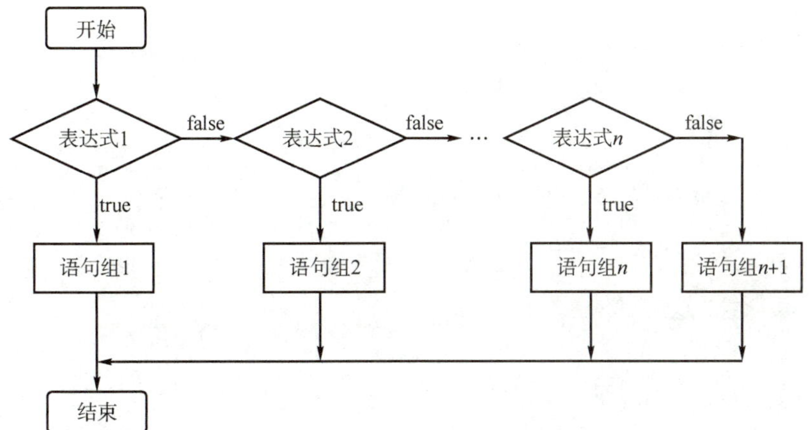

图 2.6 if…else if…else 语句的流程图

则执行紧跟着的语句组 1，然后结束当前 if…else if…else 语句的执行；如果结果为 false，则继续计算表达式 2 的值，依次类推，假设计算第 n 个表达式的值为 true，则执行紧跟着的语句组 n，并结束当前 if…else if…else 语句的执行，否则继续计算第 $n+1$ 个表达式的值。如果所有表达式的值都为 false，则执行关键字 else 后面的语句组 $n+1$，最后结束当前 if…else if…else 语句的执行。

例 2.3 人体的标准体温为 36.0~37.3 ℃，体温超过 37.3 ℃就属于发热。通常 37.3~38 ℃属于轻度发热，38~39 ℃属于中度发热，39~41 ℃属于高度发热。当体温高于 41 ℃的时候，属于超高度发热。通过键盘输入个人体温信息，首先输出是否发热，如果发热，输出属于哪一种发热。程序如下：

```
import java.util.Scanner;
public class Example2_3 {
    public static void main(String args[]) {
        float temperature;
        Scanner reader = new Scanner(System.in);
        System.out.println("请输入体温:");
        temperature = reader.nextFloat();
        if(temperature>37.3)
            System.out.println("你发热了!");
        else
            System.out.println("你没有发热");
        if(temperature>37.3 && temperature<=38)
            System.out.println("你属于轻度发热");
        else if(temperature>38 && temperature<=39)
            System.out.println("你属于中度发热");
        else if(temperature>39 && temperature<=41)
            System.out.println("你属于高度发热");
        else if(temperature>41)
            System.out.println("你属于超高度发热");
    }
}
```

运行示例如下：

```
E:\temp>javac Example2_3.java

E:\temp>java Example2_3
请输入体温:
37
你没有发热

E:\temp>java Example2_3
请输入体温:
37.5
你发热了!
```

```
你属于轻度发热

E:\temp>java Example2_3
请输入体温:
38.5
你发热了!
你属于中度发热
```

2. switch…case 语句

switch…case 语句是单条件多分支的开关语句，它的一般格式定义如下（其中 break 语句是可选的）：

```
switch(表达式)
{
  case 常量值 1:
            若干个语句
            break;
  case 常量值 2:
            若干个语句
            break;
   …
   case 常量值 n:
            若干个语句
            break;
   default:
         若干个语句
}
```

其中，switch 后面括号中的表达式的结果必须是字节型、短整型、整型、字符型、String 类或枚举型的数据，并且要与其后各个 case 后面的常量值的类型一致。该语句执行时，程序首先计算表达式的值，然后将计算结果依次与后面 case 语句中的常量值进行比较，若相等则执行该情形下的若干语句，遇到 break 语句则退出整个 switch 语句。一般来说，每个 case 语句都应有相应的 break 语句，若没有则多个 case 语句共享一个分支。default 后面的语句是在表达式的值与任何一个 case 后的常量值都不相同时执行的，执行完退出 switch 语句。

例 2.4 社会主义核心价值观包括 3 个层面的内容：富强、民主、文明、和谐是国家层面的价值目标；自由、平等、公正、法治是社会层面的价值取向；爱国、敬业、诚信、友善是公民个人层面的价值准则。编程实现通过键盘输入“国家”，“社会”或“个人”进行查询，输出其相应层面的价值观。

```
import java.util.Scanner;
public class Example2_4 {
```

```
    public static void main(String args[]) {
        String level=null;
        Scanner reader=new Scanner(System.in);
        System.out.println("请输入社会主义核心价值观的层面(国家、社会、个人):");
        level=reader.nextLine();
        switch(level){
            case "国家":
                System.out.println("富强、民主、文明、和谐");
                break;
            case "社会":
                System.out.println("自由、平等、公正、法治");
                break;
            case "个人":
                System.out.println("爱国、敬业、诚信、友善");
                break;
            default:
                System.out.println("请输入国家、社会或个人进行查询。");
        }
    }
}
```

运行示例如下：

```
E:\temp>javac Example2_4.java

E:\temp>java Example2_4
请输入社会主义核心价值观的层面(国家、社会、个人):
国家
富强、民主、文明、和谐

E:\temp>java Example2_4
请输入社会主义核心价值观的层面(国家、社会、个人):
社会
自由、平等、公正、法治

E:\temp>java Example2_4
请输入社会主义核心价值观的层面(国家、社会、个人):
个人
爱国、敬业、诚信、友善
```

```
E:\temp>java Example2_4
请输入社会主义核心价值观的层面(国家、社会、个人):
社区
请输入国家、社会或个人进行查询。
```

例 2.5 已知号码 828 为一等奖，122、718 为二等奖，314、511、601 为三等奖，请使用 switch…case 语句判断用户从键盘输入的正整数是否为中奖号码。程序如下：

```
import java.util.Scanner;
public class Example2_5{
    public static void main(String args[]) {
      int number = 0;
      System.out.println("输入正整数(回车确定)");
      Scanner reader = new Scanner(System.in);
      number = reader.nextInt();
      switch(number) {
            case 314:
            case 511:
            case 601:System.out.println(number+"是三等奖");
                   break;
            case 122:
            case 718:System.out.println(number+"是二等奖");
                   break;
            case 828:System.out.println(number+"是一等奖");
                   break;
            default:System.out.println(number+"未中奖");
      }
    }
}
```

2.4.2 循环结构

循环结构是指在特定条件下反复执行一段代码的控制结构，被反复执行的这段代码被称为循环体，它由一组语句组成。Java 中的循环语句有 3 种：for 循环语句、while 循环语句和 do…while 循环语句。

1. for 循环语句

for 循环语句的语法格式如下：

```
for (表达式 1; 表达式 2; 表达式 3) {
  语句组
}
```

for 循环语句由关键字 for、一对小括号中用分号分割的 3 个表达式，以及一个复合语句组成，其中的表达式 2 的结果必须是逻辑型数据，而复合语句（即语句组）被称为循环体。当循环体只有一条语句时，大括号可以省略。表达式 1 负责完成变量的初始化；表达式 2 是结果为逻辑型数据的表达式，被称为循环条件表达式；表达式 3 用来更新变量，改变循环条件。

for 循环语句的执行步骤如下。

（1）计算表达式 1，完成必要的初始化工作。

（2）判断表达式 2 的值，若表达式 2 的值为 true，则执行步骤（3），否则执行步骤（4）。

（3）执行语句组（循环体），然后计算表达式 3，以便改变循环条件，回到步骤（2）。

（4）结束 for 循环语句的执行。

for 循环语句的流程图如图 2.7 所示。

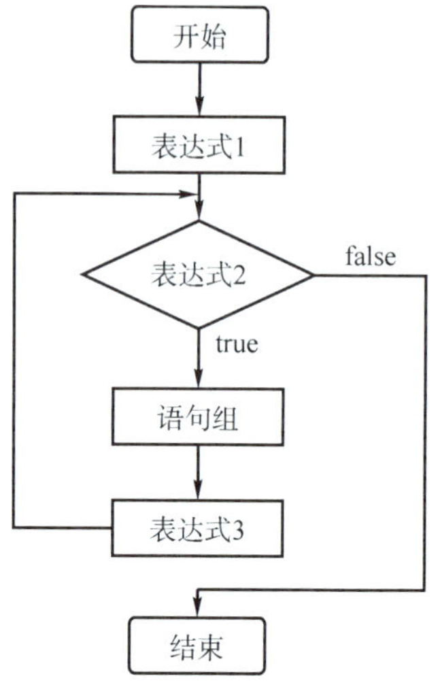

图 2.7 for 循环语句的流程图

例 2.6 求 1~100 的累加和。程序如下：

```
public class Example2_6{
    public static void main(String args[]){
        int s=0;
        for(int i = 1;i<= 100;i++)
            s+= i;
        System.out.println("Sum = "+s);
}
```

例 2.7 中国援助某国的救灾物资信息如表 2.6 所示，通过键盘输入单价和数量信息，求出援助物资的总价值。程序如下：

```
import java.util.Scanner;
public class Example2_7{
    public static void main(String args[]) {
        float sum = 0;
        float price;
        int amount;
        Scanner reader = new Scanner(System.in);
        for(int i = 0;i<6;i++){
            System.out.println("输入第"+(i+1)+"个物资的单价和数量");
            price = reader.nextFloat();
            amount = reader.nextInt();
            sum = sum+price*amount;
        }
        System.out.println("总价值为:"+sum);
    }
}
```

表 2.6 救灾物资信息

编号	单价	数量
1	1.6	109
2	2.3	208
3	8.8	311
4	1.8	400
5	2.5	560
6	3.9	800

for 循环语句与数组是天然的搭档，当需要遍历数组时，可采用如下语法格式：

```
for(声明循环变量:数组的名字) {
…
}
```

其中，声明的循环变量的类型必须和数组的类型相同。这种形式的 for 循环语句类似于英文中的 for each，即对于数组中的每一个元素依次执行一遍循环体。为了便于理解上述 for 循环语句，可以将这种形式的 for 循环语句翻译成“对于循环变量依次取数组的每一个元素的值”。需要注意的是，以上循环中的循环变量不是数组的下标，而是数组元素本身。

例 2.8 计算并输出杨辉三角形。程序如下：

```
public class Example2_8{
    public static void main(String[] args){
        int i,j,level = 7;
        int[][] yangHui = new int[level][];
        System.out.println("杨辉三角形");
        for (i=0;i<yangHui.length;i++)
            yangHui[i] = new int [i+1];
        yangHui[0][0] = 1;
        for (i = 1;i<yangHui.length;i++){
            yangHui[i][0] = 1;
            for (j = 1;j<yangHui[i].length-1;j++)
                yangHui[i][j] = yangHui[i-1][j-1]+ yangHui[i-1][j];
            yangHui[i][yangHui[i].length-1] = 1;
        }
        for(int[] row : yangHui){
            for(int col : row)
                System.out.print(col+ "   ");
            System.out.println();
        }
    }
}
```

2. while 循环语句

while 循环语句的语法格式如下：

```
while(表达式) {
        语句组
}
```

while 循环语句由关键字 while、一对小括号中的一个值为逻辑型数据的表达式和一个复合语句组成。其中的复合语句被称为循环体，循环体由一组语句构成，当它只有一条语句时，大括号可以省略。表达式被称为循环条件。while 语句的执行步骤如下。

(1) 计算表达式的值，如果该值是 true，则执行步骤（2），否则执行步骤（3）。

(2) 执行语句组（循环体），再执行步骤（1）。

(3) 结束 while 循环语句的执行。

while 循环语句的流程图如图 2.8 所示。

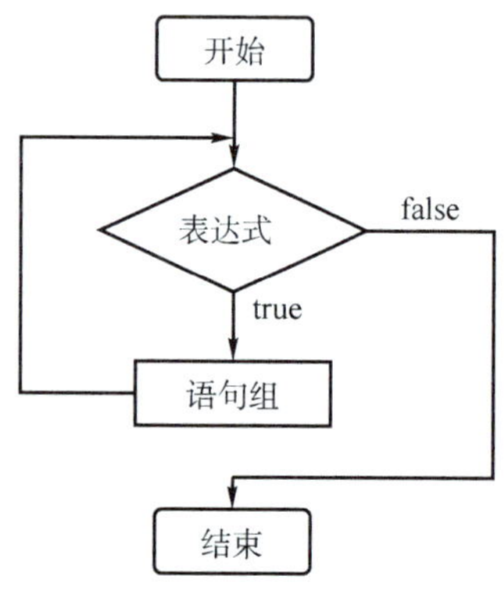

图 2.8 while 循环语句的流程图

例 2.9 计算 6+66+666+6 666+…+6 666 666 666 666 666 的和，其中共有 16 项连加。程序如下：

```
public class Example2_9 {
public static void main(String args[]) {
    long sum = 0,item = 6;          //注意，sum 和 item 在运算过程中的值已超出整型
                                    //数据的表示范围，必须定义为长整型
    for(int i = 1;i<= 16;i++) {
        sum = sum + item;
        item = item*10 + 6;
    }
    System.out.println(sum);
  }
}
```

3. do…while 循环语句

do…while 循环语句的语法格式如下：

```
do{
        语句组
}while(表达式);          //注意语句最后的;不可缺少
```

do…while 循环语句的执行步骤如下。

(1) 执行语句组（循环体）。

(2) 计算表达式的值，如果该值是 true，则执行步骤（1），否则执行步骤（3）。

(3) 结束 do…while 循环语句的执行。

do…while 循环语句和 while 循环语句的区别是，do…while 循环语句的循环体至少被执行一次，其流程图如图 2.9所示。

例 2.10 用 do…while 循环语句计算 $1+1/2!+1/3!+1/4!+\cdots+1/n!$ 在 $n=22$ 时的和。程序如下：

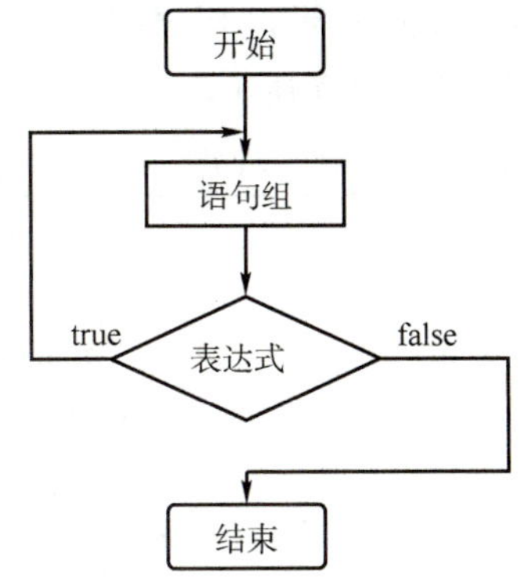

图 2.9　do…while 循环语句的流程图

```
public class Example2_10 {
    public static void main(String args[]) {
        double sum = 0, item = 1;
        int i = 1, n = 22;
        do{
            sum = sum+item;
            i = i+1;
            item = item*(1.0/i);
        } while(i<= n);
        System.out.println("sum="+sum);
    }
}
```

2.4.3　跳转语句

跳转语句可使程序执行流程在顺序、分支、循环 3 种结构的基础上灵活转移，增加了程序的表达能力和灵活性。Java 支持 3 种无条件流程跳转语句：break、continue 和 return。

1. break 语句

break 语句的语法格式如下：

```
break;
```

它用来使程序的流程从其所在的一个语句块（switch 或循环结构）内跳出。

2. continue 语句

continue 语句的语法格式如下：

```
continue;
```

它用来终止当前这一轮（次）的循环，进入下一轮（次）循环。

3. return 语句

return 语句的语法格式如下：

```
return 返回值;
```

它用来使程序从方法（函数）中返回，并返回一个值。

break 语句与 continue 语句的对比如表 2.7 所示。

表 2.7　break 语句与 continue 语句的对比

对比代码	for(i=1;i<=10;i++){
	    if(i % 3 == 0)
	        break;
	    System. out. print(i+" ");
	}
		for(i=1;i<=10;i++){
		    if(i % 3 == 0)
		        continue;
		    System. out. print(i+" ");
		}

输出结果	1　2	1　2　4　5　7　8　10
说明	当 i 是 3 的倍数时，执行 break 语句。break 语句的作用是立刻结束整个 for 循环，因此输出只有 1 和 2 两个数字	当 i 是 3 的倍数时，执行 continue 语句。continue 语句的作用是结束这一轮的循环，跳过循环体中 continue 后面的语句，跳转到循环头部，继续下一轮的循环，因此输出不是 3 的倍数的所有数字

例 2.11　求 100 以内所有奇数的和与 100 以内所有素数的和。程序如下：

```
public class Example2_11 {
    public static void main(String args[]) {
        int sum=0,i,j;
        for(i=1;i<=100;i++) {          //计算 100 以内奇数的和
            if(i% 2==0) {
                continue;
            }
            sum=sum+i;                 //i 是奇数
        }
        System.out.println("100 内所有奇数的和为"+sum);
        sum=0;
        for(j=2;j<=100;j++) {          //计算 100 以内素数的和
            for(i=2;i<=j/2;i++) {
                if(j% i==0) break;
            }
            if(i>j/2) {                //i>j/2 说明上一个 for 循环是正常退出的,即 j 是素数
                sum=sum+j;             //j 是素数
            }
        }
        System.out.println("100 内所有素数的和为"+sum);
    }
}
```

运行示例如下：

```
E:\temp>javac Example2_11.java

E:\temp>java Example2_11
100 内所有奇数的和为 2500
100 内所有素数的和为 1060
```

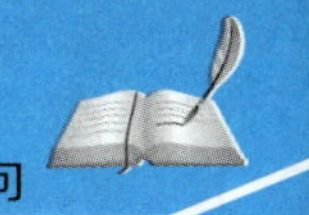

本章小结

(1) 所有输入计算机中的信息都是数据。数据有多种类型，不同类型的数据有不同的表示和性质，如不同的数据结构、不同的存储方式、不同的取值范围、可参与不同的运算和操作等。

(2) Java 的数据类型包括基本数据类型和引用数据类型，前者包括整数型、浮点型、字符型、逻辑型等数据类型，后者包括类、接口、枚举、数组等数据类型。

(3) 就像单词构成句子，句子构成段落，段落构成文章一样，常量、变量、运算符一起构成表达式，表达式构成语句，语句构成程序。

(4) Java 运算符的优先级及结合性口诀：分隔符第一，赋值排最后；单目二目与三目，算术关系与逻辑；算术后移位，逻辑前位或；先乘除后加减，先大小后相等，先做“与”后做“或”，“与”后“或”前是“异或”；单目赋值右到左，其他皆为左到右。

(5) 顺序、选择、循环 3 种结构通过组合、嵌套可以生成任意程序流程。熟练掌握以下语句：if…else、switch…case、for、while、do…while、break、continue。其中 if…else、switch…case 是分支语句，for、while、do…while 是循环语句，break、continue 为跳转语句。

习题 2

简答题

2.1 基本数据类型与引用数据类型的内存模型有何不同？

2.2 什么是强制类型转换？

2.3 对于基本数据类型来说，自动转换类型的顺序是怎样的？

2.4 如何从键盘输入数据？

2.5 Java 中常用的算术、逻辑和关系运算符有哪些？它们之间的优先级顺序是怎样的？

2.6 什么是运算的结合性？举例说明。

2.7 简述 break 语句和 continue 语句的区别与联系。

2.8 用 for 循环语句计算累加和的步骤是怎样的？举例说明。

2.9 用 while 循环语句计算累加和的步骤是怎样的？举例说明。

2.10 for 循环语句和 while 循环语句可以相互替代吗？

2.11 已知 int[][]a=new int[3][3];，请问 a[0]、a[1]、a[2]的含义分别是什么？

2.12 for 循环语句 for（声明循环变量：数组名）（类似于英文中的 for each）中的循环变量代表的是数组元素还是数组元素的下标？

2.13 如何理解二维数组是一维数组的一维数组？

2.14 如何初始化二维数组？

2.15 如何用二维数组定义一个行的长度不一定相等的矩阵？

2.16 如何声明和创建一个三维数组？

选择题

2.17 对于 boolean boo[ ]=newBoolean[3];，以下哪一个叙述是正确的？(   )

A. boo[0]、boo[1]、boo[2]的值是 0　　B. boo[0]、boo[1]、boo[2]的值是 1

C. boo[0]、boo[1]、boo[2]的值是 false　　D. boo[0]、boo[1]、boo[2]的值是 true

2.18 以下哪一个数据类型不属于基本数据类型？(   )

A. byte　　B. int　　C. float　　D. Object

2.19 以下哪一个运算不属于扩展赋值运算？(   )

A. &=　　B. ^=　　C. |=　　D. !=

2.20 以下哪一个选项是一个合法的标识符？(   )

A. 9Pins　　B. a+c　　C. testing-1　　D. 猫

2.21 以下哪一条语句是正确的 main( )方法？(   )

A. public void main(String args[ ])

B. static void main(String args[ ])

C. public static void main(String args)

D. public static void main(String args[ ])

2.22 以下转义字符中，表示换行的是哪一个？(   )

A. \\　　B. \t　　C. \b　　D. \n

2.23 以下哪一个运算符是从右向左结合的？(   )

A. =　　B. ==　　C. &&　　D. %

2.24 以下哪一个叙述是正确的？(   )

A. 7.0/2+11 的结果是双精度浮点型型数据　　B. '中'+'国'的结果是字符型数据

C. (int)6.8+2.0 的结果是整型数据　　D. (short)10+'a'的结果是短整型数据

2.25 以下哪一条输出语句在显示器上的输出结果不换行？(   )

A. System.out.print("你好");

B. System.out.println("你好");

C. System.out.printf("你好%f\n", 3.14);

D. Display A;

2.26 已知 int a[ ]={1,2,3};，则 a[2]的值为以下哪一个？(   )

A. 0　　B. 1　　C. 2　　D. 3

2.27 判断两个字符串 s 和 t 的内容是否相同应使用以下哪种方法？(   )

A. s=t　　B. s==t

C. s.equals(t)　　D. s instanceof t

2.28 对于 int a[ ]=new int[3];，以下哪一个叙述是错误的？(   )

A. a.length 的值是 3　　B. a[1]的值是 1

C. a[0]的值是 0　　D. a[a.length-1]的值等于 a[2]的值

2.29 以下哪一项是正确的字型型变量的声明？(   )

A. char ch="G";　　B. char ch='ABCD';

C. char ch='\ucafe';　　D. char="ABCD";

程序设计题

2.30 编程输出"Connection，Content，Cooperation。"

2.31 编程输出 Connection，Content，Cooperation 3 遍。

2.32 编程计算整型数组 a[ ]={-3,14,15,9,265,35,89,79,32,384,626,-433}中的最大值

和最小值。

2.33 最早的密码是由盖乌斯·尤利乌斯·恺撒（Gaius Julius Caesar）发明的，被称为恺撒密码。这种密码属于替换密码，即将明文中的字母按字母表循环向后移3位，变成另外一个字母，从而形成密文。例如，设字母表由a~z共26个字母组成，a向后移3位就是d，z向后移3位就是c，以此类推。现在收到一份情报，密文是bhv，编程求出其明文。

2.34 你成功地截获了一份情报，密文是leelnvleehzlx，但不知道密钥。卧底传来的消息表明敌人用的是恺撒密码，想办法破译该密码。

2.35 编程实现随机点名，每次运行显示器随机显示一名同学的姓名。

2.36 编程实现一个猜数字游戏，计算机随机生成一个1~100之间的整数，用户从键盘输入数字进行猜测，如果猜对了，则显示器输出“恭喜！猜中了！”并退出程序。如果没有猜对，则显示器输出“猜大了”或“猜小了”，如此反复。输入0退出程序。

2.37 学生的成绩按分数分为优([90,100])、良([80,90))、中([70,80))、及格([60,70))、不及格([0,60))5个等级，从键盘输入学生成绩，输出该成绩所属等级。

2.38 从键盘输入正整数 n，$e=1/0!+1/1!+1/2!+1/3!+\cdots+1/n!+\cdots$，编程计算 e 的值。

2.39 按照公式 $1-1/3+1/5-1/7+1/9-\cdots+(-1)^{k-1}/(2k-1)+\cdots=\pi/4$，近似计算圆周率 π 的值。

2.40 用递归方法将一个整数的各位数字逆序输出。

2.41 一次为期10天的调查数据保存在一个整型数组中：

int sur[ ] = {54859966,55049058,55651537,56785399,57528962,58292112,59114417,59639035,60062077,61042623};

编程计算在这10天中哪一天增长速度最快？平均增长率是多少？

探究题

2.42 通过网络学习在Java中获取当天日期的方法，编程为当天过生日的同学送上生日祝福。

2.43 编程计算圆周率 π 的值，精确到小数点后10 000位。

2.44 递归是一种直接或间接调用自身的计算方法，通过网络学习递归的概念和方法，并计算两个正整数的最大公约数和最小公倍数。

2.45 通过网络学习Java中枚举数据类型的定义及其使用方法。

团队项目

3名同学自愿组合成团队，分工明确，团结协作，共同完成以下项目。

2.46 编写一个随机抽奖程序。其中，“共有几等奖”“每等奖共有几人”“是否允许重复中奖”等参数通过键盘输入来设置。

2.47 费马大定理：方程 $x^n+y^n=z^n$ 在 $n\geqslant 3$ 时没有正整数解。编程在尽量大的取值范围内验证费马大定理在 $n=3$ 时的正确性。

实验2

实验2.1 基本数据类型及运算

实验2.2 数据类型转换

实验2.3 通过键盘输入数据

实验2.4 在命令窗口输出

实验 2.5　if…else 语句的使用

实验 2.6　switch…case 语句的使用

实验 2.7　for 循环语句与数组

实验 2.8　二维数组

实验 2.9　while 循环语句和 do…while 循环语句

实验 2.10　跳转语句

第 3 章　面向对象编程

【本章导读】

面向对象是一种软件开发方法，也是一种编程范式。事实上，面向对象的概念和思想已远远超越了程序设计和软件开发，扩展到了数据库系统、图形用户界面、应用平台、分布式系统、计算机网络、人工智能等众多领域。“爱拼才会赢”“人生自古谁无死，留取丹心照汗青”是人生观，“爱国、敬业、诚信、友善”是价值观，面向对象则是一种世界观，它认为世界是由事物组成的，任何一个具体的事物可以被称为对象，将同一类对象的公共属性和功能抽象为一个整体，就形成为类，对象静态的属性称为变量，动态的行为称为方法，定义类、创建对象、调用方法构成了事物的发生、发展过程。这是一种唯物主义的观点。

【本章思维导图】

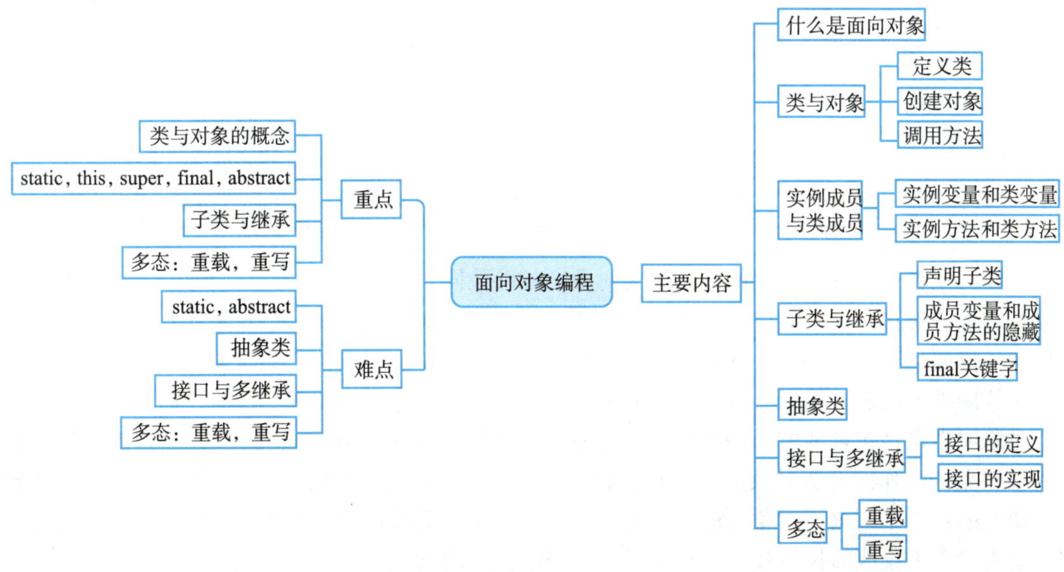

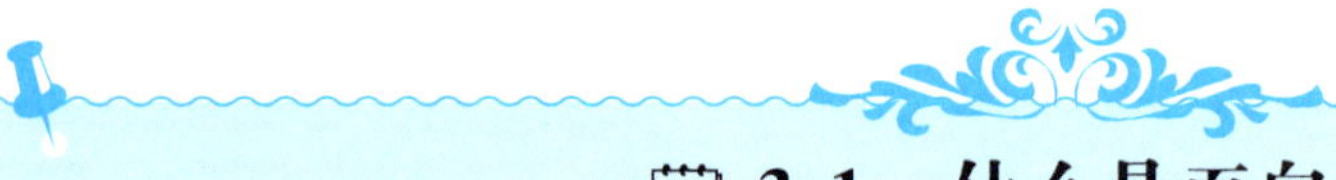

3.1 什么是面向对象

作为一种主流的程序设计方法，面向对象是相对于面向机器、面向过程来讲的，3 种程序设计语言对比如表 3.1 所示。面向对象把相关的数据和方法组织为一个整体来看待和处理，从更高的层次进行系统建模，更贴近事物的自然运行模式。

表 3.1　3 种程序设计语言对比

	面向机器	面向过程	面向对象
产生与流行时间	计算机诞生至 20 世纪 60 年代	20 世纪 70 年代至 20 世纪 80 年代	20 世纪 80 年代末至今
程序设计思想	直接操控硬件，并不关注程序设计方法	程序=数据结构+算法；自顶向下，逐步求精	程序=类+对象+消息传递
语言介绍	计算机早期语言是机器语言，这种语言中的指令都是由 0、1 组成的序列，这样的序列被称为一条机器指令。20 世纪 50 年代出现汇编语言，使用助记符代替二进制指令，但仍需针对不同机器编写不同代码	面向过程的程序设计也称为结构化程序设计。这种语言把代码组成过程或函数块。每个块的目标是完成某个任务。例如，一个用 C 语言编写的程序就是由若干个互相独立的函数组成的	将任何一个具体的事物称为对象，将同一类对象的公共属性和功能抽象出来形成类。对象是类的实例，类是对象的模板。主要体现为下列 3 个特性：封装性、继承性、多态性
语言特点	速度快，资源占用少。可读性、可移植性、可维护性差	速度慢，资源占用较多。可读性、可移植性、可维护性好。表达能力强，编程效率高	速度更慢，资源占用更多。可读性、可移植性、可维护性进一步提高。更符合人类的思维模式，更健壮，更易于解决复杂问题，鼓励创造性的程序设计
代表语言	机器语言、汇编语言	C、Pascal、Python 等	Java、C++、Python 等

面向对象将任何一个具体的事物称为对象，如一位同学、一辆汽车、一门课程、一场球赛都是对象。想一想在实际生活中我们是如何描述一个事物，即如何描述一个对象的？你可能这样描述你的一位同学：李明，男，183 cm，计算机科学与技术专业，喜欢打篮球和编程。前面 4 项描述了这位同学的姓名、性别、身高、专业属性，后面两项描述了该同学的行为。推而广之，任何一个对象通常也是包含两方面的信息，一方面是该对象的属性（数据），另一方面是该对象的行为（该对象的动作或对该对象的操作）。这两个方面一静一动，静态的属性描述了对象当前的状态，动态的行为则刻画了对象运动的方式、性质和规律。动静相合，对象就是属性和行为的结合体。运用对象不仅能够执行操作，还能够及时记录操作的结果。

物以类聚，人以群分。把一类事物（即一类对象）的公共属性和功能抽象出来就形成类。类是对具有相同属性（数据）和行为（功能）的对象的抽象。类实际上就是一种数据类型。类具有属性，它是对对象的状态的抽象，通常用数据结构来描述。类还具有操作，它是对对象的行

为的抽象，用操作名和实现该操作的方法来描述。对象是类的实例，类是对象的模板。例如，小轿车-我的 Golf 小轿车，专业课程-Java 程序设计基础，前者是类，后者是对象。

面向对象编程主要有以下 3 个特性。

(1) 封装性。封装（Encapsulation）指把数据和对数据的操作放在一起当成一个整体（类）来考虑和处理，使程序模块化，从而便于调试和维护。例如，汽车的属性（数据），包括速度、油耗、载客量；功能（行为、对数据的操作），包括加油、刹车、转弯。另外，重要的数据通常会保存到私有成员变量（属性）中，不让外面的操作直接对其进行修改。如果要修改该数据，那么可通过调用操作该数据的同一类中的公有方法（行为）进行修改，因为在该方法中可以通过判断语句对所更新数据的有效性进行检查，从而保证了数据的安全性。这是信息隐藏和专业意识的体现。

(2) 继承性。继承（Inheritance）指子类继承父类的属性和功能，这样更便于代码复用。例如，汽车-小轿车-我的 Golf 小轿车，小轿车是汽车的子类，继承了汽车的一些属性和功能。继承其实是一种层次结构模型，这种层次结构模型能够被重用。层次结构的上层具有一般性，下层具有特殊性。在继承的过程中，下层类可以从上层类继承一些属性和功能。

类除了可以被继承，还可以被修改或添加，即新事物对旧事物既批判又继承，既克服其消极因素又保留其积极因素。这是一种辩证否定，其实质是“扬弃”。通过这样的方式可以有效提高工作效率。继承是从一般演绎到特殊的过程，它可以有效减少知识表示的冗余内容，避免或缓解信息的组合爆炸，有利于衍生复杂的系统。

(3) 多态性。多态（Polymorphism）机制使具有不同内部结构的对象可以共享相同的外部接口，通过这种方式可以降低代码的复杂程度。多态常被描述为“同一界面，不同操作”，即使用同样的命令或函数（在此称为界面），可以完成不同的操作。多态使程序灵活且便于扩展。面向对象编程中有重载和重写两种多态。前者如：设 t 是一个三角形对象，可用 t. area(a,h) 或 t. area(a,b,C) 求面积。后者如：a. 喊叫()，在 a 为不同的动物时，语句（命令界面）是一样的，但操作是不同的。

程序是为了用计算机解决实际问题而设计的，如何以面向对象的方法设计程序呢？在面向对象编程中有这样一个公式：程序=对象+类+消息传递。其中，对象是构成问题以及与问题相关的事物，类是对对象的抽象，而消息传递则反映了对象之间的交互关系。针对某一问题，其组成要素（即各对象）之间需要相互沟通，而沟通的途径就是对象之间收发信息。消息内容包括接收消息的对象的标识，需要调用的方法的标识，以及必要的参数信息。可见消息传递就是在某一对象的某个方法中以特定的参数信息去调用另一对象的某个方法。因此，面向对象编程包括 3 个关键步骤：定义类、创建对象、调用方法。

面向对象编程的方法就是利用抽象、封装、继承、多态等机制，借助于对象、类、消息传递等概念进行建模和开发的一种程序设计方法。

3.2 类与对象

3.2.1 定义类

从程序的组成结构看，一个 Java 应用程序是若干个类的集合，可见类是程序的组成要素。类还是 Java 中最重要的数据类型，用类声明的变量被称为对象，即类是用来创建对象的模板。例如：

```
Scanner reader = new Scanner(System.in);
```

即用模板 Scanner 创建了一个对象 reader，reader 对象中的属性和方法都是在 Scanner 类中定义好的，只是在内存中分配了具体的存储空间。

类的定义包括两部分：类的声明和类体。其语法格式如下：

```
class 类名 {
  类体内容
}
```

class 是关键字，用来定义类。class 类名是类的声明部分，类名必须是合法的 Java 标识符，一般首字母大写以与变量、方法名区别。两个大括号以及它们之间的内容是类体。类体的内容由两部分构成：一部分是变量的声明，用来描述该类所对应的一类事物的属性；另一部分是方法的定义，用来描述该类事物的行为或功能。

二维码 科学家故事——艾伦·凯

例 3.1 课程类的定义如下：

```
class Course{
    String courseName;                    //课程名
    int courseType;                       //课程类型。1：国一流；2：省一流；3：普通课程
    float credit;                         //学分
    int courseHours;                      //课时
    int computeWorkload(){                //计算本课程的工作量
        if(courseType == 1)
            return 3*courseHours;
        else if(courseType == 2)
            return 2*courseHours;
        else
            return 1*courseHours;
    }
    float getCredit(){                    //返回课程的学分
        return credit;
    }
}
```

在例 3.1 中，Course 类定义了 courseName、courseType、credit、courseHours 4 个变量分别表示课程名、课程类型、学分和课时，这些变量反映了一门课程的属性。另外，Course 类还定义了 computeWorkload()和 getCredit()两个方法，分别用于计算相应课程的工作量和学分。

1. 变量的声明

类体中变量声明部分所声明的变量被称为成员变量，简称变量。

（1）变量的类型。成员变量的类型可以是 Java 中的任一数据类型，包括基本数据类型和引用数据类型。

（2）变量的有效范围。成员变量在整个类内，包括该类的方法内都有效，其有效性与它在类体中书写的先后位置无关。

（3）编程风格。一行只声明一个变量；变量的名称符合标识符规定；变量名应可以望文生义，常采用多个英文单词组合，并用“驼峰式”命名法命名。

2. 方法的定义

方法的定义包括两部分：方法头和方法体。其一般格式如下：

```
方法头{
    方法体
}
```

方法头由方法的类型、方法的名称和名称之后的一对小括号以及其中的参数列表构成。无参数方法定义的方法头中没有参数列表，即方法名称之后的一对小括号中无任何内容，但小括号不可少。例如：

```
int getCredit( ){               //无参数的方法头
    return credit;
}
int add( int x,int y){          //有参数的方法头
    return x+y;
}
```

和变量一样，方法也是有类型的。方法是一个函数或一个过程，它对输入进行处理并给出输出结果。方法的类型就是输出结果值的类型。方法返回的数据类型可以是 Java 中的任何数据类型，当一个方法不需要返回数据时，返回类型必须是 void。

参数是用逗号隔开的一些变量声明。方法的参数可以是 Java 中的任何数据类型。方法和参数的名称必须符合标识符命名规定。

方法声明之后的一对大括号及其间的内容是方法的方法体。方法体的内容包括局部变量的声明和 Java 语句。在方法体内，可以对成员变量和方法体中声明的局部变量进行操作。在方法体中声明的变量和方法的参数被称为局部变量，例如：

```
int getSum( int n) {                 //参数变量 n 是局部变量
    int sum=0;                       //声明局部变量 sum，并初始化为 0
    for( int i = 1;i<= n;i++) {      //for 循环语句。循环变量 i 也是局部变量
        sum = sum+i;
    }
    return sum;                      // return 语句，其返回的值的类型就是方法的类型
}
```

类体中方法外声明的变量被称为成员变量，它的作用域是整个类体，包括类中的方法也是其有效的作用范围。和成员变量不同，局部变量只在声明该变量的方法内有效，而且与其声明位置有关。方法的参数在整个方法内有效，方法内的局部变量从声明它的位置之后开始有效。如果局部变量的声明是在一个复合语句（用大括号括起的语句块）中，那么该局部变量的有效范围是该复合语句；如果局部变量的声明是在一个循环语句中，那么该局部变量的有效范围是该循环语句。例如：

```
class A {
    void f( ) {
        int m = 10,sum = 0;          //局部变量，在方法 f( ) 中有效
        if(m>9) {
            int z = 10;              //z 仅在该复合语句中有效
            z = 2*m+z;
        }
        for( int i = 0;i<m;i++) {
```

```
            sum = sum+i;             //i 仅在该循环语句中有效
        }
        m = sum;                     //合法，因为 m 和 sum 有效
        z = i+sum;                   //非法，因为 i 和 z 无效
    }
}
```

成员变量和局部变量除了作用域不同，还要注意同名问题。如果局部变量的名称与成员变量的名称相同，则成员变量被隐藏，该成员变量在这个方法内暂时失效。例如：

```
class KunPeng{
    int x = 1, y = 1;
    void f( ) {
        int x = 5;
        y = x*x;         //y 得到的值是 25，不是 1。如果没有 int x=5;语句，则 y 的值将是 1
    }
}
```

局部变量暂时隐藏成员变量遵循的是“就近就简”原则，这种情况在日常生活中随处可见。假设班上有名同学叫张飞，老师在班里喊张飞，一定是指班里的张飞，而不是《三国演义》中的张飞，这就是一种变量隐藏。当然，如果想在一个方法中使用被隐藏的成员变量，这也是可以的，这时要使用关键字 this。例如：

```
class KunPeng{
    int x = 1, y = 1;
    void f( ) {
        int x = 5;
        y = x*this. x;     //y 得到的值是 5。this 表示当前对象，this. x 指成员变量 x
    }
}
```

成员变量和局部变量的另一个重要区别是成员变量有默认值，而局部变量没有默认值。成员变量的默认值一般取该变量相应类型的“0”。例如，当成员变量 x 分别是逻辑型、整型、单精度浮点型、字符串型时，其默认值分别为 false、0、0. 0f、null。局部变量没有默认值，因此在使用局部变量之前，必须保证局部变量有具体的值。例如：

```
class KunPeng{
    int x = 1, y;            //y 的默认值是 0
    void f( ) {
        int z;               //z 没有默认值，但编译无错误
        x = y+z;             //无法通过编译，因为在使用 z 之前未指定 z 的值
    }
}
```

3. 2. 2 创建对象

Java 中的类属于引用数据类型，也可以用来声明变量，用类声明的变量称为对象。和基本数

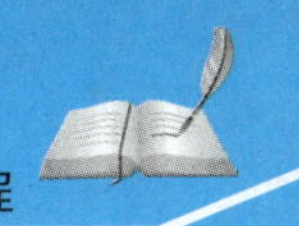

据类型不同，在用类声明对象后，还必须创建对象，即为声明的对象分配内存空间。当使用一个类创建一个对象时，也称给出了这个类的一个实例。通俗地讲，类是创建对象的模板，没有类就没有对象。就像用一个月饼模子可以做出几百个形状相同的月饼，用一张图纸可以建造出数十栋户型相同的楼房一样，模子、图纸可以视为类，月饼、楼房可以视为对象。可见创建对象的过程就是一个从设计（类）到实现（对象）的过程。

任何事物都有发生、发展和灭亡的过程，对象的产生要用到构造方法和关键字 new。

1. 构造方法

构造方法是一种特殊的方法，专门用于创建对象。它的名字必须与其类名完全相同，而且没有方法类型。

Java 允许在一个类中编写若干个构造方法，但必须保证它们的参数不同，即参数的个数不同，或者是参数的类型不同。需要注意的是，如果类中没有编写构造方法，那么系统会提供一个默认的构造方法，该默认的构造方法没有参数，方法体中也没有语句。但当类中已经定义了一个或多个构造方法时，Java 不再提供默认的构造方法。可以这么理解：因为构造方法返回的一定是该类的对象，其数据类型就是该类，所以构造方法没有类型，或者说不需要类型。这就像固定不变的东西常常会被忽视一样，这也是在遵循“就简”的原则。

例 3.2 课程类的定义及其构造方法如下：

```
class Course{
    String courseName;                    //课程名
    int courseType;                       //课程类型。1：国一流；2：省一流；3：普通课程
    float credit;                         //学分
    int courseHours;                      //课时
    int computeWorkload( ){               //计算本课程的工作量
        if( courseType == 1)
            return 3*courseHours;
        else if( courseType == 2)
            return 2*courseHours;
        else
            return 1*courseHours;
    }
    float getCredit( ){                   //返回课程的学分
        return credit;
    }
    Course( ){}                           //空的构造方法
    Course( String cName, int cType, float credit, int cHours){
        courseName = cName;
        courseType = cType;
        this. credit = credit;            //当成员变量与局部变量同名时，this. 变量名表示成员变量
        courseHours = cHours;
    }
}
```

2. 使用关键字 new 创建对象

创建一个对象包括对象的声明和为对象中的变量分配内存空间两个步骤。

（1）对象的声明。

对象声明的语法格式如下：

```
类名 对象名;
```

例如：

```
Scanner reader;
Course java;
```

（2）为对象中的变量分配内存空间。

为对象中的变量分配内存空间的语法格式如下：

```
new 构造方法;
```

使用关键字 new 和类的构造方法为声明的对象分配内存空间就是在创建对象。如果类中没有构造方法，系统会调用默认的构造方法，默认的构造方法是无参数、无语句的。例 3.3 创建了两个对象：java 和 python。

例 3.3 定义课程类及其构造方法，创建对象。程序如下：

```
class Course{
    String courseName;                          //课程名
    int courseType;                             //课程类型。1：国一流；2：省一流；3：普通课程
    float credit;                               //学分
    int courseHours;                            //课时
    int computeWorkload(){                      //计算本课程的工作量
        if(courseType == 1)
            return 3*courseHours;
        else if(courseType == 2)
            return 2*courseHours;
        else
            return 1*courseHours;
    }
    float getCredit(){                          //返回课程的学分
        return credit;
    }
    Course(){}                                  //空的构造方法
    Course(String cName, int cType, float credit, int cHours){
        courseName = cName;
        courseType = cType;
        this.credit = credit;       //当成员变量与局部变量同名时，this.变量名表示成员变量
        courseHours = cHours;
    }
    public static void main(String [] args){
        Course java, python;
        java = new Course("Java",1,3.0f,48);
        python = new Course("Python",2,3.0f,32);
        System.out.print(java.courseName+"的工作量为:");   //输出不换行
        System.out.println(java.computeWorkload());        //输出会换行
        System.out.print(python.courseName+"的工作量为:");
```

```
        System. out. println(python. computeWorkload());
    }
}
```

例 3.3 在声明对象时和用构造方法创建对象后的内存模型分别如图 3.1 和图 3.2 所示。应注意基本数据类型与引用数据类型不同的内存分配方式。

图 3.1 例 3.3 在声明对象时的内存模型

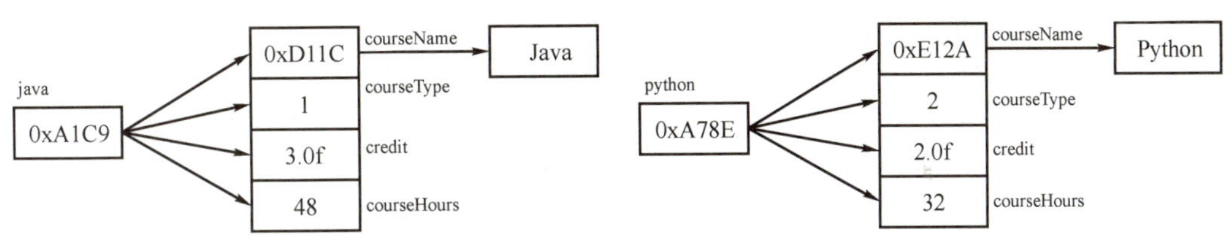

图 3.2 例 3.3 在用构造方法创建对象后的内存模型

关键字 new 只能和类的构造方法一起使用，如 new Course("Java",1,3.0f,48)，最后结果是返回一个十六进制数，这个数称为对象的引用，事实上它是新产生的对象在内存中的地址。关键字 new 在获取到这个引用之前，首先给 Course 类中的成员变量分配内存空间，然后执行构造方法中的语句，此时还不能称对象已经产生，因为还没有得到该对象的引用值，即还没有确定被分配了内存的成员变量是“谁”的成员。当得到引用值之后，即 new Course("Java",1,3.0f,48) 表达式已经有值后，对象才真正产生。

3.2.3 调用方法

1. 用运算符 . 调用方法

针对特定问题，首先对同类对象的属性和行为进行抽象，以抓住事物的本质和关键要素，然后用 class 关键字定义类，用关键字 new 和构造方法创建对象，对象使用运算符 . 即可实现对自身变量和方法的访问，对方法的访问亦称方法调用。例如，例 3.3 中 java. courseName、python. courseName 和例 3.4 中 ladder2. area 就是变量访问，例 3.3 中 java. computeWorkload()、python. computeWorkload() 和例 3.4 中 ladder1. computeArea() 就是方法调用。

例 3.4 编程分别求梯形 1（上底 3，下底 8，高 2）和梯形 2（上底 3，下底 11，高 3）的面积。程序如下：

```
class Ladder {
    float above;                        //梯形的上底(变量声明)
    float bottom;                       //梯形的下底(变量声明)
    float height;                       //梯形的高(变量声明)
    float area;                         //梯形的面积(变量声明)
    Ladder(float a, float b, float h) { //构造方法
        above = a;bottom = b;height = h;
    }
    float computeArea() {               //计算面积(方法)
```

```
            area = (above+bottom)*height/2.0f;
            return area;
        }
    }
    public class Example3_4{
        public static void main(String args[]){
            Ladder ladder1, ladder2;                    //声明对象
            ladder1 = new Ladder(3,8,2);                //创建对象 ladder1
            ladder2 = new Ladder(3,11,3);               //创建对象 ladder2
            System.out.println(ladder1.computeArea());  //调用方法
            System.out.println(ladder2.area);           //访问变量
        }
    }
```

2. 参数传递

在数学中，一个函数的输入值，即函数小括号中的变量被称为参数。例如，sin(x)、max(a, b) 中的 x 和 a、b 就是参数。Java 中的方法就是函数。方法定义时的参数称为形参，如例 3.5 中 Course 类中 setCredit(float credit) 中的参数 credit，Teacher 类中 setTeaching(Course[ ] teaching) 中的参数teaching，前者是基本数据类型变量，后者是引用数据类型变量。方法调用时的参数称为实参，如 main()方法中 chang.setName("Heyue Chang") 中的"Heyue Chang"，chang.setTitle(1) 中的 1，chang.setTeaching(c) 中的 c。方法调用会把实参传给方法定义时的形参，这个参数的传递过程其实就是一个赋值运算，即以上 3 个方法调用相当于先分别执行以下赋值语句 name="Heyue Chang"，title=1，teaching=c，然后执行相应的方法体。需要注意的是，前两个赋值是基本数据类型参数传递，直接把值赋给相应的参数；第三个赋值则是引用数据类型参数传递，是把数组 c 的引用值赋给形式参数 teaching，而不是把数组元素的值直接传过去，这是由基本数据类型和引用数据类型的内存模型决定的。

例 3.5 定义课程类、教师类及其构造方法，创建对象并计算某位教师的工作量。程序如下：

```
class Course{
    String courseName;                    //课程名
    int courseType;                       //课程类型。1：国一流；2：省一流；3：普通课程
    float credit;                         //学分
    int courseHours;                      //课时
    int computeWorkload(){//计算本课程的工作量
        if(courseType == 1)
            return 3*courseHours;
        else if(courseType == 2)
            return 2*courseHours;
        else
            return 1*courseHours;
    }
    void setCredit(float credit){         //设置课程的学分
        this.credit = credit;
    }
    float getCredit(){                    //返回课程的学分
        return credit;
```

```
    }
    Course(){}                                          //空的构造方法
    Course(String cName, int cType, float credit, int cHours){ //构造方法
        courseName = cName;
        courseType = cType;
        this.credit = credit;             //当成员变量与局部变量同名时，this. 变量名表示成员变量
        courseHours = cHours;
    }
}
class Teacher{
    String name;                                        //姓名
    int title;                                          //职称。1：教授；2：副教授；3：讲师；4：助教
    Course [] teaching;                                 //主讲课程，一名教师可能同时主讲多门课程
    void setName(String name){                          //设置姓名
        this.name = name;
    }
    String getName(){                                   //返回姓名
        return name;
    }
    void setTitle(int title){                           //设置职称
        this.title = title;
    }
    int getTitle(){                                     //返回职称
        return title;
    }
    void setTeaching(Course [] teaching){               //设置该教师的所有主讲课程
        this.teaching = teaching;
    }
    Course [] getTeaching(){                            //返回该教师的所有主讲课程
            return teaching;
    }
}
class Example3_5{
    public static void main(String [] args){
        Course java, python;
        java = new Course("Java",1,3.0f,48);            //创建 Java 课程，国一流，3 个学分，48 课时
        python = new Course("Python",2,3.0f,32);
        Course [] c = {java, python};                   //建立课程数组
        Teacher chang = new Teacher();                  //创建一位教师对象 chang
        chang.setName("Heyue Chang");                   //设置 chang 的姓名
        chang.setTitle(1);                              //设置 chang 的职称
        chang.setTeaching(c);                           //设置 chang 所教的课程
        System.out.print(chang.getName()+"的工作量为:");  //以下求出 chang 所教课程总的工作量
        int sum = 0;
        for(Course course: chang.getTeaching())
```

```
            sum+= course. computeWorkload( );
        System. out. println( sum);
    }
}
```

3.3 实例成员与类成员

类由成员变量和成员方法组成，无论是成员变量还是成员方法，用关键字 static 修饰的成员称为类成员，否则称为实例成员。顾名思义，类成员属于类，而实例成员属于实例，即相应的对象。

3.3.1 实例变量和类变量

成员变量可分为实例变量和类变量。用关键字 static 修饰的成员变量为类变量（类变量也被称为静态变量），其他成员变量为实例变量。不同对象的实例变量互不相同，它们占据不同的内存空间。对于静态变量来说，所有对象共享静态变量，通过类名可直接访问静态变量。用对象名也可以访问静态变量，实例变量则只能用对象名访问。

静态变量访问格式有以下两种：

```
类名. 静态变量名;
对象名. 静态变量名;
```

例 3.6　课程类的定义。与例 3.5 中的课程类相比，这里增加了总学分 totalCredits 和课程审核部门 reviewDepartment 两个成员变量，它们都是静态变量，任何一门课程在这两个成员变量处的取值都是一样的，totalCredits 是学校或专业开设课程的总学分，reviewDepartment 是教务处。程序如下：

```
class Course{
    String courseName;                  //课程名
    int courseType;                     //课程类型。1：国一流；2：省一流；3：普通课程
    float credit;                       //学分
    int courseHours;                    //课时
    static float totalCredits;          //总学分
    static String reviewDepartment;     //课程审核部门
    int computeWorkload( ){             //计算本课程的工作量
        if( courseType == 1)
          return 3*courseHours;
        else if( courseType == 2)
          return 2*courseHours;
        else
          return 1*courseHours;
    }
```

```
    void setCredit(float credit){
        this.credit = credit;
    }
    float getCredit(){                    //返回课程的学分
        return credit;
    }
    Course(){}                            //空的构造方法
    Course(String cName, int cType, float credit, int cHours){
        courseName = cName;
        courseType = cType;
        this.credit = credit;             //当成员变量与局部变量同名时,this.变量名表示成员变量
        courseHours = cHours;
    }
}
class Example3_6{
    public static void main(String [] args){
        Course java, python;
        java = new Course("Java",1,3.0f,48);
        python = new Course("Python",2,3.0f,32);
        Course.totalCredits = 150;
        java.reviewDepartment = "教务处";
        System.out.println("总学分为"+Course.totalCredits);
        System.out.println("课程审核部门为"+Course.reviewDepartment);
    }
}
```

图 3.3 展示了例 3.6 中实例变量与静态变量内存模型的对比。

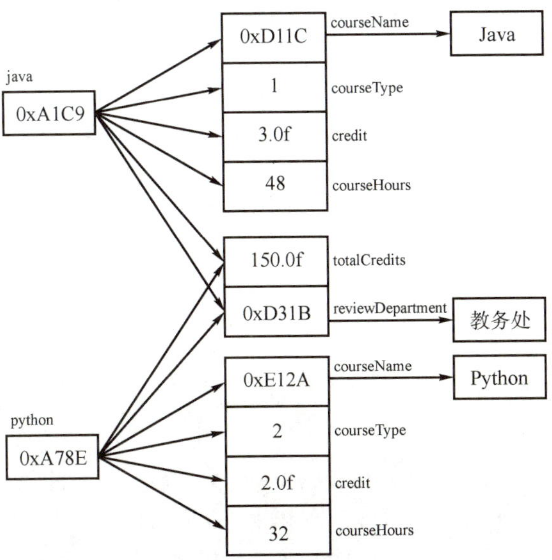

图 3.3 例 3.6 中实例变量与静态变量内存模型对比

3.3.2 实例方法和类方法

类中的方法可分为实例方法和类方法。在声明时，方法类型前面不加关键字 static 修饰的是实例方法，加 static 关键字修饰的是类方法（也称为静态方法）。例如，main( )方法就是静态方法。Math 类中的所有方法均为静态方法，如 Math. max(960，937)、Math. sqrt(3) 等。

非静态方法是属于对象层面的方法，其入口地址在创建该类第一个对象时创建，当该类的所有对象均不存在时，入口地址取消。静态方法是属于整个类的方法，其入口地址在类加载到内存时创建，当程序退出时，入口地址取消。

静态方法只能访问静态成员变量或静态方法。在静态方法中，不能使用 this 或 super 等关键字。

静态方法有以下两种访问格式：

```
类名．静态方法名();
对象名．静态方法名();
```

和实例方法不同的是，静态方法不可以操作实例变量，这是因为在类创建对象之前，实例变量还没有分配内存。

在例 3.6 中增加如下静态方法，以访问和操作 totalCredits 和 reviewDepartment 两个静态变量。程序如下：

```
static void setTotalCredits(float totalCredits){
    Course.totalCredits = totalCredits;
}
static float getTotalCredits(){
    return totalCredits;
}
static void setReviewDepartment(String dep){
    reviewDepartment = dep;
}
static String getReviewDepartment(){
    return reviewDepartment;
}
```

例 3.7 在 2021 年举行的东京奥运会上，中国队包揽了乒乓球项目中的男单、女单冠亚军。本例通过定义类对乒乓球建模，并通过使用静态变量和静态方法来完成对生产一批乒乓球所用材料的估算。程序如下：

```
import java.util.Scanner;
class Pingpang{
    static int num = 0;                 //乒乓球个数
    static double pi = 3.14;
    static double diameter = 40;        //乒乓球直径固定为40mm，因此定义为静态变量
    int color;                          //乒乓球颜色。1：白色；2：橙色
    Pingpang(int c) {                   //构造方法，每产生一个乒乓球，个数加一
        color = c;
        num++;
```

```
        }
        static int count( ) {                        //静态方法操作静态变量
            return num;
        }
        static double area( ) {                      //求乒乓球的表面积
            double radius = diameter/2;
            return 4*pi*radius*radius;
        }
    }
    public class Example3_7{
        public static void main( String[] args)
        {
            Scanner reader = new Scanner( System. in);
            int color;
            Pingpang pingpang;
            System. out. println( "请依次输入这批乒乓球的颜色:1:白色, 2:橙色, 0:输入结束。");
            while( ( color = reader. nextInt( ) )!= 0) {           //从键盘输入, 0表示输入完毕
                if( color == 1) pingpang = new Pingpang( 1);
                else if( color == 2) pingpang = new Pingpang( 2);
                else System. out. println( “输入有误!” );
            }
            System. out. println( "这批乒乓球一共有"+Pingpang. num+"个");
            System. out. println( "共花费材料"+Pingpang. area( )* Pingpang. num+"平方毫米");
        }
    }
```

3.4　子类与继承

从造纸术、指南针、火药、印刷术，到高速铁路、扫码支付、共享单车和网络购物，五千年文明的发展突出体现的是传承与创新两个主题。没有传承就没有积淀，没有创新就没有发展。在Java中，子类从父类继承特定的状态和行为，并根据需要增加或更新自己的状态和行为，反映了新生事物通过传承、创新不断发展的现象和规律。

3.4.1　声明子类

Java使用关键字extends来定义一个类的子类，格式如下：

```
class 子类名   extends   父类名 {
    …
}
```

例如：

```
class Student extends People {
    …
}
Student zhangSan = new Student( );
```

把 Student 类定义成 People 类的子类，People 类是 Student 类的父类。zhangSan 是 Student 类的对象。

图 3.4 所示是一个课程类层次示意，它是一个树形结构，虚线以上是类层次，箭头从父类指向子类，下层节点是上层相应父类节点的子类。虚线以下是对象层，每个节点代表一门具体的课程。例如"Java 程序设计"这门课是"必修课"类的对象，"必修课"是"专业课"类的子类，"专业课"是"课程"类的子类。

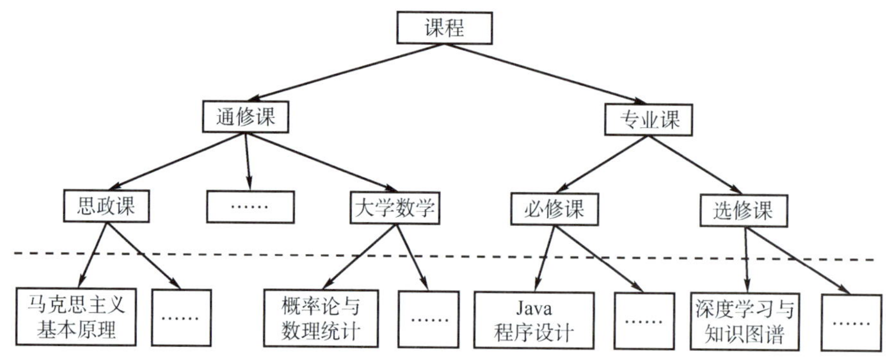

图 3.4　课程类层次示意

Java 所有的类按继承关系形成了一个更大的树形结构，在这个树形结构中，根节点是 Object 类（java. lang 包中定义的类），Object 类是所有类的祖先类。除了 Object 类，每个类有且仅有一个父类，一个类可以有多个或零个子类。如果一个类（除了 Object 类）的声明中没有使用 extends 关键字，那么这个类默认是 Object 类的子类，即类声明 class A 与 class A extends Object 是一样的。

子类继承父类的成员变量作为自己的成员变量，就好像它们是在子类中直接声明一样，它们可以被子类中定义的任何实例方法操作。子类继承父类的方法作为子类中的方法，就好像它们是在子类中直接定义一样，它们可以被子类中定义的任何实例方法调用。使用继承过来的成员时，可按如下格式进行：

```
子类对象.父类成员名
```

介绍了类的继承后，在第 2 章中列出但没有讲解的 instanceof 运算符就很容易理解了。这个运算符是 Java 特有的一个二目运算符，其左边的操作元是对象，右边的操作元是类，当左边的操作元是右边的类或其子类所创建的对象时，instanceof 运算的结果是 true，否则是 false 。例如，表达式"zhangSan instanceof People""Java 程序设计 instanceof 必修课""Java 程序设计 instanceof 专业课"的运算结果都是 true，而表达式"Java 程序设计 instanceof 通修课"的运算结果是 false。

3.4.2　成员变量和成员方法的隐藏

1. 成员变量的隐藏

当子类中声明的成员变量和父类中的成员变量同名时，子类就隐藏了继承的成员变量，子

类自己定义的方法在操作与父类同名的成员变量时，操作的是子类重新定义的这个成员变量。当要操作子类隐藏的变量时，可使用 super 关键字。

2. 成员方法的隐藏

子类通过重写（Override，也称为覆盖）可以隐藏已继承的父类方法。

如果子类可以继承父类的某个实例方法，那么子类就有权利重写这个方法。方法重写是指：子类中定义一个方法，这个方法的类型和父类同名方法的类型一致，或者是父类同名方法的类型的子类型（所谓子类型是指如果父类的方法的类型是某个类类型，则允许子类重写方法的类型是该类的子类），并且这个方法的名称、参数个数、参数的类型和父类的方法完全相同。

重写的目的是创新。子类通过方法重写可以隐藏继承的方法，同时可以把父类的状态和行为修改为自身的状态和行为。

3. 调用父类的构造方法

构造方法的目的是创建对象，即为对象的各个成员变量分配内存空间并赋值。子类不需要隐藏父类的构造方法，也不需要继承父类的构造方法，只要在子类的构造方法中调用父类的构造方法即可达到上述目的。子类如果想使用父类的构造方法，则必须在子类的构造方法中使用，并且必须使用关键字 super 来表示，且必须出现在子类构造方法的头一条语句中。

总而言之，Java 可通过关键字 super 来实现对父类成员的访问，相应格式如下。

（1）用来访问父类被隐藏的成员变量，例如：

```
super. 变量名;
```

（2）用来调用父类中被重写的方法，例如：

```
super. 方法名([参数列表]);
```

（3）用来调用父类的构造方法，例如：

```
super([参数列表]);
```

例 3.8　定义研究生课程类 PostgraduateCourse，它是课程类 Course 的子类，它继承了父类的 courseName、workCoefficient、credit、courseHours 变量和 computeWorkload( ) 方法。子类中定义了自己的 workCoefficient 静态变量，其类型也由原来父类中的整型改为浮点型，初始值也由父类中的 1 改为 1.5f，同时隐藏了父类中的同名变量。子类中的 computeWorkload( ) 方法也隐藏了父类中的同名方法，达到了传承和创新的目的。程序如下：

```
class Course{
    String courseName;                              //课程名
    static int workCoefficient = 1;                 //工作量系数
    float credit;                                   //学分
    int courseHours;                                //课时
    int computeWorkload( ){                         //计算本课程的工作量
        return workCoefficient*courseHours;
    }
    Course( ){}                                     //空的构造方法
    Course( String cName,int wCoef,float credit,int cHours){
        courseName = cName;
        workCoefficient = wCoef;
        this. credit = credit;
```

```
            courseHours = cHours;
        }
    }
    class PostgraduateCourse extends Course{
        static float workCoefficient = 1.5f;                    //研究生课程工作量系数
        PostgraduateCourse(){}
        PostgraduateCourse(String cName, float wCoef, float credit, int cHours){
            courseName = cName;
            workCoefficient = wCoef;
            this.credit = credit;
            courseHours = cHours;
            System.out.println("研究生课程工作量系数是原工作量系数的"+
workCoefficient/super.workCoefficient+"倍");                   //用 super.变量名访问父类中的同名变量
        }
        int computeWorkload(){ //计算本课程的工作量
            return Math.round(workCoefficient*courseHours);    //round(x)对 x 进行四舍五入
        }
    }
    public class Example3_8{
        public static void main(String[] args){
            PostgraduateCourse matrix,sna;
            matrix = new PostgraduateCourse("Matrix Analysis",1.5f,3.0f,48);
            sna = new PostgraduateCourse("Social Network Analysis",1.5f,3.0f,16);
            System.out.print(matrix.courseName+"课程的工作量为:");
            System.out.println(matrix.computeWorkload());      //调用的是重写后的方法
            System.out.print(sna.courseName+"的工作量为:");
            System.out.println(sna.computeWorkload());          //调用的是重写后的方法
            System.out.println("研究生课程的工作量系数为:"+PostgraduateCourse.workCoefficient);
                                                                //静态变量直接用类名访问
        }
    }
```

程序运行结果如下：

```
研究生课程工作量系数是原工作量系数的 1.5 倍
研究生课程工作量系数是原工作量系数的 1.5 倍
Matrix Analysis 课程的工作量为：72
Social Network Analysis 的工作量为：24
研究生课程的工作量系数为：1.5
```

例 3.9 研究生课程重视论文写作能力的培养，在课程类 Course 的子类研究生课程类 PostgraduateCourse 中增加了 isPaperRequired 布尔型变量表示该课程是否要求课程论文。另外，研究生课程的通过要求要比本科课程高，因此在课程考核规则 assessRule(float grade)方法中，成绩在 70 分以上才算通过。与上一例不同，工作量系数 workCoefficient 均改为非静态浮点型。子类中 assessRule(float grade)方法隐藏了父类中的同名方法，达到了传承和创新的目的。程序如下：

```
class Course{
    String courseName;                          //课程名
    float workCoefficient = 1;                  //工作量系数
    float credit;                               //学分
    int courseHours;                            //课时
    float computeWorkload(){                    //计算本课程的工作量
        return workCoefficient*courseHours;
    }
    Course(){}                                  //空的构造方法
    Course(String cName, float wCoef, float credit, int cHours){
        courseName = cName;
        workCoefficient = wCoef;
        this. credit = credit;
        courseHours = cHours;
    }
    static void assessRule(float grade){        //课程考核规则
        if(grade>= 60)
            System. out. println("本课程通过考核!");
        else
            System. out. println("本课程未通过考核!");
    }
}
class PostgraduateCourse extends Course{
    boolean isPaperRequired;                    //是否要求课程论文
    PostgraduateCourse(){}
    PostgraduateCourse(String cName, float wCoef, float credit, int cHours, boolean isPR){
        super(cName, wCoef, credit, cHours);    //调用父类的构造方法
        isPaperRequired = isPR;
    }
    static void assessRule(float grade){        //研究生课程考核规则
        if(grade>= 70)
            System. out. println("成绩"+grade+", 本课程通过考核!");
        else
            System. out. println("成绩"+grade+", 本课程未通过考核!");
    }
}
public class Example3_9{
    public static void main(String[] args) {
        PostgraduateCourse matrix, sna;
```

```
            float grade = 65;
            matrix = new PostgraduateCourse( "Matrix Analysis",1. 5f,3. 0f,48,false);
            sna = new PostgraduateCourse( "Social Network Analysis",1. 5f,3. 0f,16,true);
            System. out. print( matrix. courseName+"课程的工作量为:");
            System. out. println( matrix. computeWorkload( ) );
            System. out. print( sna. courseName+"的工作量为:");
            System. out. println( sna. computeWorkload( ) );
            System. out. println( "《矩阵分析》课程的工作量系数为:"+matrix. workCoefficient);
            System. out. println( sna. isPaperRequired? "《社会网络分析》课程要求课程论文": "《社会网络分
析》课程不要求课程论文");
            PostgraduateCourse. assessRule( grade);
        }
    }
```

程序运行结果如下：

```
Matrix Analysis 课程的工作量为:72. 0
Social Network Analysis 的工作量为: 24. 0
《矩阵分析》课程的工作量系数为: 1. 5
《社会网络分析》课程要求课程论文
成绩 65. 0, 本课程未通过考核!
```

3. 4. 3 final 关键字

final 关键字可以修饰类、方法和变量。

1. final 类

可以使用 final 将类声明为 final 类。final 类不能被继承，即其不能有子类。例如：

```
final class A {
    …
}
```

表明类 A 不能有子类。实际上前面常常用到的 String 类就是 final 类，它不能被继承。

2. final 方法

如果用 final 修饰父类中的一个方法，那么这个方法不允许子类重写。例如，Object 类中返回运行时对象所属类的方法 public final Class getClass( ) 就是 final 方法。

3. final 变量

如果成员变量或局部变量用 final 修饰，那么它就是常量。例如，在 Java Math 类中两个常用的常量自然对数的底数（2. 718 281 828 459 045）和圆周率（3. 141 592 653 589 793）就被定义成了 final 变量：

```
public static final double E;
public static final double PI;
```

3.5 抽象类

用关键字 abstract 修饰的类是 abstract 类（抽象类）。例如：

```
abstract class A {
    …
}
```

用关键字 abstract 修饰的方法是 abstract 方法（抽象方法）。抽象方法只声明，不实现，即没有方法体。例如：

```
abstract int distance( int[] x, int[] y);
```

以上 distance( )方法在声明时，没有给出用大括号括起来的方法体，而是以；结尾，这表明它是一个抽象方法，通常需在其所在类的子类中实现。

抽象类的作用需通过与其子类一起来实现，它们之间的关系是父类绘制蓝图，子类通过重写来实现。抽象类与其子类就像一个团队中的领导和员工，领导指明方向，提出要实现的方法，具体由员工来实现。抽象类较好地刻画和模拟了现实世界中设计早于实现这一普遍现象。

抽象类的子类必须实现父类中的所有抽象方法，即抽象方法必须被子类的方法所覆盖，或者将子类也声明成抽象类，相应的方法仍保持为抽象方法。

注意：

(1) 抽象类中可以有抽象和非抽象方法，非抽象类中不能有抽象方法，包含抽象方法的类一定要声明为抽象类。

(2) 抽象类不能用关键字 new 创建对象。

(3) 由于抽象类是需要被继承的，因此抽象类不能用关键字 final 来修饰。也就是说，一个类不能既是 final 类，又是抽象类，即关键字 abstract 与 final 不能一起使用。

例 3.10 不同类型的课程有不同的思政教学要点，本例首先在 Course 类中定义了一个开展课程思政的教学要点的抽象方法，并分别在子类 EngineeringCourse 和 ScienceCourse 中加以具体实现。程序如下：

```
abstract class Course{
    String courseName;
    abstract String ideologicalPoints( );        //开展课程思政的教学要点
}
class ScienceCourse extends Course{
    String ideologicalPoints( ){
        return "注重科学思维方法的训练和科学伦理的教育,培养学生探索未知、追求真理、勇攀科学高峰的责任感和使命感。";
        }
}
class EngineeringCourse extends Course{
    String ideologicalPoints( ){
        return "注重强化学生工程伦理教育,培养学生精益求精的大国工匠精神,激发学生科技报国的家国情怀和使命担当。";
```

```
        }
    }
    class Example3_10{
        public static void main(String[] args){
            ScienceCourse linearAlgebra=new ScienceCourse();
            EngineeringCourse java=new EngineeringCourse();
            System.out.print("理学类课程开展课程思政教学的要点为:");
            System.out.println(linearAlgebra.ideologicalPoints());
            System.out.print("工学类课程开展课程思政教学的要点为:");
            System.out.println(java.ideologicalPoints());
        }
    }
```

程序运行结果如下：

```
理学类课程开展课程思政教学的要点为:注重科学思维方法的训练和科学伦理的教育,培养学生探索未知、追求真理、勇攀科学高峰的责任感和使命感。
工学类课程开展课程思政教学的要点为:注重强化学生工程伦理教育,培养学生精益求精的大国工匠精神,激发学生科技报国的家国情怀和使命担当。
```

3.6 接口与多继承

Java 中一个类只能有一个父类，即 Java 不支持多继承。虽然单继承使 Java 程序更简单，更易于管理，但是多继承在现实生活中是实际存在的：每个人都是多继承的典型示例，因为他同时继承了父亲和母亲的特征；两栖坦克既具有坦克的功能，可以在陆地上横冲直撞，又可以在水上走，因为它同时还具有船的功能，因此它也是多继承的典型示例。可见，多继承可以使一个子类同时具有多个父类的功能。为了克服单继承的缺点，Java 使用了接口，它是一种特殊的类。一个类通过实现多个接口可以具有多种功能，这样就间接地解决了多继承问题。

3.6.1 接口的定义

Java 使用关键字 interface 来定义一个接口。接口的定义和类的定义很相似，分为接口的声明和接口体。

接口定义的语法格式如下：

```
interface 接口的名字{
    接口体
}
```

接口体中主要包含常量定义和抽象方法定义两部分。所有的常量都被定义为 public、static、final，因而可以省略以上修饰语。所有的方法也都被定义为 public abstract，因而常常也省略了这些修饰语。例如，以下是一个接口定义，接口名为 IShape，它指定了图形会用到的常量 PI 和求面积、周长两个功能：

```
interface IShape{
    final double PI = 3.1415;                //常量定义，省略了 public static
    abstract double getArea();               //抽象方法定义，省略了 public
    abstract double getPerimeter();          //抽象方法定义，省略了 public
}
```

3.6.2　接口的实现

一个类通过使用关键字 implements 声明自己来实现一个或多个接口。接口实现的语法格式如下：

```
class 类名 implements 接口名表{
    …
}
```

如果一个类实现了某个接口，那么这个类必须重写该接口的所有方法。

例 3.11　本例演示了定义接口、实现接口、声明接口变量和使用接口变量等功能。程序如下：

```
interface IShape{                                   //定义接口
    final double PI = 3.1415;                       //常量定义，省略了 public static
    abstract double getArea();                      //抽象方法定义，省略了 public
    abstract double getPerimeter();                 //抽象方法定义，省略了 public
}
class Circle implements IShape{                     //实现接口
    double radius;
    public Circle(double r) {                       //构造方法
        radius = r;
    }
    public double getArea() {                       //实现接口中的抽象方法
        return PI* radius* radius;
    }
    public double getPerimeter() {                  //实现接口中的抽象方法
        return 2* PI* radius;
    }
}
class Rectangle implements IShape {
    double width;
    double height;
    Rectangle(double width,double height) {         //构造方法
        this.width = width;
        this.height = height;
    }
    public double getArea() {                       //实现接口中的抽象方法
        return width*height;
    }
    public double getPerimeter() {                  //实现接口中的抽象方法
```

```
            return 2*(width+height);
        }
    }
public class Example3_11{
    public static void main(String[] args) {
        IShape circle = new Circle(10.0);      //声明接口变量,并将实现该接口的类的对象赋值给它
        System.out.print("圆面积 = "+circle.getArea());                    //调用方法
        System.out.println(";周长 = "+circle.getPerimeter());              //调用方法
        Rectangle rect = new Rectangle(68, 7.18);//声明接口变量,并将实现该接口的类的对象赋值给它
        System.out.print("矩形面积 = "+rect.getArea());                    //调用方法
        System.out.println(";周长 = "+rect.getPerimeter());                //调用方法
    }
}
```

程序运行结果如下:

```
圆面积 = 314.15000000000003;周长 = 62.830000000000005
矩形面积 = 488.24;周长 = 150.36
```

注意:

(1) 接口可以定义一些多个不同的类都需要实现的功能,而这些类之间不要求一定要有继承关系。另外,接口只关心功能,并不关心功能的具体实现。

(2) 不允许创建接口的实例,但允许定义接口类型的引用变量,该引用变量引用实现了这个接口的类的实例。

(3) 一个类只能继承一个直接的父类,但可以实现多个接口,从而间接地实现多继承。

(4) 世界是多姿多彩的,同中有异,异中有同。类是同类对象的共有属性和行为的抽象,接口则为不同类对象的共有属性和行为提供了一种抽象机制。前者纵向,后者横向。例如,高铁、酒店、景点、学校都有收费功能;常量 π 到哪儿都等于 3.141 592 653 589 793 238……

例 3.12 本例首先定义了 3 个接口,分别包含考核、收费和控制气温 3 个功能。Course 类同时实现了 Examine 和 MoneyFare 两个接口,因而同时具有考核和收费两个功能。Taxi 类同时实现了 Examine、MoneyFare 和 ControlTemperature 这 3 个接口,因而同时具有车检、收费和控制气温功能。同理,Cinema 类同时具有收费和控制气温功能。通过实现多个接口,一个类可具有多种不同的功能,从而间接实现多继承。程序如下:

```
interface Examine{
    void examine();
}
interface MoneyFare {
    void charge();
}
interface ControlTemperature {
    void controlAirTemperature();
}
class Course implements MoneyFare,Examine {
    public void examine() {
```

```
        System.out.println("从知识目标、能力目标和课程思政目标三个方面考核");
    }
    public void charge() {
        System.out.println("课程重修要收费,800 元/门");
    }
}
class Taxi implements Examine,MoneyFare,ControlTemperature {
    public void charge() {
        System.out.println("出租车: 2 元/公里,起步价 5 元(3 公里内)");
    }
    public void controlAirTemperature() {
        System.out.println("出租车安装了空调");
    }
    public void examine() {
        System.out.println("出租车前五年每年检车一次,第六年起每半年检车一次。出租车年检内容
包括: 车容车貌、车辆设施设备、营运规范等");
    }
}
class Cinema implements MoneyFare,ControlTemperature {
    public void charge() {
        System.out.println("电影院门票 10 元/张");
    }
    public void controlAirTemperature() {
        System.out.println("电影院安装了中央空调");
    }
}
public class Example3_12 {
    public static void main(String args[]) {
        Course java = new Course();
        Taxi heyueTaxi = new Taxi();
        Cinema redStarCinema = new Cinema();
        java.examine();
        java.charge();
        heyueTaxi.charge();
        heyueTaxi.controlAirTemperature();
        heyueTaxi.examine();
        redStarCinema.charge();
        redStarCinema.controlAirTemperature();
    }
}
```

程序运行结果如下：

```
从知识目标、能力目标和课程思政目标三个方面考核
课程重修要收费,800 元/门
```

```
出租车: 2 元/公里,起步价 5 元(3 公里内)
出租车安装了空调
出租车前五年每年检车一次,第六年起每半年检车一次。出租车年检内容包括: 车容车貌、车辆设施设备、营运规范等
电影院门票 10 元/张
电影院安装了中央空调
```

3.7 多态

多态指为相同或不同数据类型的实例提供统一的命令界面，这些实例可以完成不同的操作。例如，对于一个三角形，“计算面积”这个命令既可以通过 1/2×底×高实现，也可以通过 $1/2\times a\times b\times \sin(C)$ 实现。又如，同样是“打开文件”命令，在 Excel 中打开的是一个电子表格，在 PowerPoint 中打开的是一个演示文稿，在画图软件中打开的是一个图像文件。

多态可分为变量多态与方法多态。变量多态是指基类型的变量可以被赋值基类型对象，也可以被赋值派生类型的对象。方法多态是指相同的方法调用界面（方法名与实参表），当传送给一个不同的对象变量时，可以有不同的行为，这根据该对象变量所属的对象类型而定。变量多态是方法多态的基础。多态就是“同一界面，不同操作”。世界是多姿多彩的，“名可名，非常名”，无论是变量之名，还是方法之名，它所表示的本质和内涵都不是永恒不变的，而是不断运动的。

Java 有 3 种多态：重载、重写和泛型。泛型会在后面专门介绍，本节先重点讲解重载和重写。

3.7.1 重载

重载（Overload）是指一个类中的多个方法可以具有相同的名字，但这些方法的参数必须不同：或者是参数的个数不同，或者是参数的类型不同。例如，前面介绍过的 Course 类就有两个构造方法，一个是无参数的，另一个是有参数的，这就是一种重载，它们的方法名相同，但参数不同。事实上，构造方法一般都会重载，因为任何事物通常都会有多种产生方式。又如，常用的字符串类常会采用两种不同的构造方法创建对象：一种基于字符串常量，另一种基于字符数组。例如：

```
String s1,s2;
char a[] = {'J','a','v','a'};
s1 = new String("we are students");
s2 = new String(a);
```

例 3.13 定义三角形类，分别用不同的方法求三角形 1（$a=3$，$b=4$，$c=5$）和三角形 2（$a=6$，a 上的高 $h=5$）的面积。程序如下：

```
class Triangle{
    double a, b, c;
    double h;                          //底边对应的高
```

```
    Triangle( ){}                                //当 3 条边未知时，可先用此构造方法创建空的三角形
                                                 //对象，然后用相应方法设置边和高
    Triangle(double a, double b, double c){      //知道 3 条边边长时，用此构造方法创建三角形对象
        this. a = a; this. b = b; this. c = c;
    }
    void setA(double a){                         //设置 a 边的边长
        this. a=a;
    }
    double getA( ){                              //返回 a 边的边长
        return a;
    }
    void setB(double b){                         //设置 b 边的边长
        this. b = b;
    }
    double getB( ){                              //返回 b 边的边长
         return b;
    }
    void setC(double c){                         //设置 c 边的边长
        this. c = c;
    }
    double getC( ){                              //返回 c 边的边长
        return c;
    }
    void setH(double h){                         //设置高
        this. h = h;
    }
    double getH( ){                              //返回高
        return h;
    }
    double area( ){                              //利用海伦公式在已知 3 条边时求三角形的面积
        double s = (a+b+c)/2;
        return Math. sqrt(s*(s- a)*(s- b)*(s- c));
    }
    double area(int i){                   //i 取 1,底边为 a;i 取 2,底边为 b;i 取 3,底边为 c
        switch(i){                        //针对不同的底及相应的高，利用底乘以高除以 2 求三角形的面积
            case 1:   return 1. 0/2*a*h;
            case 2:   return 1. 0/2*b*h;
            case 3:   return 1. 0/2*c*h;
            default: System. out. println("输入错误!");
                      return 0;
        }
    }
}
class Example3_13{
```

```
    public static void main(String args[]){
        Triangle t1 = new Triangle(3,4,5);          //三角形1 3条边已知，用第二个构造方法创建
        Triangle t2 = new Triangle(); //三角形2只知边长a和高，可先用第一个构造方法创建空对象
        t2.setA(6);                                 //然后用set()方法设置相应的边长及高
        t2.setH(5);
        System.out.println("三角形1的面积为:"+t1.area()); //重载，参数不同则调用不同的area()方法
        System.out.println("三角形2的面积为:"+t2.area(1));
    }
}
```

程序运行结果如下：

```
三角形1的面积为:6.0
三角形2的面积为:15.0
```

3.7.2 重写

重写（Override）是指子类中定义的方法，其类型和父类的方法的类型一致或是父类的方法的类型的子类型，这个方法的名字、参数个数、参数的类型和父类的方法完全相同。这其实是一种方法多态。方法名相同是重载与重写的共同点，但重载可通过参数来区分到底执行的是哪一个同名方法。重写的方法参数也是完全相同的，返回值类型也是一致的，这时要通过在运算符 . 前面调用方法的对象来区分。重写也称为覆盖，反映了就某一行为来说子类对父类的改革创新。重写常用于以下两种情形：上转型和接口回调。

1. 上转型

假设A类是B类的父类，当用子类创建一个对象，并把这个对象的引用赋值给父类的对象时，就称父类的对象是子类对象的上转型对象。例如：

```
A a;
a = new B();
```

或：

```
A a;
B b = new B();
a = b;
```

这时，称对象a是对象b的上转型对象。

上转型对象不能操作子类新增的成员变量，不能调用子类新增的方法。毕竟a是A类的对象，在A类中并没有定义这些在B类中新定义的变量和方法。上转型对象可以访问子类继承或隐藏的成员变量，也可以调用子类继承的方法或子类重写的实例方法，其作用等价于子类对象去调用这些方法。因此，如果子类重写了父类的某个实例方法后，当对象的上转型对象调用这个实例方法时，一定是调用子类重写的那个实例方法。

例3.14 教师每月的绩效工资与其职称有关，利用上转型编程计算一个学院每月总的绩效工资。程序如下：

```
abstract class Teacher{
    public abstract double meritPay();              //抽象方法，指出每一类教师都要计算绩效工资
```

```
}
class Professor extends Teacher{
    public double meritPay(){                          //教授的月绩效工资
        return 12000;
    }
}
class AssociateProfessor extends Teacher{
    public double meritPay(){                          //副教授的月绩效工资
        return 10000;
    }
}
class Lecturer extends Teacher{
    public double meritPay(){                          //讲师的月绩效工资
        return 7800;
    }
}
class Assistant extends Teacher{
    public double meritPay(){                          //助教的月绩效工资
        return 5800;
    }
}
class College{
    Teacher [] teacher;
    double total = 0;
    College(Teacher [] teacher){
        this. teacher = teacher;
    }
    public double totalPay(){
        total = 0;
        for(int i = 0;i<teacher. length;i++){
            total+= teacher[i]. meritPay();            //同样的代码，不同的操作
        }
        return total;
    }
}
class Example3_14{
    public static void main(String args[]){
            int num = 80;                              //假设共有 80 名教师
            Teacher [] teacher = new Teacher [num];
            for(int i = 0;i<num;i++){                  //以下 4 种情形均为上转型
                if(i%4 == 0)
                  teacher[i]= new Professor();
                else if(i%4 == 1)
                  teacher[i] = new AssociateProfessor();
                else if(i%4 == 2)
```

```
                teacher[i] = new Lecturer();
            else
                teacher[i] = new Assistant();
        }
        College col = new College(teacher);
        System.out.println("学院每月总绩效工资为:"+col.totalPay());
    }
}
```

2. 接口回调

接口回调是指把实现某一接口的类的对象的引用赋值给该接口声明的接口变量，那么该接口变量就可以调用被类重写的接口方法。实际上，当接口变量调用被类重写的接口方法时，就是通知相应的对象调用这个方法。接口回调有两种常见的情形：

```
interface Iface{ //定义接口 Iface
    返回类型 方法1(参数列表);                //方法1为抽象方法
    …
}
class A implements Iface{
    public 返回类型 方法1(参数列表){          //实现了方法1
        …
    }
    …
}
…
Iface iface;                                //声明接口变量
iface = new A();                            //接口回调情形1
iface.方法1(实参列表);                       //实际调用的是A中实现的方法1
…
返回类型 方法2(Iface ifa){                   //某个方法的参数是接口变量
    …
}
方法2(iface);        //实际调用时，用实现了该接口的类的对象作为实参，这也是一种常见的接口回调情形2
```

因为参数传递相当于做赋值运算，所以以上两种情形实际上是一致的。

实际应用时，可以通过在接口中声明若干个抽象方法，表明这些方法的重要性，方法体的内容细节由实现该接口的类去完成。使用接口进行程序设计的核心思想是使用接口回调，即接口变量存放实现该接口的类的对象的引用，从而利用接口变量就可以回调实现该接口的类的方法。

例 3.15 高校课程分为理论课程和实践课程，它们的考核规则是不同的。利用接口回调编程输出不同类课程的考核规则。程序如下：

```
interface Examine{
    void examine();
    String getCourseName();
}
```

```
class ExamineRule{
    void show(Examine examine){
        System.out.println(examine.getCourseName()+"的考核规则如下:");
        examine.examine();
    }
}
class TheoreticalCourse implements Examine {
    public void examine() {
        System.out.println("从知识目标、能力目标和课程思政目标三个方面考核,成绩占比 40:40:20");
    }
    public String getCourseName(){
        return "理论课程";
    }
}
class PracticalCourse implements Examine {
    public void examine() {
        System.out.println("从知识目标、能力目标和课程思政目标三个方面考核,成绩占比 20:60:20");
    }
    public String getCourseName(){
        return "实践课程";
    }
}
class Example3_15{
        public static void main(String [] args){
            ExamineRule er = new ExamineRule();
            er.show(new TheoreticalCourse());
            er.show(new PracticalCourse());
        }
}
```

程序运行结果如下：

```
理论课程的考核规则如下:
从知识目标、能力目标和课程思政目标三个方面考核,成绩占比 40:40:20
实践课程的考核规则如下:
从知识目标、能力目标和课程思政目标三个方面考核,成绩占比 20:60:20
```

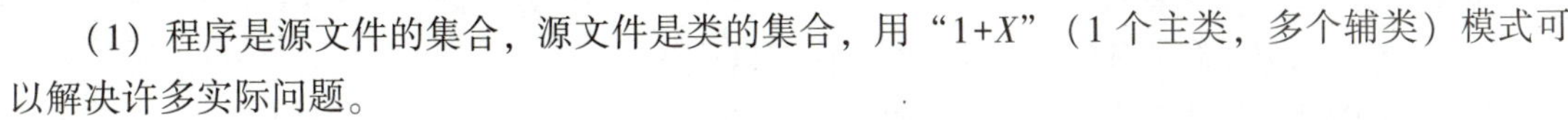

本章小结

(1) 程序是源文件的集合，源文件是类的集合，用“1+X”（1个主类，多个辅类）模式可以解决许多实际问题。

(2) 任意具体的事物都可以被称为对象，具有相同属性（数据）和行为（功能）的对象的

抽象被称为类。类由类的声明和类体组成，类体由成员变量和成员方法组成；方法由方法头和方法体组成，方法体由局部变量的声明和 Java 语句组成。

成员变量分为实例变量和类变量，方法分为构造方法、实例方法和类方法。

对象通过构造方法创建，对象可通过运算符 . 访问自己的变量和方法。

Java 中所有的参数传递均为值传递，这个值可以是基本数据类型的值，也可以是引用数据类型的值。

（3）继承是一种代码复用机制，它在已有类的基础上定义新的类，避免了一切从头开始。

除了继承还要创新，这可以通过隐藏实现。无论是隐藏变量，还是隐藏方法，都是为了创新。子类继承的方法可以操作子类继承和隐藏的成员变量；子类重写或新增的方法可以操作子类继承和新声明的成员变量。

子类可以重写父类的方法，从而把父类的状态和行为改变为自身的状态和行为。重写是多态的另一种表现形式。上转型的目的就是重写，从而写出较通用的代码以应对不断变化的用户需求。

（4）Java 接口中的成员变量默认都是 public、static、final 型的（都可省略），必须被显式初始化，即接口中的成员变量为常量（一般大写，单词之间用_分隔）。Java 接口中的方法默认都是 public、abstract 型的（都可省略），没有方法体，不能被实例化。接口中没有构造方法，不能被实例化。

一个接口不能实现另一个接口，但它可以继承多个其他的接口。Java 接口必须通过类来实现它的抽象方法。当类实现了某个 Java 接口时，它必须实现接口中的所有抽象方法，否则这个类必须声明为抽象类。不允许创建接口的实例，但允许定义接口类型的引用变量，该引用变量引用实现了这个接口的类的实例。

一个类只能继承一个直接的父类，但可以通过实现多个接口来间接地实现多继承（如水陆两栖坦克同时继承了船和坦克的属性和行为）。

（5）面向对象编程（对事物及事物的发生、发展过程建模）步骤如下。

①在问题叙述中寻找实体、事物及其属性和行为。

②将同一类事物抽象为一个类，其相应的属性和行为抽象为该类的成员变量和成员方法，相应的实体或事物即为该类的对象。

③寻找并定义类之间的继承关系。

④在 main( )方法（或其他方法）中创建对象，调用方法，完成事物的发生、交互、发展等过程。

⑤用 System. out. println( )等语句或方法输出结果。

习题 3

简答题

3.1　举例说明什么是对象？什么是类？什么是子类？

3.2　类的结构是怎样的？请举例说明。

3.3　成员变量和局部变量的区别是什么？

3.4　成员方法的结构是怎样的？请举例说明。

3.5　什么是封装？如何实现封装？

3.6　什么是继承？如何实现继承？

3.7　什么是多态？如何实现多态？

3.8　简述重载与重写的区别与联系。

3.9　简述实例变量与静态变量的区别与联系。

3.10　简述实例方法与静态方法的区别与联系。

3.11　关键字 this 的含义是什么？

3.12　接口的结构是怎样的？它能够被继承吗？

3.13　简述抽象类与接口的区别与联系。

3.14　简述构造方法与一般成员方法的区别与联系。

3.15　方法的参数分为实参和形参，它们有什么不同？

3.16　当参数分别是基本数据类型和引用数据类型时，其参数传递有何不同？

3.17　抽象方法与非抽象方法的区别是什么？抽象方法可以重载吗？

3.18　举例说明什么是上转型。

3.19　举例说明什么是接口回调。

3.20　简述上转型与接口回调的区别与联系。

选择题

3.21　下列代码中，哪个是错误的？(　　)

```
abstract class T{
    protected void speak(){}                    //代码 A
    public abstract static void cry();          //代码 B
    static int f(){return 0;}                   //代码 C
    abstract float g();                         //代码 D
}
```

3.22　下列哪个叙述是正确的？(　　)

A. 成员变量的名称不可以和局部变量的名称相同

B. 方法的参数的名称可以和方法中声明的局部变量的名称相同

C. 成员变量没有默认值

D. 局部变量没有默认值

3.23　下列类 E 的代码中，哪个是错误的？(　　)

```
class E{
    int x;              //代码 A
    long y = x;         //代码 B
    public void f(int n){
        int m;          //代码 C
        int t = n+m;    //代码 D
    }
}
```

3.24 下列关于多态性的说法中，哪个是正确的？( )

A. 一个类中不能有同名的方法

B. 子类中不能有和父类同名的方法

C. 子类中可以有和父类同名且参数相同的方法

D. 多态性就是方法名可以一样，但返回类型不一样

3.25 在设计一个类时，如果该类的对象有多种不同的创建方式，则可用以下哪种方式设计其构造方法？( )

A. 重载　　B. 重写　　C. 继承　　D. 可变参数

3.26 在设计学生类时，有“姓名”“年龄”“性别”“所在班级总人数”这 4 个属性要设计为成员变量，其中哪个属性可设计为静态变量？( )

A. 姓名　　B. 年龄　　C. 性别　　D. 所在班级总人数

3.27 如果希望父类中的一个成员方法可以被继承但不能被重写，可将其设计为以下哪个方法？( )

A. static 成员方法　　B. protected 成员方法

C. super 成员方法　　D. final 成员方法

3.28 下列哪个叙述是正确的？( )

A. 一个类最多可以实现两个接口

B. 如果一个抽象类实现某个接口，那么它必须重写接口中的全部方法

C. 如果一个非抽象类实现某个接口，那么它可以只重写接口中的部分方法

D. 允许接口中只有一个抽象方法

3.29 下列关于继承的说法中，哪个是正确的？( )

A. 父类的对象就是子类的对象

B. 一个类可以有几个父类

C. 一个类只能有一个子类

D. 一个类只能有一个父类

3.30 下列类 E 的代码中，哪个是错误的？( )

```
class E{
    int x;                      //代码 A
    long y = x;                 //代码 B
    static void f(int n){
        int y = 0;              //代码 C
        int x = n+this. y;      //代码 D
    }
}
```

3.31 下列哪个叙述是正确的？( )

A. 子类继承父类的构造方法

B. 抽象类的子类必须是非抽象类

C. 子类继承的方法只能操作子类继承和隐藏的成员变量

D. 子类重写或新增的方法也能直接操作被子类隐藏的成员变量

3.32 下列哪一组重载是正确的？（　　）

A. void f(int x,float y){}
　void g(int x,float y){}

B. void f(int x,float y){}
　long f(int x,float y){}

C. void f(int x,float y){}
　void f(int x,float y,long z){}

D. void g(int x,float y){}
　void g(int x,int y){}

3.33 父类中已定义了方法 int sum(int x,double y)，下列子类中的方法中，哪个是该方法合法的重写？（　　）

A. void sum(int x,double y){}

B. int sum(int x,double y){}

C. int sum(int x,float y){}

D. int newSum(int x,double y){}

3.34 以下关于抽象类的叙述中，哪一个是正确的？（　　）

A. 含有抽象方法的类一定是抽象类

B. 抽象类的子类必须是非抽象类

C. 抽象类中一定含有抽象方法

D. 抽象类中的方法都不能有方法体

3.35 以下关于接口的叙述中，哪一个是错误的？（　　）

A. 接口是特殊的类，不能用它声明接口变量

B. 接口不能用来创建实例

C. 一个接口可以由多个类实现，一个类也可以实现多个接口

D. 实现接口的类必须实现接口中定义的所有抽象方法

程序设计题

3.36 设计一个宿舍类，其中包含宿舍的基本属性及相应的访问和设置方法。以自己的宿舍为例，创建对象、调用方法进行相应的信息输入、输出展示。

3.37 在 n 维欧几里得空间中，一个点的坐标是一个 n 维向量。定义相应的类并计算两个点之间的距离。

3.38 设计一个类，求柱体的体积。由于柱体的底面可能是圆，也可能是三角形或矩形，即底面的用户需求易变，建议使用抽象类和继承机制来设计。

3.39 一个公司有 3 类雇员，工资分别按年、月、周计算，定义类并使用上转型计算公司的总工资。

3.40 学校考试和体操比赛计算成绩的方式是不同的，前者直接使用算术平均值，后者则是要先去掉一个最高分和最低分然后计算平均值。设计接口，使用多态机制完成在不同场景下成绩的计算。

3.41 有如下一些关于一般客户的数据。

姓名	年龄	性别
张亮	19	男
洪明	20	男
江红	19	女
……		

还有如下一些关于 VIP 客户的数据。

姓名	年龄	性别	爱好	喜欢的格言
王亮	19	男	足球	constant dropping wears the stone
张明	20	男	篮球	no pains, no gains
江丽	19	女	篮球	every man is his own worst enemy
王云	20	女	足球	experience is the mother of wisdom
……				

设计类、创建对象保存以上数据并完成以下处理功能。

(1) 输入姓名，可以查找出与之爱好相同的所有客户喜欢的格言。

(2) 输入年龄，可以查找出同龄人的所有不同的爱好。

探究题

3.42 方法中接收不固定个数的参数称为可变参数。通过网络学习可变参数的概念及其使用方法，编程实现求个数不确定的若干个整数的最大值、最小值、平均值及方差。

3.43 Object 类是除自身外所有类的祖先类，通过网络学习该类的常用方法并探究toString( )方法与 System. out. println( )方法之间的关系。

3.44 Class 与 class 有什么区别?

3.45 在同一个类中，如何在一个构造方法中调用另一个构造方法?

3.46 由关键字 static 修饰的一对大括号括起来的语句组被称为静态模块，其作用与构造方法类似，都是用来进行初始化的。通过网络学习静态模块的概念及其使用方法，并归纳总结它与构造方法的不同。

团队项目

有 3 名同学自愿组合成团队，分工明确，团结协作，共同完成以下项目。

3.47 定义有理数类，支持有理数的输入、输出，能实现加、减、乘、除等功能（提示：有理数即分数，可设分子、分母两个整型成员变量来实现和分数相关的各种运算功能)。

3.48 定义复数类，实现复数的输入、输出，加、减、乘、除、求模长等功能。

3.49 定义矩阵类，实现矩阵的输入、输出，加、减、乘、转置、求逆、求行列式等功能。

实验 3

实验 3.1 定义类

实验 3.2 创建对象与调用方法

实验 3.3 方法参数的传递

实验 3.4 构造方法

实验 3.5 静态成员和实例成员

实验 3.6 类的继承

实验 3.7 抽象类和抽象方法

实验 3.8 接口与多继承

实验 3.9 重载

实验 3.10 重写

实验 3.11 ACM 程序设计竞赛团队信息管理系统

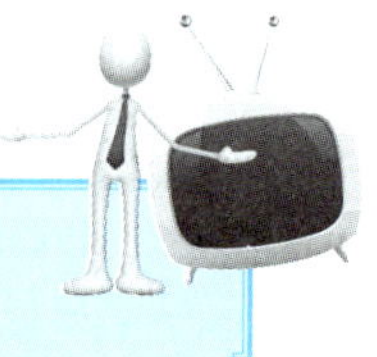

第 4 章　常用数据结构

【本章导读】

字符串是复合数据类型，在程序中经常会用到字符串，经常对字符串进行各种操作，如字符串的连接、比较、截取、查找和替换等。泛型技术可以通过一种类型或方法操作各种不同类型的对象，并提供了编译时确保类型安全的检测机制。集合框架是 Java 以类库形式提供的多种数据结构，使用集合框架结合泛型技术，可以很方便地对元素进行存储、访问、查找、排序、删除等各种数据操作。

本章主要介绍字符串、泛型，以及集合框架的相关知识。

【本章思维导图】

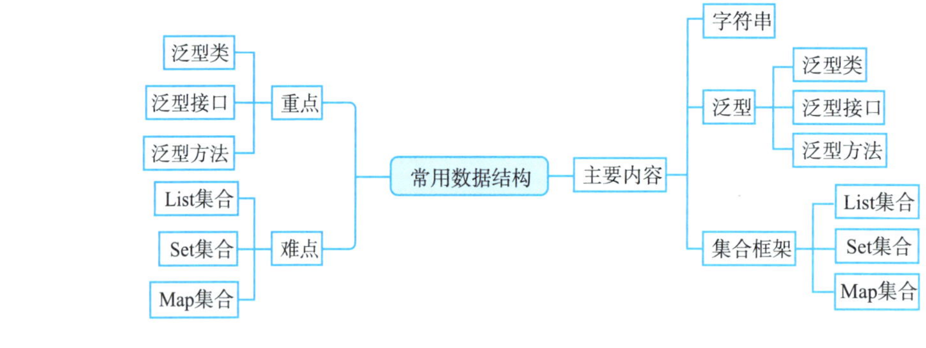

4.1　字符串

Java 中没有字符串数据类型，但在程序设计中经常涉及处理和字符序列相关的算法，为此，Java 专门提供了用来处理字符序列的 String 类和 StringBuffer 类。这两个类中封装了大量的方法，使字符串的保存和处理非常方便。两者的区别可归纳为以下两点。

（1）构造方法不同：String 类创建的字符串是常量，创建后不能改变；StringBuffer 类创建的是缓冲区，其字符串可以改变。

（2）成员方法不同：String 类的成员方法以只读数据为主，StringBuffer 类的成员方法可以读写字符串。

4.1.1 String 类

在 Java 中，字符串属于对象，字符串对象是用一对双引号引起来的字符序列，Java 提供了 String 类来创建和操作字符串。String 类在 java. lang 包中，由于 java. lang 包中的类被默认引入，因此程序可以直接使用 String 类。String 类的对象表示字符串，且不可改变。String 类的构造方法如表 4. 1 所示，可以使用 String 类声明对象并创建对象。

表 4. 1　String 类的构造方法

方法名	功能说明
String( )	创建一个空的字符串对象
String(String original)	用字符串创建一个新的字符串对象
String(char value[ ])	用字符数组 value 创建一个字符串对象

用一个字符串创建一个新的字符串对象，例如：

```
String s = new String("We are students");
```

上述语句可以简化为以下形式：

```
String s = "We are students";
```

用一个字符数组创建一个字符串对象，例如：

```
char[] k = {'h','e','l','l','o'};
String s = new String(k);
```

使用在 String 类中定义的方法，可实现对字符串的所有操作，其中的常用方法如表 4. 2 所示。

表 4. 2　String 类中的常用方法

返回类型	方法名	功能说明
char	charAt(int index)	返回指定索引处的 char 值
int	compareTo(String another)	按字典顺序比较两个字符串
String	concat(String str)	将字符串 str 连接到当前字符串的末尾
boolean	equals(Object obj)	当前字符串与对象比较
int	indexOf(String str)	返回当前字符串第一次出现 str 的索引
int	length( )	返回当前字符串的长度
String	replace(char old, char new)	将字符串中的所有字符 old 替换为 new
String	substring(int begin, int end)	返回当前字符串的一个子字符串
String	trim( )	删除字符串的首尾空格

例 4.1 字符串 String 类常用方法的使用。程序如下：

```
public class Example4_1 {
    public static void main(String[] args) {
        String str1 = "本学院有两个本科专业:";
        String str2 = "计算机科学与技术";
        String str3 = "数据科学与大数据技术";
        String str4 = "和";
        System.out.println(str1.charAt(2));                  //院
        System.out.println(str2.equals(str3));               //false
        String str5 = str1.concat(str2).concat(str4).concat(str3);
        System.out.println(str5);
        System.out.println(str5.length());
    }
}
```

程序运行结果如图 4.1 所示。

```
院
false
本学院有两个本科专业：计算机科学与技术和数据科学与大数据技术
30
```

图 4.1 例 4.1 程序运行结果

4.1.2 StringBuffer 类

前面已经提到，StringBuffer 类也是 Java 提供的用于处理字符串对象的类。StringBuffer 类的内部实现方式与 String 类不同：String 类对象实现的是一种不能改变的静态字符串（字符串常量），String 类的对象一旦创建完毕，就不能再修改或删除其内容；StringBuffer 类实现的是一种动态可改变的字符串（字符串变量），字符串实体的内存空间可以自动改变大小，便于存放一个可变的字符序列。当 StringBuffer 类的对象的内容发生变化后，将继续使用原来的内存空间，而不会重新产生新的对象。如果经常需要对一个字符串所包含的字符序列进行修改（如进行插入、删除等操作），则使用 StringBuffer 类将更加方便、高效。

StringBuffer 类有 3 种构造方法，如表 4.3 所示。

表 4.3 StringBuffer 类的构造方法

方法名	功能说明
StringBuffer()	创建一个没有字符的字符串缓冲区，初始容量为 16 个字符
StringBuffer(int length)	创建一个长度大小为 length 的没有字符的字符缓冲区
StringBuffer(String str)	用一个已有的字符串 str 来创建一个字符串缓冲区对象，另外再分配 16 个字符的缓冲区

StringBuffer 类的对象最大的特点就是该对象实例的内存空间可以自动改变大小，这样便于存放可变的字符序列，以及对字符串对象进行修改。StringBuffer 类的常用方法如表 4.4 所示。

表 4.4 StringBuffer 类的常用方法

返回类型	方法名	功能说明
StringBuffer	append(String str)	将 String 对象 str 的字符序列追加到当前 StringBuffer 对象的字符序列中，并返回当前 StringBuffer 对象的引用。该方法的参数可以为整型、单精度浮点型、字符型等任何数据类型，把这些不同的数据类型转换成字符串，然后追加到当前字符序列中
char	charAt(int n)	得到 StringBuffer 对象的字符序列位置 n 处的字符
void	setCharAt(int n,char ch)	将当前 StringBuffer 对象的字符序列位置 n 处的字符用参数 ch 指定的字符替换（n 的值必须是非负的，并且小于当前对象实体中字符序列的长度，StringBuffer 对象的字符序列的第一个位置为 0，第二个位置为 1，依次类推）
StringBuffer	insert(int index,String str)	StringBuffer 对象使用 insert()方法将参数 str 指定的字符序列插入参数 index 指定的位置，并返回当前对象的引用
StringBuffer	reverse()	将该对象实体中的字符序列翻转，并返回当前对象的引用
StringBuffer	delete(int startIndex,int endIndex)	从当前 StringBuffer 对象的字符序列中删除一个子字符序列，并返回当前对象的引用。删除的子字符序列由下标 startIndex 和 endIndex 指定，即从 startIndex 位置到 endIndex-1 位置处的字符序列被删除
StringBuffer	deleteCharAt(int index)	删除当前 StringBuffer 对象实体的字符序列中 index 位置处的一个字符，并返回当前对象的引用
StringBuffer	replace(int startIndex, int endIndex, String str)	将当前 StringBuffer 对象的字符序列的一个子字符序列用参数 str 指定的字符序列替换。被替换的子字符序列由下标 startIndex 和 endIndex 指定，即从 startIndex 到 endIndex-1 位置处的字符序列被替换。该方法返回当前 StringBuffer 对象的引用

例 4.2 字符串 StringBuffer 类常用方法的使用。程序如下：

```
public class Example4_2 {
    public static void main(String args[]) {
        String str1 = "本学院有两个本科专业:";
        StringBuffer str2 = new StringBuffer(str1);
        System.out.println("str2:" + str2);
        str2.append("计算机科学与技术和数据科学与大数据技术");
        System.out.println("扩展后:");
        System.out.println("str2:" + str2);
        System.out.println("str2 的长度:" + str2.length());
        str2.delete(6, 8);
        System.out.println(str2);
        str2.insert(6, "计算机类");
```

```
            System. out. println(str2);
            str2. replace(6, 10, "一本");
            System. out. println(str2);
        }
    }
```

程序运行结果如图 4.2 所示。

str2:本学院有两个本科专业:
扩展后:
str2:本学院有两个本科专业: 计算机科学与技术和数据科学与大数据技术
str2的长度:30
本学院有两个专业: 计算机科学与技术和数据科学与大数据技术
本学院有两个计算机类专业: 计算机科学与技术和数据科学与大数据技术
本学院有两个一本专业: 计算机科学与技术和数据科学与大数据技术

图 4.2　例 4.2 程序运行结果

4.2　泛型

4.2.1　什么是泛型

泛型是 JDK 5 中引入的一个新特性，提供了编译时类型安全的检测机制，该机制允许程序员在编译时检测到非法的类型。其本质是参数化类型，也就是将类型进行参数化操作，类似于方法中的变量参数，此时类型也定义成参数形式（可以称为类型形参），并在使用或调用时传入具体的类型（类型实参）。下面以一个例子进行说明。

例 4.3　在学生食堂自动售货机（Machine）中需要存放不同的商品，如饮料（Drink）、面包（Bread）、电子产品（Electronic）等。那么如何定义这个 Machine 类来满足存放不同种类商品的需求呢?

在定义 Machine 类时，采用数组来存放商品对象，并使用所有类型的父类 Object 来存放不同的商品。程序如下：

```
public class Example4_3 {
    public static void main(String[] args) {
        Drink Drink[] = new Drink[2];                          // Drink 型对象数组
        Drink[0] = new Drink("可乐", 4.50);                    //放入第一件商品
        Drink[1] = new Drink("雪碧", 3.70);                    //放入第二件商品
        Machine Machine = new Machine(5);                      // 创建售货机对象
        for (int i = 0; i < Drink. length; i++)                // 将每个 Drink 元素放到售货机中
            Machine. append(Drink[i]);
        Machine. append(new Bread("手撕面包",9.70));           // 放入第三件商品
        for (int i = 0; i < Machine. length(); i++) {
            int j = i + 1;
            System. out. print("取出第" + j + "件商品:");
            Drink x = (Drink) Machine. get(i);                 // 取第 i 件商品并强制转换成 Drink 型
```

```
                System.out.println(x);
            }
        }
    }

    // 售货机类
    class Machine {
        int n;                          // 售货机的容量
        int Num;                        // 商品的实际件数
        private Object goods[];         // 放置商品的数组

        public Machine(int n) {
            this.n = n;
            Num = 0;
            goods = new Object[n];
        }

        public int length() {
            return Num;
        }

        // 获取索引指定的商品
        public Object get(int i) {
            return goods[i];
        }

        // 添加商品
        public void append(Object obj) {
            goods[Num++] = obj;
        }
    }

    class Drink {
        String name;
        double price;

        public Drink(String name,double price) {
            this.name = name;
            this.price = price;
        }

        public String toString() {
            String str = name + ",属于饮料类,单价为" + price;
            return str;
        }
```

```
}

class Bread {
    String name;
    double price;

    public Bread(String name, double price) {
        this.name = name;
        this.price = price;
    }

    public String toString() {
        String str = name + ",属于面包类,单价为" + price;
        return str;
    }
}
```

程序运行结果如图 4.3 所示。

```
取出第1件商品：可乐，属于饮料类，单价为4.5
取出第2件商品：雪碧，属于饮料类，单价为3.7
取出第3件商品：Exception in thread "main" java.lang.ClassCastException: class Bread cannot be cast to class Drink
        at Example4_3.main(Example4_3.java:14)
```

图 4.3　例 4.3 程序运行结果

从程序运行结果可以看出，不同类型的对象统一采用 Object 类型，程序编译顺利通过。程序运行时，Machine 集合中也能够混入不同类型的对象。但是，在从集合中逐个取出对象时，由于混入的对象类型无法得知，然而程序需要知道具体类型才能够进行后续操作，这时就需要进行类型的强制转换。当 i=2，混入的商品进行强制类型转换时，出现转换类型不一致的问题，此时出现了异常报错信息 ClassCastException。

在程序开发中，为了让程序能顺利编译通用，很多程序员在编写代码时，常将传入和返回对象统一使用 Object 类型，当需要使用相应实例时，应正确地将该实例转换为原来的类型，否则程序将出现 ClassCastException 报错。

泛型技术的出现能够很好地消除该安全隐患。使用泛型技术的主要优点是能够在程序编译时而不是在程序运行时检测出错误。泛型所操作的数据类型被指定为一个参数，这种参数类型可以用在类、接口和方法中分别被称为泛型类、泛型接口和泛型方法。其定义的语法格式是通过在一般类、一般接口和一般方法定义的基础上，加一个或多个用尖括号括起来的类型参数来实现的。下面对它们进行具体介绍。

4.2.2　泛型类

泛型类是带有类型参数的类，其类中也有属性和方法。属性的数据类型既可以是已有的类型，也可以是类型参数的类型。泛型类的语法格式如下：

```
[修饰符] class 泛型类名<泛型标识列表> {
        //类体
```

```
        private 泛型标识 变量名;
        …
}
```

与类的定义不同，在泛型类名后应增加带有<>的泛型标识列表（标识之间使用逗号隔开）。泛型标识就是在类体中将要用到的数据类型，并且该类型只有在实际使用时才会被具体指定。泛型的指定从原则上是可以任意的，可以使用任意的大写字母来指定。但在实际的开发中，通常会有一套不成文的规定。在一些 API 中，往往会看到 E、T、K、V 等泛型参数标识，这些泛型参数标识都是有特定意义的，如表 4.5 所示。

表 4.5　常用的泛型参数标识

泛型参数标识	描述说明
E	代表这是一个元素 Element
T	代表这是一个类型 Type
K	代表这是一个 Java 键值中的 Key
V	代表这是一个 Java 键值中的 Value
N	代表这是一个数值类型 Number
?	代表这是一个不确定的类型，是类型通配符，代表所有类型

泛型类被定义之后，就可以使用泛型类定义泛型对象了，其使用格式如下：

```
泛型类名[<实际类型列表>] 对象名 = new 泛型类名[<实际类型列表>]([形参表]);
```

或：

```
泛型类名[<实际类型列表>] 对象名 = new 泛型类名[<>]([形参表]);
```

泛型在定义的时候并不具体，只有在使用的时候才能确定泛型的具体数据类型，即在创建对象的时候确定泛型。

需要注意的是，在使用泛型对象时，实际类型必须是类或接口类型，不能是基本数据类型。实际类型列表也可省略不写，这意味着泛型类中的所有对象都用 Object 类对象表示。

例 4.4　将例 4.3 的程序使用泛型类定义。程序如下：

```
public class Example4_4 {
    public static void main(String[] args) {
        Drink Drink[] = new Drink[2];                          // Drink 型对象数组
        Drink[0] = new Drink("可乐", 4.50);                    // 放入第一件商品
        Drink[1] = new Drink("雪碧", 3.70);                    // 放入第二件商品
        Machine<Drink> Machine = new Machine<Drink>(5);       //创建泛型类对象,所有元素均为 Drink 型
        for (int i = 0; i < Drink.length; i++)                // 将每个 Drink 型元素放到售货机中
            Machine.append(Drink[i]);
        Machine.append(new Bread("手撕面包", 9.70));           // 此处编译无法通过
        for (int i = 0; i < Machine.length(); i++) {
            int j = i + 1;
            System.out.print("取出第" + j + "件商品:");
            Drink x = (Drink) Machine.get(i);                  // 取第 i 件商品并强制转换成 Drink 型
```

```
                System. out. println( x);
            }
        }
    }

    // 售货机类(泛型类定义)
    class Machine<T> {
        int n;                                  // 售货机的容量
        int Num;                                // 商品的实际件数
        private T[] goods;                      // 放置商品的数组

        public Machine( int n) {
            this. n = n;
            Num = 0;
            goods = (T[]) new Object[n];
        }

        public int length( ) {
            return Num;
        }

        // 获取索引指定的商品, 返回变量为 T 类型
        public T get( int i) {
            if( i<n) {
                return goods[i];
            }
            return null;
        }

        // 添加商品, T 为形参类型
        public void append( T obj) {
            goods[Num++] = obj;
        }
    }

    class Drink {
        String name;
        double price;

        public Drink( String name, double price) {
            this. name = name;
            this. price = price;
        }
```

```
    public String toString() {
        String str = name + ",属于饮料类,单价为" + price;
        return str;
    }

}

class Bread {
    String name;
    double price;

    public Bread(String name, double price) {
        this.name = name;
        this.price = price;
    }

    public String toString() {
        String str = name + ",属于面包类,单价为" + price;
        return str;
    }
}
```

程序运行结果如图 4.4 所示。

```
Exception in thread "main" java.lang.Error: Unresolved compilation problem:
        The method append(Drink) in the type Machine<Drink> is not applicable for the arguments (Bread)

        at Example4_4.main(Example4_4.java:9)
```

图 4.4　例 4.4 程序运行结果

报错提示在程序代码第 9 行 Machine.append(new Bread("手撕面包",9.70));，此时出现编译错误。使用泛型类后，程序在编译时就进行了强类型检查。泛型提供了编译期的类型安全，确保在泛型类上只能使用正确类型的对象，避免在运行时出现 ClassCastException 报错。

4.2.3　泛型接口

泛型接口定义格式如下：

```
interface 接口名<类型参数列表>{
    //……
}
```

泛型接口定义好后，实现接口时，应声明与接口相同的类型参数，具体使用格式如下：

```
class 类名<类型参数列表> implements 接口名<类型参数列表>{
    //……
}
```

需要注意的是，实现类的泛型参数要与接口的泛型参数匹配。

例如，定义一个名为 Machine 的泛型接口，代码如下：

```
public interface Machine<T> {
    T append( );
}
```

根据是否指定类型，接口实现有以下两种方法：

（1）没有指定类型。代码如下：

```
class MyMachine<T> implements Machine<T> {
    @Override
    public T append( ){
        return null;
    }
}
```

（2）指定了类型。代码如下：

```
class MyMachine<String> implements Machine<String> {
    @Override
    public String append( ) {
        return null;
    }
}
```

泛型接口和泛型类的定义是相似的，在接口名后加上泛型类的类型参数<T>即可，该参数可以是多个。在接口实现时，实现类的泛型参数和接口的泛型参数要匹配。

4.2.4　泛型方法

一个方法是否是泛型方法与该方法所在的类是否是泛型类无关，如例 4.4 中 public T get(int i) 并不是泛型方法，只是使用了它所在类 Machine 中的泛型，只有声明了泛型才是泛型方法。在以下实例中，get( )方法在权限符和返回值之间加<T>，这样就声明了这个方法是一个泛型方法。代码如下：

```
public <T> T get(int i){…}          //泛型方法
```

泛型方法定义格式如下：

```
[修饰符] <泛型标识列表> 返回值类型 方法名([参数列表]){
        //……
}
```

使用泛型方法可以取代整个类的泛型化，当只是其中的个别方法需要用到泛型的时候，就应该尽量使用泛型方法，而不是将整个类泛型化。

对于一个静态方法，它是无法访问泛型类的类型参数的，如果静态方法需要使用泛型，那么就应该将此方法声明为泛型方法。代码如下：

```
public static <T> void example( ){…}          //静态的泛型方法
```

创建泛型类的对象时，需要指定实际类型参数，而使用泛型方法的时候，不必指定实际类型参数，因为编译器会为程序找出具体参数值，这一过程被称为类型参数推断。

例 4.5　类型参数推断应用。程序如下：

```
public class Example4_5 {
    public <T> void print(T x) {
        System. out. println(x. getClass(). getName());
    }

    public static void main(String[] args) {
        Example4_5 Examp = new Example4_5();
        Examp. print("String");              // 不需要指明泛型
        Examp. print('C' );
        Examp. print(1. 0);
        Examp. print(1);
        Examp. print(Examp);
    }
}
```

程序运行结果如图 4. 5 所示。

泛型的主要目的是建立具有类型安全的数据结构，如链表、散列表等，它最重要的一个优点就是在使用这些泛型类建立的数据结构时，不用进行强制类型转换，即运行时不用进行类型检查。

```
java.lang.String
java.lang.Character
java.lang.Double
java.lang.Integer
Example4_5
```

图 4. 5　例 4. 5 程序运行结果

4. 3　集合框架

二维码 4-1　集合框架

本章小结

（1）String 类对象实现的是一种不能改变的静态字符串（字符串常量），即对于 String 类的对象，一旦创建完毕，就不能再修改或删除其内容。

（2）StringBuffer 类实现的是一种动态的、可改变的字符串（字符串变量），字符串实体的内存空间可以自动改变大小，便于存放一个可变的字符序列。

（3）在定义类、接口和方法时，若指定了类型参数，则被定义的类、接口和方法分别被称为泛型类、泛型接口和泛型方法。

（4）泛型的主要目的是可以建立具有类型安全的数据结构，如链表、散列表等。

（5）泛型的主要优点是在使用这些泛型类建立的数据结构时，不必进行强制类型转换，即运行时不要求进行类型检查。

（6）用泛型类创建的泛型对象，就是指在泛型类体内的每个泛型参数标识 T 处，分别用某个具体的实际类型替代，这个过程被称为泛型实例化，利用泛型类创建的对象被称为泛型对象。

（7）在使用泛型对象时，实际类型必须是泛型类，不能是基本数据类型。

（8）泛型方法与其所在的类是否是泛型类没有关系。

（9）Java 中没有提供直接实现 Collection 接口的类，而是通过其他接口的继承来实现，包括 List、Set 和 Map3 个集合接口。

（10）List 集合继承。Collection 接口是一组有序元素的集合，与数组类似，可以使用索引或按顺序访问存放其中的元素，因此也被称为线性表。

（11）实现 List 集合接口的常用类有 ArrayList 和 LinkedList，它们都可以容纳所有类型的对象（包括 null），并且允许重复，都能保证元素的存储顺序。

（12）ArrayList 是 Java 提供的一种具有可变大小的动态数组结构，其可以像数组一样提供快速的随机元素访问特性。与数组不同的是，ArrayList 可以根据需要，动态地进行空间的分配和调整，让用户很方便地添加和删除元素，从而大大提高了数组的灵活性。

（13）LinkedList 集合类是另一个常用的线性列表集合，但其与 ArrayList 在实现原理上完全不同，它采用双向链表来实现数据存储，每个数组元素都存储在一个节点容器中。

（14）Set 是一个不含重复元素的集合接口，集合中的对象不按特定的方式排序，因此只需要简单地把对象加入集合即可，但加入的对象一定不能重复，集合中元素的顺序与元素加入集合的顺序无关。

（15）实现 Set 接口的两个主要类是哈希集合类 HashSet 和树集合类 TreeSet。

（16）哈希集合类 HashSet 可以根据哈希码来快速地找到集合中的元素，该集合类不保证迭代顺序，但允许元素值为 null。

（17）哈希集合类 HashSet 输出哈希集合元素时没有特定的存储顺序，既不按字母顺序排列，也不按添加顺序排序。若想让元素有序输出，可以使用 LinkedHashSet 类。

（18）Map 集合以键值对形式存储，一个键最多只能映射一个值，但允许多个不同的键映射到同一个值上。也就是说，集合中的键必须是唯一的，而值允许重复。

（19）Map 映射接口常用的实现类有两个，分别为哈希映射类 HashMap 和树映射类 TreeMap。

（20）如果要在 Map 中进行插入、删除和定位元素等操作，那么 HashMap 类是最好的选择；如果要在 Map 中按顺序遍历键，那么应该使用 TreeMap 类实现 Map 映射。

(21) TreeMap 类实现的 Map 映射中的映射关系是根据键对象的情况，按照一定的顺序排列的，因此不允许键对象是 null，而 HashMap 类允许使用 null 键和 null 值。

习题 4

简答题

4.1 简述 String 类和 StringBuffer 类的不同和联系。

4.2 什么是泛型的类型参数？泛型的主要优点是什么？

4.3 在什么情况下可以使用泛型方法？泛型类与泛型方法传递类型实参的主要区别是什么？

4.4 在泛型中，类型通配符的主要作用是什么？

4.5 集合类的特点有哪些？

4.6 简述 LinkedList 与 ArrayList、HashSet 与 TreeSet、HashMap 与 TreeMap 有何异同。

4.7 对于经常需要查找的数据，应当选用 LinkedList<E>类，还是 HashMap<K,V>类来存储？

程序设计题

4.8 LinkedList 类的实现：求小于某个正整数的所有素数。

4.9 HashSet 类的实现：已知集合 $A=\{a,b,c,d\}$ 和 $B=\{c,d,e,f\}$，求 A 与 B 集合的交集、并集和差集。

4.10 TreeSet 类的实现：某班级在上体育课时，要求大家自愿报名参加两个项目的比赛(一人可报名两项，也可不报名)。已知两项比赛各自的报名人员，请统计本班级报名比赛人数，并在显示器上输出本班的报名人员。

4.11 HashMap 类的实现：创建一个包含姓名“张三”的 5 人电话本，并查询“张三”的电话号码。

实验 4

实验 4.1 泛型类的定义及其应用

实验 4.2 类作为类型实参的应用

实验 4.3 泛型方法的定义及其应用

实验 4.4 ArrayList 集合类的应用

实验 4.5 HashSet 集合类的应用

实验 4.6 HashMap 集合类的应用

第 5 章　程序的健壮性设计

【本章导读】

健壮性，也称为鲁棒性（Robust），体现着程序对抗异常的能力。健壮性有着所谓的“内功”和“外功”。其中“内功”是程序设计语言的权限控制机制，它从底层和结构上实现了避免管理混乱、防范安全风险等功能；“外功”是程序在发生异常时捕获并处理异常的能力。Java 使用包机制和权限控制符进行权限控制。在异常处理任务中，Java 使用抛出异常、声明异常和捕获异常等机制来实现。程序的健壮性体现了开发者的经验和安全意识，既要求开发者能够掌握程序设计语言的权限控制方式并能灵活应用，又要求其在开发程序过程中了解可能遇到的异常风险。

本章介绍访问控制和异常的相关知识。

【本章思维导图】

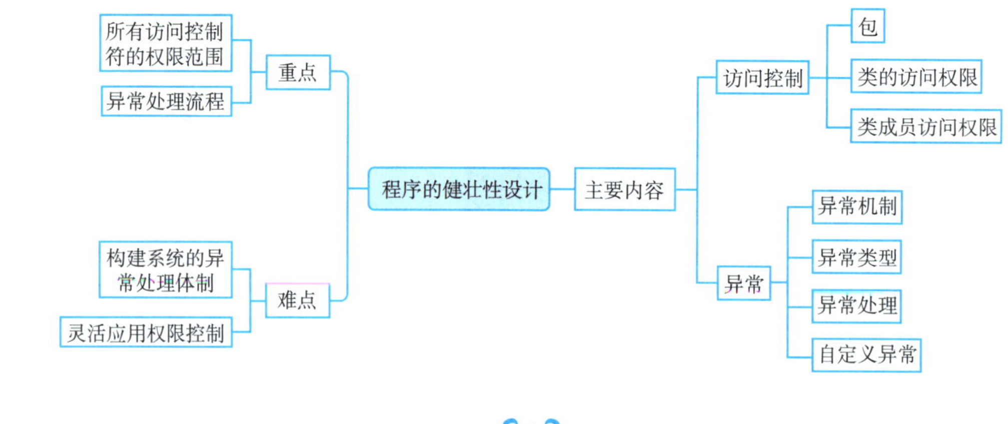

5.1　访问控制

2015 年 7 月 1 日，中华人民共和国全国人民代表大会常务委员会审议通过《中华人民共和国国家安全法》，其中第十四条规定，每年 4 月 15 日为全民国家安全教育日。每年的

这一天都会举行一系列活动，让公众了解守护国家秘密的重要性。由此可见，数据的访问控制对一个系统的安全性、健壮性是无比重要的。在使用 Java 编写程序时，会涉及多种层次的数据对象，它们有的是包，更多的是类以及类的成员。倘若这些数据对象之间的访问没有控制，就像所有人都可以任意处置他人的物品，那么最后的系统肯定是一团乱麻。反之，如果完全禁止数据共享，就像完全禁止使用他人物品，也会带来麻烦。换言之，程序的数据对象访问控制应该是灵活可控的，既需要防止不合理的访问，又需要允许一定程度的数据共享。

Java 通过声明类的访问控制符的方法进行访问控制，使整个程序结构清晰、严谨，减少可能产生的类间干扰和错误。类的访问控制符是一组用于限定类、数据成员和成员方法是否可以被其他类访问的修饰符。Java 中具体有 4 种访问控制符：public、protected、default、private，它们分别代表不同的访问控制权限。这 4 种访问控制权限从小到大依次排列如图 5.1 所示。

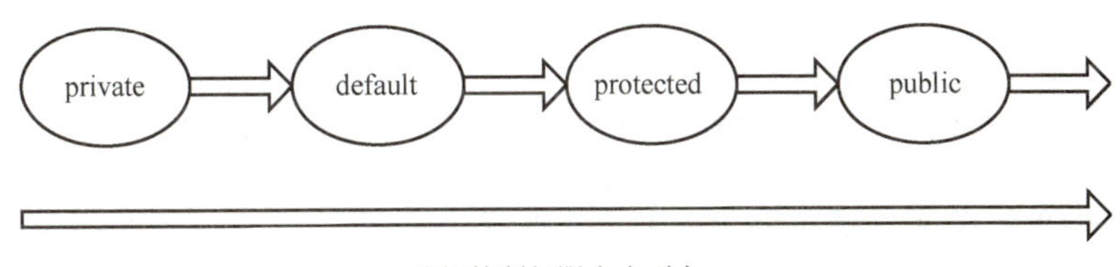

图 5.1 Java 的 4 种访问控制符

其中，类的访问控制符只有 public 一个，默认的访问控制符 default 也被称为友好（friendly）访问控制符。数据成员和成员方法的访问控制符有 public、private、protected 和 default 等。

5.1.1 包

当一个系统的成员过多时，会导致管理的成本直线上升。例如直接管理全校数千名学生无疑比管理一个班要复杂得多，这也是让学生按照专业以及人数划分成班级的原因之一。

在 Java 开发过程中也同样面临类似的问题。作为纯粹的面向对象编程语言，Java 开发过程中会涉及很多类，直接管理所有类的复杂程度是难以接受的，这些类中甚至会有同名的情况发生。针对情况，Java 提供包（Package）机制以优化类的管理与控制。

包的主要功能是为类提供命名空间。它将类组合成较小的单元，这些单元或按功能或按程序划分，这样可以解决类的命名冲突，如同不同班级有同名的学生但并不影响这些班级各自的运作一样。用户被允许在包内定义类，但是包外的代码不能访问包内的类。综合来看，包提供的功能有解决命名冲突、管理大量类、提供访问控制范围。

1. 包定义

在 Java 中声明一个包需要使用 package 语句。package 语句必须放在源文件的第一行，且在每个源文件中只能有一个包定义语句。此外，package 语句适用于所有类型（类、接口、枚举和注释）的文件。定义包的语法格式如下：

```
package 包名;
```

Java 包的命名规则如下。

（1）包名全部由小写字母（多个单词也全部小写）组成。

（2）如果包名包含多个层次，则每个层次用 . 分割。

（3）自定义包不能使用 java 开头。

例如：

```
package com. java. test;
```

包实际对应的是目录（多层次的包对应多级目录）或档案文件，就像每个类对应一个 class 文件。如果在源文件中没有定义包，那么类、接口、枚举和注释类型的文件将会被放进一个无名的包中，该包也称为默认包。在实际开发中，通常不会把类定义在默认包下，而是按照项目以及模块划分建立多级包结构。

2. 包导入

在使用其他包中的类时，需要使用这个类的全名，即“包名. 类名”，例如：

```
testpackage. Example ex = new testpackege. Example( );
```

其中，testpackage 是包名，Example 是类名，ex 是对象名。

由于包有多层结构，如果按照上面的写法，使用一个类的时候，它的名字可能会非常长，这种全名写法并不便于使用。对此，Java 使用 import 关键字将某个包层次下的全部或指定类导入当前 Java 文件。

使用 import 关键字导入单个类的语法格式如下：

```
import 包名.类名;
```

示例代码如下：

```
import testpackage. Example;
```

使用 import 关键字导入某个包下的全部类的语法格式如下：

```
import 包名.* ;
```

示例代码如下：

```
import testpackage. * ;
```

import 语句中的星号 * 只能代表类，不能代表包，表明导入包下的所有类。使用星号会增加编译时间，特别是当引入多个大包时，所以明确地导入要用的类是一个好习惯。需要注意的是，使用星号对运行时间和类的大小没有影响。

3. 常见系统包

Java 提供了一个系统包，其中包含常见的程序开发工具基础类。常见系统包如表 5.1 所示。

表 5.1 常见系统包

系统包名	说明
java. lang	Java 默认加载的包，包含核心类库，其中有常见的运行 Java 程序必不可少的系统类，如基本数据类型的包装类、封装了数学函数的类、字符串类、异常类，还有线程类、Object 类等
java. util	包含常见的工具类，如日期类 Date 等
java. net	主要包含 Java 网络编程类，如 ServerSocket、URL、InetAddress 等
java. sql	JDBC 的类库，用于实现数据库连接和控制
java. io	Java 的标准输入/输出流类库，如二进制输入/输出流、文件输入/输出流等
javafx	Java 的图形用户界面基础类库

5.1.2 类的访问权限

Java 中类的访问权限有两种：public 和默认。

当类的访问控制符为 public 时，表明该类整体对其他类可见（Visible）且可使用（Available），这个类就具有了被其他类访问的可能性。虽然类整体是可访问的，但并不代表类中的成员数据和方法也是如此，对成员数据和方法的访问权限要看它们自己的访问控制符。在进行程序设计时，往往把一些需要作为公共工具供其他类和程序使用的类声明为 public。然而，public 的使用如果较泛滥，尤其是在类成员数据和方法上，会导致程序的安全性和封装性下降，所以在数据成员和成员方法上应谨慎使用 public 访问控制符。

假如某个类没有声明任何访问控制符，此时它具有默认访问权限，即友好访问权限。默认访问权限规定，只有在同一个包中的对象才被允许访问和引用这个类。

例 5.1 testpackage 包内代码如下：

```
package testpackage;
public class PublicExample {                    //public 权限的类
    public static String forPublic = "From a public class of other package. ";
}
class DefaultExample {                          //默认访问权限的类
    public static String forDefault = "From a class of other package. ";
}
```

Main 方法 1 如下：

```
import testpackage. * ;                         //导入包
public class Main {
    public static void main(String[] args) {
        System. out. println(PublicExample. forPublic);
```

```
    }
}
```

运行结果如下：

```
From a public class of other package.
```

例 5.2　例 5.1 中 testpackage 包内代码 Main 方法 2 如下：

```
import testpackage. * ;                //导入包
public class Main {
    public static void main(String[] args) {
        System. out. println(DefaultExample. forDefault);
    }
}
```

运行结果如下：

```
/workspace/test/src/Main. java:5:错误: DefaultExample 在 testpackage 中不是公共的; 无法从外部程序包中
对其进行访问
        System. out. println(testpackage. DefaultExample. forDefault);
```

由于默认访问权限的类只能被同一个包内的类引用，因此例 5.2 提示发生错误。

5.1.3　类成员访问权限

类成员的访问权限有 public、默认访问控制符、protected 和 private 等 4 种。其中类成员的 public 和默认访问控制符跟类的情况类似，即 public 修饰的类成员可以被任何对象访问，而默认访问控制符修饰的类成员只能被包内对象访问。在上面例 5.1 中，public 修饰的 forPublic 成员可以被别的包内对象使用，假如是默认情况，则不能被其他包内对象使用。

使用 protected 修饰的类成员可以被以下 3 种类引用：被修饰的类本身、同一个包中的类和其他包中该类的子类。通常，使用 protected 控制允许其他包中它的子类来访问父类的特定属性。

例 5.3　testpackage 包内代码如下：

```
package testpackage;
public class ProtectedExample {
    protected static int num = 10;
}
```

其他包内代码如下，含 main( )方法：

```
import testpackage. ProtectedExample;
public class ProtectedMain extends ProtectedExample{
//该类是其他包中的 ProtectedExample 类的子类
```

```
    public static void main(String[] args) {
        System.out.println(ProtectedMain.num);
    }
}
```

程序运行结果如下：

```
10
```

作为限制程度最深的访问控制符，使用 private 修饰的类成员只能被该类自身访问和修改，不能被任何其他类及其子类访问和引用，即对其他类是不可见和不可用的。private 提供了最高等级的保护，通常情况下，类成员变量应使用 private 进行修饰，避免对其直接修改，然后借助类的成员方法 get( )和 set( )来进行访问和修改。

例 5.4　testpackage 包内代码如下：

```
package testpackage;
public class PrivateExample {
    private int num = 10;
    public void setA(int i){
        this.num = i;          //private 成员可以被该类的对象自身修改
    }
    public int getA(){
        return this.num;       //private 成员可以被该类的对象自身访问
    }
}
```

main( )方法如下：

```
import testpackage.PrivateExample;
public class PrivateMain extends PrivateExample{
    public static void main(String[] args) {
        PrivateMain pm = new PrivateMain();
        //System.out.println(pm.num);        //发生错误，不能引用父类的私有成员
        System.out.println(pm.getA());
        pm.setA(100);
        System.out.println(pm.getA());
    }
}
```

运行结果如下：

```
10
100
```

5.2 异常

人谁无过？过而能改，善莫大焉。——《左传·宣公·宣公二年》

即使最有经验的程序员也无法保证自己编写的程序可以一次性运行成功，实际上，总会有各种错误状况发生，如输入数据格式错误、数组下标越界、文件不存在、除数为0等，这些情况在程序运行过程中是难以避免的。在编写程序时，出现错误并不可怕，能及时识别出现的异常类型并提供处理异常情况的机制，对程序设计来说才是关键。

在Java中异常（Exception）指的是在程序运行过程中出现的非正常的、导致JVM中止的情况。异常并不是语法错误，如果编写程序的语法出现错误，会导致编译不能通过，程序没有进入运行阶段，因此语法错误并不属于异常。

另外，还有一类导致JVM中止的异常被称为错误（Error），这属于比较严重的情况，一般无法通过预定处理来解决。

5.2.1 异常机制

Java是纯粹的面向对象编程语言，它把所有类型的异常封装为类。所有异常类有一个共同的父类Throwable。每个异常类代表一类运行错误，在类中包含了该运行错误的信息和处理错误的方法等内容。当程序运行中发生一个可以识别的运行错误时，系统会产生一个相应异常类的对象，并通过系统中相应的机制进行处理，以确保不会产生死循环甚至死机等对操作系统有害的情况，从而保障程序运行的安全性。异常机制结构如图5.2所示。

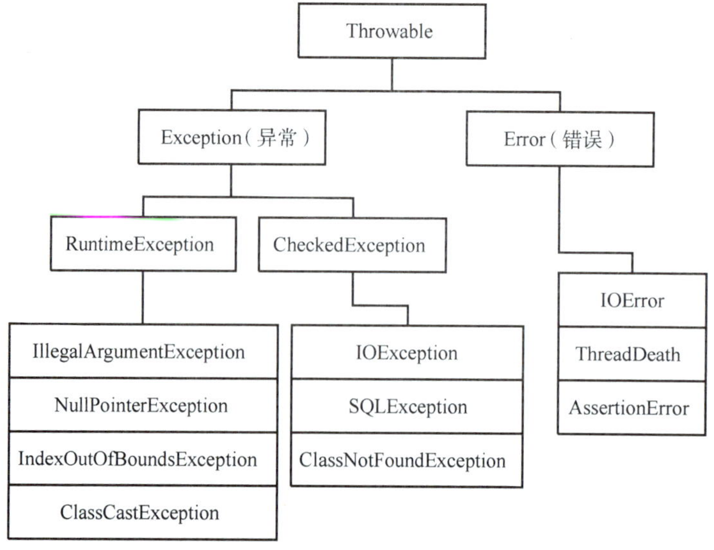

图5.2 异常机制结构

Exception 类继承了 Throwable 类，代表了所有类型的异常，包括运行时异常（RuntimeException）和非运行时异常（CheckedException）。其中，运行时异常指的是程序运行中，即主要在计算过程中会碰到的一些异常情况，如除数为 0、数组越界、非法参数、空指针、类转换异常等。非运行时异常指的是在系统计算之外遇到的异常情况，如 IO 异常、数据库异常、文件名异常、类名异常等。除此之外，Exception 或 RuntimeException 还可以被用户自定义异常类所继承，从而实现对异常类型的任意扩展。

Error 类同样是 Throwable 类的子类，代表使 JVM 中止的严重错误，如 IO 错误、线程死亡、断言失败等，这类异常无法被用户捕捉。

5.2.2　异常类型

Java 通过对 Exception 和 Error 类及其子类的构建，形成了一个比较完善的异常类型体系，其中的每个异常类都代表了一种异常类型，这些 Exception 类的继承关系如图 5.3 所示。

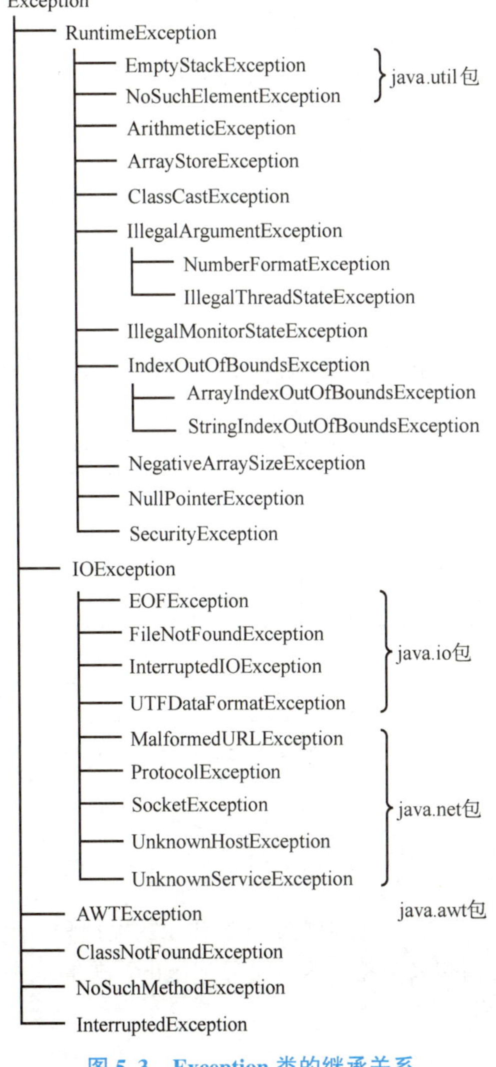

图 5.3　Exception 类的继承关系

在 Java 编程环境的系统定义的运行异常 Error 类中，除了 AWTError 类在 java. awt 包中，其他所有继承子类都在 java. lang 包中，Error 类的继承关系如图 5. 4 所示。

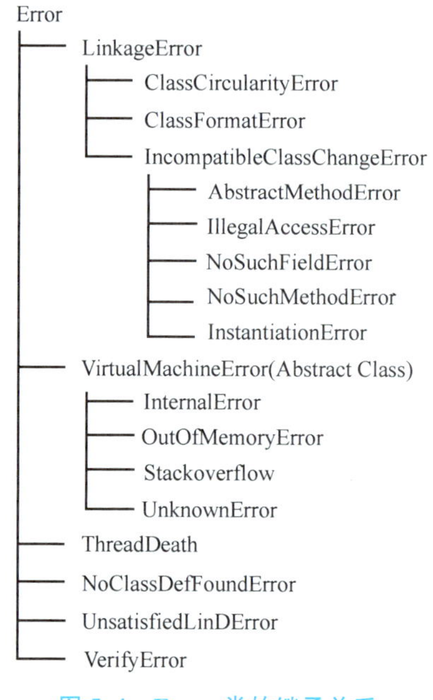

图 5. 4　Error 类的继承关系

5. 2. 3　异常处理

Java 的异常处理包括抛出异常、捕获异常、声明异常，如图 5. 5 所示。

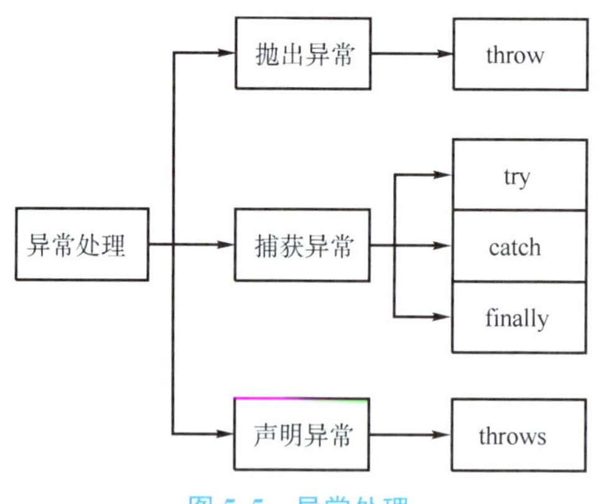

图 5. 5　异常处理

1. 异常抛出

“知错能改” 的前提是 “知错”，特别是要知道错误的类型和发生位置，即当程序发生异常时，需要指示异常发生的位置以及类型，这就是异常抛出。在 Java 中，异常抛出通常有系统自动抛出和 throw 语句抛出两种形式。

（1） 系统自动抛出。

当程序出现逻辑错误、转换错误、数学错误等问题时，系统会自动抛出异常。

例 5.5　异常实例。程序如下：

```
public static void main(String[] args) {
        int n = 0;
        System.out.println(10/n);
    }
```

系统报错如下：

```
Exception in thread "main" java.lang.ArithmeticException: / by zero
        at Main.main(Main.java:5)
```

（2）throw 语句抛出。

可以使用 throw 语句在任意地方抛出一个指定的异常类型。

例 5.6　使用 throw 语句抛出异常实例。程序如下：

```
public static void main(String[] args) {
        int n = 0;
        if (n<1) {
            throw new IllegalArgumentException("自编异常");
        }
    }
```

抛出异常如下：

```
Exception in thread "main" java.lang.IllegalArgumentException:自编异常
        at Main.main(Main.java:6)
```

2. 异常捕获

“知错”是“知错能改”的前提，而“能改”是其落脚点以及核心所在。换句话说，在异常被抛出之后，要求能对异常情况进行后续处理，就像被抛出的篮球要被接住一样，所以针对异常的后续处理被称为异常捕获。

在绝大多数情况下，使用系统自带的异常处理方法只会输出简单的信息，然后中止程序运行。这种简单粗暴的处理方式显然难以覆盖多样化的处理要求。为此，Java 采用 try…catch…finally 语句块进行异常抛出并捕获。它具体分为 try、catch 和 finally 语句块，其语法格式如下：

```
try{
    可能发生异常的程序代码
}catch(异常类型 1 异常对象 1){
    处理异常 1 的程序代码
}
…
finally{
    无论异常发生与否都要执行的程序代码
}
```

具体说明如下。

（1）try 语句块。将可能发生异常的语句放入 try 语句块，程序运行时，会对 try 语句块中的语句进行监视，当异常发生在该语句块中时会被自动抛出。

（2）catch 语句块。顾名思义，该语句块用于捕获（接住）异常。其参数是 ExceptionType 类型的对象，并由之前的 try 语句块抛出。ExceptionType 是 Throwable 类的子类，它表明捕捉到的异

常的具体类型。

（3）finally 语句块。该语句块。是 try…catch…finally 语句块的统一出口，其中的语句负责进行一些“善后工作”，即无论异常发生与否都会执行的操作，如释放资源、关闭文件、关闭连接等。不同于前面的 try 和 catch 语句块，finally 语句块往往是可以被省略的。

例 5.7 异常捕获。程序如下：

```
public static void main(String[] args) {
        int x[] = new int[5];
        try{
            System.out.println(x[10]);          //数组越界
        }catch(ArrayIndexOutOfBoundsException e){
            e.printStackTrace();
        }finally{
            System.out.println("End!");
        }
    }
```

运行结果如下：

```
java.lang.ArrayIndexOutOfBoundsException: Index 10 out of bounds for length 5
        at Main.main(Main.java:9)
End!
```

在 Java 中，try 语句块中是可以嵌套 try…catch…finally 语句块的。

例 5.8 嵌套 try…catch…finally 语句块。程序如下：

```
public static void main(String[] args) {
        int x[] = new int[5];
        try{
            try{
                int a = 10;
                int b = 0;
                System.out.println(a/b);          //数学错误
            }catch(ArithmeticException ae){
                System.out.println("嵌套内异常:"+ae.getMessage());
            }
            System.out.println(x[10]);          //数组越界
        }catch(ArrayIndexOutOfBoundsException e){
            e.printStackTrace();
        }finally{
            System.out.println("End!");
        }
    }
```

运行结果如下：

```
嵌套内异常:/ by zero
java.lang.ArrayIndexOutOfBoundsException: Index 10 out of bounds for length 5
        at Main.main(Main.java:16)
End!
```

在 Java 的一个 try…catch…finally 语句块中，每个 try 语句块可以对应多个 catch 语句块，表示 try 语句块中的语句可能发生多种类型的异常。系统捕捉到异常后，将从上到下依次匹配 catch 语句块中的异常，一旦匹配成功就中止运行，后面 catch 语句块中的异常将不会被响应。因此，多个 catch 语句块中的异常存在继承关系，而且必须把子类放在父类前面，因为一旦父类异常排在子类前面，那么子类将永远不会被捕获，从而失去其意义。

例 5.9　存在继承关系的异常捕获。程序如下：

```
public static void main(String[] args) {
    try {
doSomething();
    } catch (RuntimeException e) {
        System.out.println(e);
    } catch (ArithmeticException e) {
        System.out.println(e);
    }
}
```

例 5.9 中的 ArithmeticException 异常永远不会被捕获，因为它的父类异常 RuntimeException 在其前面，先于它被捕获成功，从而结束了对后面所有 catch 语句块中异常的匹配。

3. 异常声明

“防患于未然”“有备无患”“凡事预则立，不预则废”……这些名言都说明提前预料到可能发生的风险的重要性。同样，在异常处理中，有很多异常其实是可以提前预料到的。例如，当计算中包含除法时，可能面临除数为 0 的异常风险；当要求读取指定文件时，可能出现指定的文件不存在的异常情况；当需要对数组进行操作时，可能会有数组越界的问题产生；在网络通信时，可能出现传输失败的异常情况等。

这时，可以使用异常声明的办法，为成员方法预先声明其会抛出的异常，并在可能出现异常的地方用 throws 关键字抛出异常。此外，在有些情况下，并不需要方法自己来处理异常，而是希望将异常上交给调用这个方法的对象来处理，这样可以将方法和异常处理解耦，使其各自专心于自身的功能。在这种情况下，也需要使用异常声明。在 Java 中，使用 throws 关键字进行异常声明的具体语法格式如下：

```
返回类型 方法名(参数 1,参数 2,…) throws 异常类型 1,异常类型 2,…
```

可以使用 throws 关键字进行异常声明。

例 5.10　使用 throws 关键字声明异常。程序如下：

```
public class Main {
    public static float divide(int a,int b) throws Exception{
        return a/b;
    }
    public static void main(String[] args) {
        try{
            System.out.println(divide(100,10));
            System.out.println(divide(100,0));
        }catch(Exception e){
```

```
                e. printStackTrace( );
            }
        }
}
```

运行结果如下：

```
10.0
java.lang.ArithmeticException: / by zero
        at Main.divide(Main.java:4)
        at Main.main(Main.java:9)
```

异常在程序运行时可以不处理，系统会自动处理，但在程序非运行时，则必须在程序中使用声明抛弃或捕获的方法进行处理。throw 和 throws 关键字的对比如表 5.2 所示。

表 5.2　throw 和 throws 关键字的对比

位置	throws 关键字用于声明异常，其位置是方法头部的最后，方法体开始的“{”之前；throw 关键字用来抛出异常，其位置是方法体中
联系	如果某方法使用 throw 关键字抛出了未知异常，且没有使用 try…catch 语句块进行处理，则该方法必须使用 throws 关键字声明异常类型，否则会出错
其他	采用 throw 关键字抛出异常之后，本次方法的调用即告结束，不会执行剩下的代码，也不会提供返回值

使用 throw 关键字抛出了异常对象（即创建了异常对象，并将其提交给程序），这个是异常机制的前半段。异常机制的后半段是处理异常，即 Java 运行系统拿着异常对象寻找匹配的异常处理 catch 语句块。如果 throw 关键字所在的方法是用 try…catch…finally 语句块处理的，能找到匹配的 catch 语句块，那么就把异常对象传递给该 catch 语句块并执行块中的代码；如果没找到，但该方法用 throws 关键字声明抛弃了，则系统会顺着调用栈去上级方法中查找匹配的 catch 语句块。

5.2.4　自定义异常

Java 的系统异常处理机制只负责保证 Java 程序能正常运行，如同法律保障社会基本运行，但在此之外，社会生活中还面临着更多特殊情况，这些特殊情况往往需要特别对待。在 Java 程序开发过程中，由于具体业务逻辑的要求，也会存在一些特殊的异常情况，而这些异常是被 Java 系统许可的。例如，填写地址的时候输入了不存在的或错误的地名、用户名重复等。在这些情况下，Java 程序是不会报错的，但是在逻辑上属于某种异常。

为了终止不符合逻辑的代码继续执行，此时需要抛出异常，这时就可以使用自定义异常。显然，自定义异常并不会严重到导致 JVM 中止（Error），因此自定义异常应当是 Exception 类的子类，通常建议从 RuntimeException 派生。

例 5.11　自定义异常类。程序如下：

```
public class MyException extends RuntimeException {
    public MyException( ) {
        super( );
```

```
    }
    public MyException(String message){
        super(message);           //带信息参数的异常构造方法
    }
}
```

主函数如下：

```
import java.util.Scanner;

public class ExceptionMain{
    public static String[] signed = {"A","B","C","D","E","F","G"};
    public static void isSignedIn(String username){
        for(String name : signed) {
            if (name.equals(username)) {
                throw new MyException("用户已经登录过了!");      //抛出自定义异常
            }
        }
    }
    public static void main(String[] args){
        Scanner sc = new Scanner(System.in);                    //组织输入
        System.out.println("请输入用户名:");
        String uname = sc.next();                               //接收用户输入
        ExceptionMain.isSignedIn(uname);                        //判断用户是否已经登录
        sc.close();                                             //关闭输入流
    }
}
```

程序运行结果如下：

```
请输入用户名:
A
Exception in thread "main" MyException:用户已经登录过了!
        at ExceptionMain.isSignedIn(ExceptionMain.java:8)
        at ExceptionMain.main(ExceptionMain.java:16)
```

本章小结

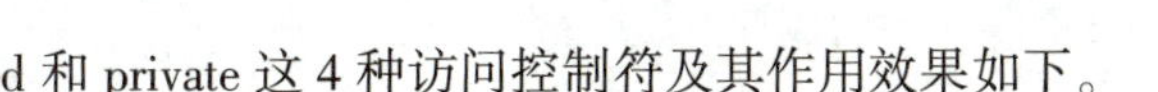

（1） public、缺省访问控制符、protected 和 private 这 4 种访问控制符及其作用效果如下。

①public 修饰的类和成员对所有包内的类和对象都公开。

②缺省修饰的类和对象只允许同一个包内的对象访问。

③protected 修饰的类和对象除缺省权限之外还允许不同包中的子类对父类成员的访问。

④private 是最严格的权限控制，只允许同一个类中的成员进行访问。

(2) 包的声明使用 package 关键字，使用 import 关键字可以精确导入包中类的方法（包名.类名）以及批量导入包中类的方法（包名.*）。

(3) 使用 throw 关键字在指定位置抛出指定类型的异常。

(4) 使用 try…catch…finally 语句块捕获并处理异常：try 语句块包含可能出现异常的语句；catch 语句块用于捕获指定类型的异常，语句块中填写捕获到异常后的处理语句；finally 语句块用于放入无论异常发生与否都一定会最后执行的语句，如关闭流、关闭连接等。

(5) 使用 throws 关键字可以在定义方法时声明异常，即对一些可能发生异常的方法提前声明其异常。在使用该方法时，通常使用 try…catch 语句块进行处理。

(6) 通过定义一个 Exception 或 RuntimeException 类的子类，可以实现一种自定义异常类型。

习题 5

简答题

5.1　想让任意包中的子类都可以访问其父类中的成员，对于父类成员，哪种访问控制符可以恰好满足这一要求？

5.2　在 Java 类中，使用什么声明语句来定义公有的类的整型常量 MAX？

5.3　想让一个类只能被自己包内的类访问，需要在类前面加哪个关键字？

5.4　若要使一个包中的类能够被所有其他类访问，需要使用什么访问控制符修饰该类？

5.5　简述 Java 中常见的系统包。

5.6　所有异常类的父类是什么？

5.7　在异常处理中，释放资源、关闭文件、关闭连接等用什么来完成？

5.8　FileInputStream.read()方法会抛出什么异常？

5.9　在 Java 的异常处理机制中，请介绍 Error 和 Exception 类的主要区别。

5.10　列出 5 个常见的异常。

程序设计题

5.11　请根据提示补全程序，使程序能够正确运行。

```
Public class Father{
int a;    //仅本类中可见
int d;    //其他包中可见
int c;    //本包中可见
int b;    //本包及子类中可见
```

5.12　编写程序，从键盘读入一个实数，然后检查实数是否小于 0，如果小于 0，则抛出异常，否则输出这个数的平方根。

5.13　设计 boolean prime(int n)方法，可用来判断 n 是否为质数，若为质数，则响应 true；

否则响应 false。若 n 小于 0，则抛出自定义异常 ArgumentOutOfBounds。

5.14　请说明下面的程序有什么不妥之处。

```
if(name.equals("zbj")){
...
}
```

5.15　定义一个邮件地址异常类，当用户输入的邮件地址不合法时，抛出异常（其中邮件地址的合法格式为 ****@****，也就是说，必须是在@左右出现由一个或多个其他字符组成的字符串）。

5.16　编程计算圆的面积，注意半径不能为 0 和负数。

实验 5

实验 5.1　三角形构成判断

实验 5.2　包的使用与访问控制

实验 5.3　求解一元二次方程

实验 5.4　模拟表格审核

第 6 章　继承与组合

【本章导读】

“不要重复造轮子”——程序代码复用是现代程序设计的核心理念之一。所谓代码复用，是指把一个功能写成一个模块，以便当再次需要相同功能的时候，可以直接使用，而不用重新开发，其实质在于合理的抽象和相应的概念组织。

在程序设计中，代码复用体现在很多方面，包括变量的复用、方法的复用、对象的复用等。变量的复用在于在同一作用域内，一次定义到处使用；方法的复用在于把同一逻辑抽象出来作为方法，在作用域内反复使用；对象的复用就是类的可重用性的体现。进一步来讲，在第 3 章中介绍的“继承”更是复用程序代码的有力手段。当多个类之间存在相同的属性和方法时，可从这些类中抽象出父类。在父类中定义这些相同的属性和方法，所有的子类无须重新定义这些属性和方法，只需要通过 extends 语句来声明继承父类，子类就会自动拥有在父类中定义的属性和方法。然而，在程序设计中，并没有所谓的“万能药”，基于继承的面向对象编程理念虽然易于理解，但也最容易让初学者在程序设计中误用和滥用。

本章首先介绍正确使用继承关系的原则，并引出代码复用的另一种常用方式——组合，最后通过程序设计实例比较继承关系和组合关系的区别。

【本章思维导图】

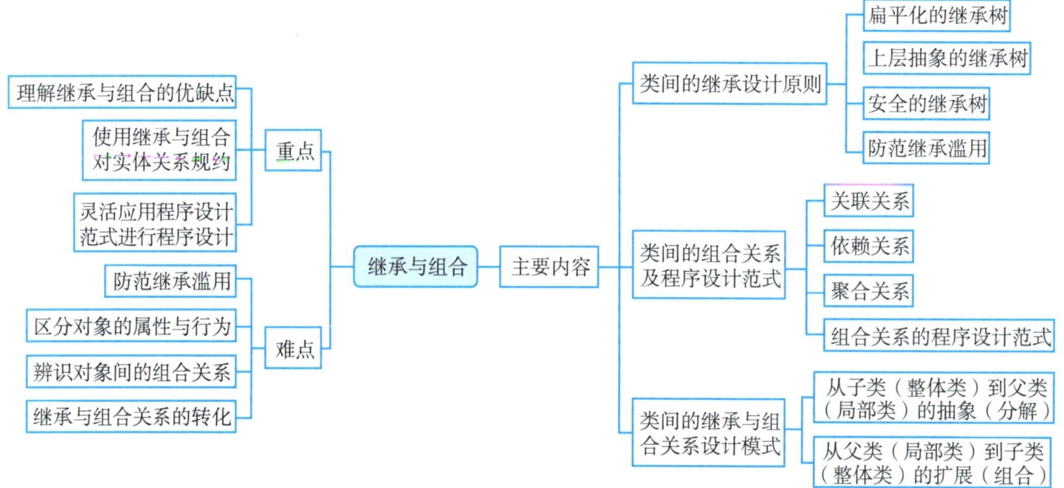

6.1　类间的继承设计原则

继承是自然界普遍存在的法则，如子女继承双亲的特征、猫和狗都具有哺乳动物的特性等。继承也符合人类的认知，如 Java 软件版本间的兼容继承、共产党人一代代为人民服务精神的传承等。在程序设计中，类间的继承（如第 3 章中子类对父类的继承与方法重写、应用类对接口的扩展与实现）复有效提高代码的复用性，使程序的设计路径更为清晰，完成由抽象共性模板到具体个性化实例的设计思想。然而，如果过分依赖类间的继承设计，或者随便扩展本来不是专门为继承而设计的类，也会导致继承树过于复杂，削弱程序的可扩展性和可维护性。

6.1.1　扁平化的继承树

在进行程序设计时，一般情况下，业务逻辑（不考虑顶层的 Object 类）中的继承深度不应超过 3 层。图 6.1 和图 6.2 分别显示了设计合理的继承树和设计不合理的继承树。如果继承树的层次很多，则会导致以下问题。

（1）对象模型的结构太复杂，难以理解，增加了程序设计开发的难度及出错的概率。继承树底层的子类会继承上层所有直接和间接父类的方法和属性，而且子类和父类之间还存在频繁的方法重写和属性被屏蔽的现象，进而加大了运用多态机制的难度，开发人员难以预计在程序运行时，对象实例的方法和属性到底和哪个类绑定。

（2）降低程序的可扩展性。继承树的层次越多，在继承树上增加一个新的继承分支需要创建的类也就越多。

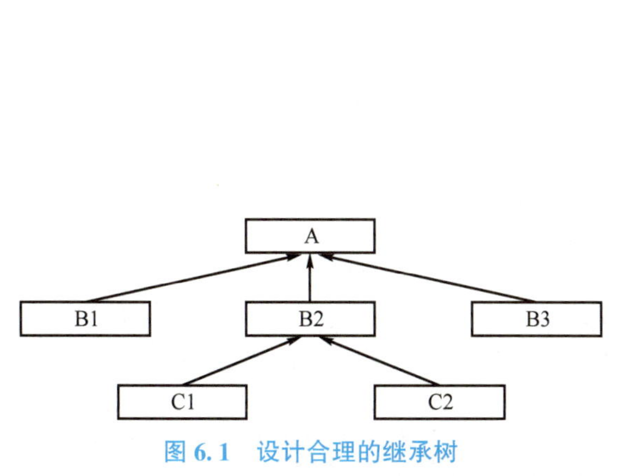

图 6.1　设计合理的继承树

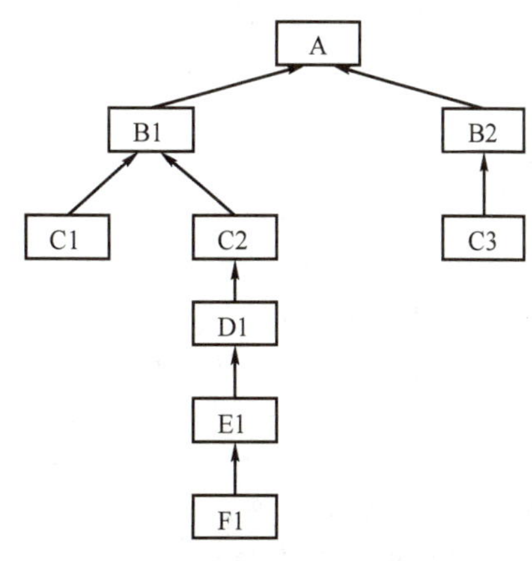

图 6.2　设计不合理的继承树

6.1.2　上层抽象的继承树

在程序设计中，一个对象的实例在使用事先构造好的继承树上的类时，应该尽可能地使用该类在继承树上的上层抽象类（或接口），并将其作为引用变量加入实例方法的参数，这样做可以降低多个系统间类的耦合性。例如，在大学老师 Teacher 类的 teach( )方法中使用大学生继承树的 Student 类（大学生类 UniversityStudent 是 Student 类的子类）和大学课程继承树的 Course 类(大学课程类 UniversityCourse 是 Course 类的子类)，其参数为 Student 和 Course 类型，代码如下：

```
teach(Student student,Course course)
```

位于继承树上层的类或接口具有以下作用。

(1) 上层父类中定义了下层子类都拥有的相同属性和方法，并且尽可能地为多数方法提供默认的实现，从而提高程序代码的复用性。

(2) 代表系统的接口，描述系统所能提供的服务。

在设计继承树时，首先进行自下而上的抽象，即识别子类之间所拥有的共同属性和功能，然后抽象出共同的父类，位于继承树最上层的父类描述系统对外提供哪些服务。如果某种服务的实现方式适用于所有子类或大多数子类，那么在父类中就可以实现这种服务。如果某种服务的实现方式取决于各个子类的特定属性和实现细节，那么在父类中无法实现这种服务，只能把代表这种服务的方法定义为抽象方法，并且把父类定义为抽象类。

例如，做饭的灶台 Hearth 父类可分为燃气灶和电磁灶这两个子类，燃气灶和电磁灶采用不同的加热方式，在灶台 Hearth 父类中无法提供加热的具体实现，因此必须把其定义为抽象类，代码如下：

```
public abstract class Hearth(
    //加热
    public abstract void heating();
    //调节加热温度
    public abstract void adjust(int level);
}
```

由于继承树上层的父类（或接口）描述系统对外提供的服务，但不一定实现这种服务，因此把继承树的上层称为抽象层。在进行对象模型设计时，应该充分地预计系统现在必须具备的功能，以及将来需要新增的功能，然后在抽象层中声明它们。抽象层应该比较稳定，这可以降低与其他系统的耦合性，并提高系统本身的可维护性。

6.1.3 安全的继承树

继承关系最大的弱点就是打破了封装。在第 3 章的 3.1 节介绍封装时，曾经提到每个类都应该封装它的属性及实现方法，使类与类之间形成相对的松耦合关系。这样一来，当目标类的实现方法发生变化时，不会对依赖它的相关类造成影响。然而，在继承关系中，子类能够访问父类的属性和方法。也就是说，子类会访问父类的实现细节，即子类与父类之间是紧耦合关系，当父类的实现方法发生变化时，子类的实现方法也不得不随之变化，这削弱了子类的独立性，继而加大了程序设计开发的不确定性和难度。

由于继承关系会打破封装，所以父类的实现细节很容易被子类恶意篡改。例如，以下 Account 类的 withdraw( )方法和 save( )方法分别用于取款和存款：

```
public class Account{
    protected double balance;                          //余额
    protected boolean isEnough(double money){
    return balance >= money;
    }
```

```
    public void withdraw(double money) throws Exception{            //取款
        if(isEnough(money)){balance -= money;}
        else {throw new Exception("余额不足!");}
    }
    public void save(double money) throws Exception{                //存款
        balance += money;
    }
}
```

这里构造子类 MyAccount 继承 Account 类，并通过重写父类的 isEnough()方法和 save()方法，导致该账户允许无限制取款，例如按照实际存款数额的 10 倍来取款：

```
public class MyAccount extends Account{
    protected boolean isEnough(double money){            //重写父类的 isEnough()方法
        return true;
    }
    public void save(double money) throws Exception{      //重写父类的 save()方法
        balance += money*10;
    }
}
```

以下程序定义了 Account 类型的引用变量 account，实际引用 MyAccount 实例，根据 JVM 的动态绑定规则，account. save()方法和 account. withdraw()方法会和 MyAccount 实例的相应方法绑定：

```
Account account=new MyAccount();
account.save(100);               //调用 MyAccount 实例重写的 save()方法
account.withdraw(1000);          //调用 MyAccount 实例继承自父类的 withdraw()方法
```

为了防范由类间继承关系“打破封装”而造成的安全隐患，在进行程序设计时，应该特别设计专门用于被继承的类。具体而言，在建立对象模型时，应该先充分考虑程序系统中哪些地方需要扩展，然后为这些地方提供扩展点，下面给出一些建议。

(1) 把不允许子类覆盖的方法定义为 final 类。关于 final 关键字的用法参见第 3 章的 3.4.3 小节（final 关键字）。对于 Account 类，可以把它的 isEnough()、withdraw()和 save()方法都定义为 final 类。

```
public class Account{
    private double balance;                                   //余额
    protected final boolean isEnough(double money){
    return balance >= money;
    }
    public final void withdraw(double money) throws Exception{  //取款
        if(isEnough(money)) {balance -= money;}
        else {throw new Exception("余额不足!");}
    }
    public final void save(double money) throws Exception{      //存款
        balance += money;
    }
}
```

（2）如果某些类不是专门为了继承而设计，那么随意继承它是不安全的。因此，可以采取以下两种措施来禁止继承：把类声明为 final 类；把这个类的所有构造方法声明为 private 类，然后通过一些静态方法来负责构造自身的实例，第 5 章中对此做了进一步解释。

6.1.4 防止继承滥用

对于刚开始进行面向对象编程的新手，一个比较容易犯的错误是滥用继承关系，即根据对象的属性值来分类。例如，根据马（Horse）的颜色分类，可分为白马（WhiteHorse）、黑马（BlackHorse）和棕马（BrownHorse），其类继承框图如图 6.3 所示。

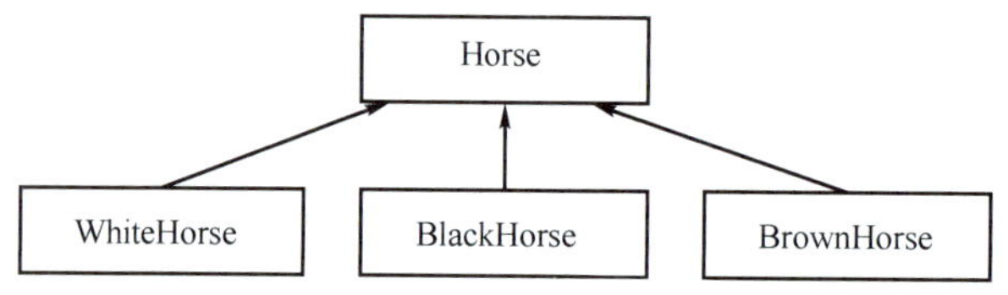

图 6.3 根据马的颜色分类的类继承框图

以上类继承模型的设计是错误的。马的颜色只是马的一个属性，不应该根据它的属性值进行分类。对于一棵设计合理的继承树，子类之间会具有不同的属性和行为，子类继承父类的属性和行为，并且子类可以比父类拥有更多的属性和行为。对于白马、黑马、棕马和父类马，除了类的名字不同，它们的属性和行为都相同，因此这样的设计是不合理的。

图 6.4 所示是按课程的类别分类的 Course 类的类框图。尽管在现实世界中这样的分类是合理的，但在类继承模型的设计中，这样的继承设计却是不可取的。课程的类别只是 Course 类的一个属性，可以在 Course 类中定义一个 String 类的 type 属性来表示课程的类别，如图 6.5 所示。

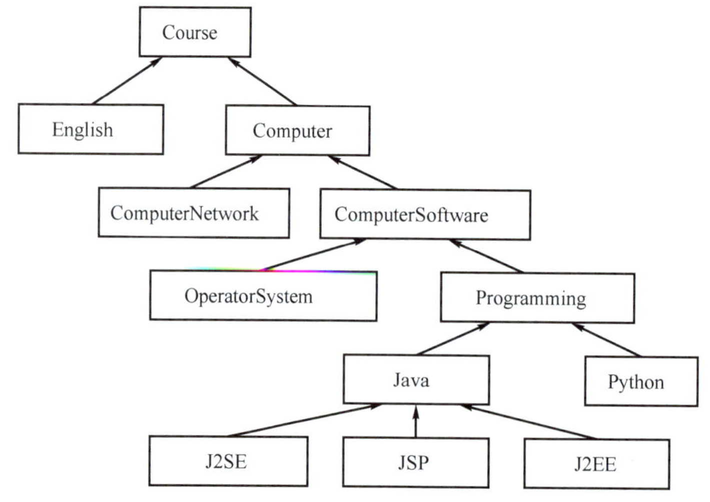

图 6.4 按课程的类别分类的 Course 类的类框图

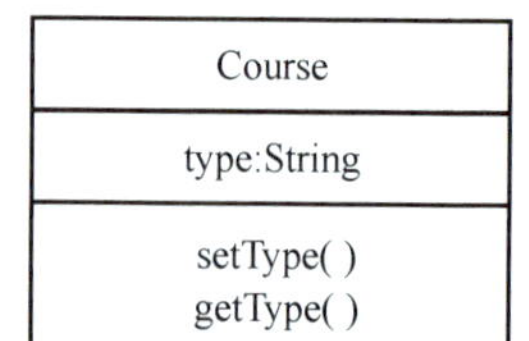

图 6.5 用 String 类的 type 属性来表示课程的类别

以下程序创建了一个 Java 类别的 Course 对象：

```
Course course = new Course( );
course. setType( "Java" );
```

但是 String 类的 type 属性无法表达课程的类别之间的包含关系，例如科学类别包括数学类别和计算机类别等。为了能表达出这种包含关系，可以定义一个 Category 类来表示课程的类别，用 Category 类的自身关联关系来表示课程的类别之间的包含关系，如图 6.6 所示。在 Category 类中，name 属性表示课程的类别的名称，parentCategory 属性表示课程的类别所属的父类别，childCategory 属性表示课程的类别所包含的所有子类别，childCategory 属性为 java. util. Set 类型，在第 4 章中介绍了 Set 集合的用法。

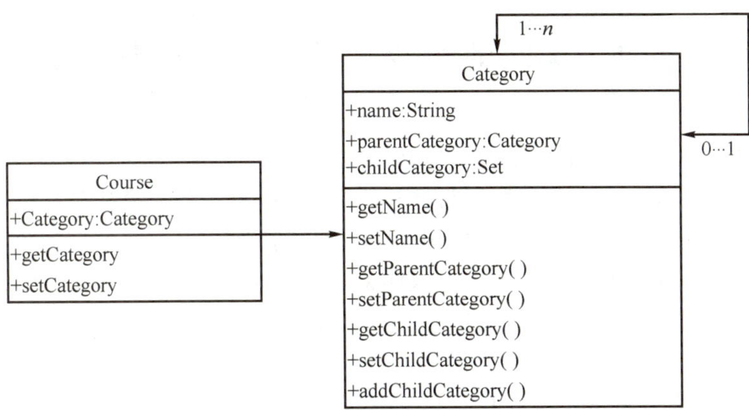

图 6.6　用 Category 类来表示课程的类别之间的包含关系

在例 6.1 的 CategoryTester 类中，create( )方法创建了 Science 类别、Math 类别和 Computer 类别的 Category 对象，然后建立了它们之间的关联关系，最后创建了一个 Math 类别的 Course 对象。main( )方法用于打印 Book 对象的类别名字。

例 6.1　CategoryTester. java 的代码如下：

```
public class CategoryTester{
  public Course create( ){
  Category categoryScience = new Category( );          //创建 Science 类别的 Category 对象
  categoryScience. setName( "Science" );
  Category categoryMath = new category( );             //创建 Math 类别的 Category 对象
  Category Math. setName( "Math" );
  Category categoryComputer = new Category( );         //创建 Computer 类别的 Category 对象
  categoryComputer. setName( "Computer" );
  //建立 Science 类别与 Math 类别的关联
  categoryScience. addChildCategory( categoryMath );
  categoryMath. setParentCategory( categoryScience );
  //建立 Science 类别与 Computer 类别的关联
  categoryScience. addChildCategory( categoryComputer );
  categoryComputer. setParentCategory( categoryScience );
  //创建 Math 类别的 Course 对象
  Course math = new Course( );
```

```
        math. setCategory( categoryMath);
        return math;
    }
    public static void main( string args[]) {
        Course math = new Category Tester( ). create( );
        System. out. println( math. getCategory( ). getName( ) ):          //打印课程的类别
    }
}
```

6.2 类间的组合关系及程序设计范式

在程序设计中，类间的组合关系可以分为以下 5 种。

(1) 关联 (Association) 关系：类 A 与类 B 的实例之间存在特定的对应关系。

(2) 依赖 (Dependency) 关系：类 A 访问类 B 提供的服务。

(3) 聚合 (Aggregation) 关系：类 A 为整体类，类 B 为局部类，类 A 的对象由类 B 的对象组合而成。

(4) 泛化关系：类 A 继承了类 B。

(5) 实现关系：类 A 实现了接口 B。

其中，泛化关系和实现关系主要应用于类间的继承设计，本节着重介绍关联、依赖和聚合这 3 种类间的组合关系，以及这 3 种组合关系的程序设计范式。

6.2.1 关联关系

关联关系是指类之间的特定映射关系，在统一建模语言 (Unified Modeling Language，UML) 中用带实线的箭头表示。按照类之间的映射关系，关联可分为以下 3 种。

(1) 一对一关联。例如，假定每个班级中有唯一的班长，每名班长也只服务于唯一的班级，那么班长和班级之间是一对一关联；又如，每名学生都对应一个仅属于自己的学生档案，则学生和学生档案之间是一对一关联。

(2) 一对多关联。例如，假定一个年级有多个平行班，多个平行班都隶属于一个年级，那么年级和班级之间是一对多关联；又如，一个客户有若干笔订单，若干笔订单隶属于一个客户，则客户和订单之间是一对多关联。

(3) 多对多关联。例如，假定一个班级有若干名老师，一名老师也可以带若干个班级，那么班级和老师之间是多对多关联；又如，一门课程同时有若干名学生选修，一名学生可以同时选修多门课程，则课程和学生之间是多对多关联。

学校 School 类与学生 Student 类之间也存在一对多的关联关系，一所学校有多名学生，而一名学生只能属于一所学校，图 6.7 显示了它们的关联关系。如果类 A 与类 B 关联，那么类 A 中会包含类 B 类型的属性。例如，在 Student 类中定义了 School 类的属性。

注意：类之间的关系也就是类的对象之间的关系，例如 School 类与 Student 类之间是关联关系，就是指某个特定的 School 对象会和一些特定的 Student 对象关联。因此，本书在介绍类之间

的关系时，有时会用类作为主语，有时会用对象作为主语。

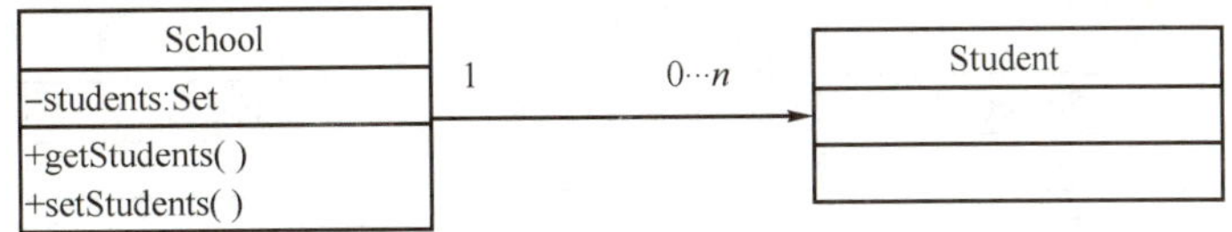

图 6.7 从 School 类到 Student 类的一对多单向关联

建立从 Student 类到 School 类的关联的程序如下：

```
public class Student{
    ...
    //所有与 Student 对象关联的 School 对象
    private School school;
    public School getSchool( ) {
        return this. school;
    }
    public void setSchool( School school) {
        this. school = school;
    }
}
```

同样，也可以建立从 School 类到 Student 类的关联，由于一个 School 对象对应多个 Student 对象，因此应该在 School 类中定义一个 students 集合，用来存放 School 所辖的所有学生。School 类的定义如下：

```
public class School{
    ...
    //所有与 School 对象关联的 Student 对象
    private Set<Student> students = new HashSet<Student>( );
    public Set getStudents( ) {
        return this. students;
    }
    public void setStudents( Set students) {
        this. students = students;
    }
}
```

根据类间的关联方向，关联关系还可以分为单向关联和双向关联。

单向关联指只建立从 Student 类到 School 类的多对一关联，即仅在 Student 类中定义 school 属性，如图 6.8 所示；或者仅建立从 School 类到 Student 类的一对多关联，即仅在 School 类中定义 students 集合属性，如图 6.7 所示。

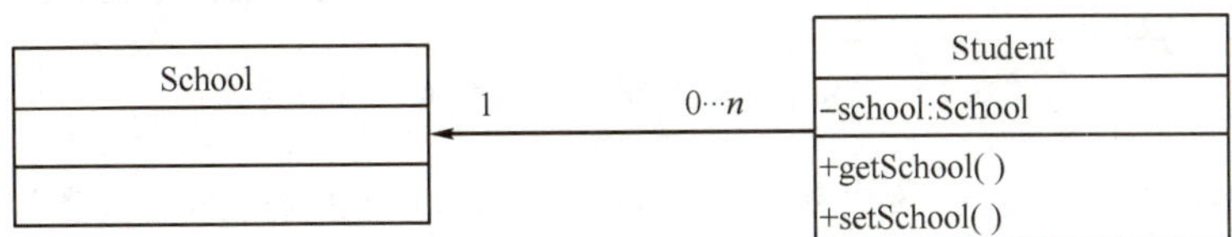

图 6.8 从 Student 类到 School 类的多对一单向关联

双向关联指既建立从 Student 类到 School 类的多对一关联，又建立从 School 类到 Student 类的一对多关联，如图 6.9 所示。

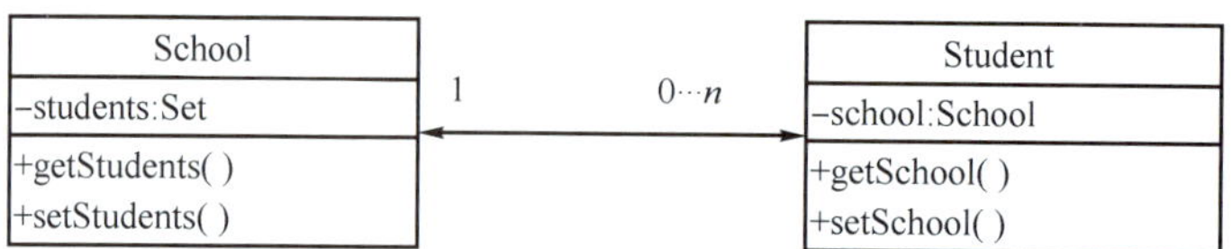

图 6.9　从 School 类到 Student 类的一对多双向关联

6.2.2　依赖关系

依赖关系指的是类之间的调用关系，在 UML 中用带虚线的箭头表示。如果类 A 访问类 B 的属性或方法，或者类 A 负责实例化类 B，那么可以说类 A 依赖类 B。和关联关系不同，依赖关系不强调两者之间的所属关系，因此无须在类 A 中定义类 B 的类属性。例如，汽车 Car 类与加油站 GasStation 类之间存在依赖关系，汽车通过加油站来加油（但汽车与加油站之间并不存在固定的所属关系），代码如下：

```
public class Car{
    //给汽车加油
    public void fill( GasStation gasStation) {
        gasStation. refuel( );
    }
}
```

图 6. 10 显示了 Car 类与 GasStation 类之间的依赖关系。

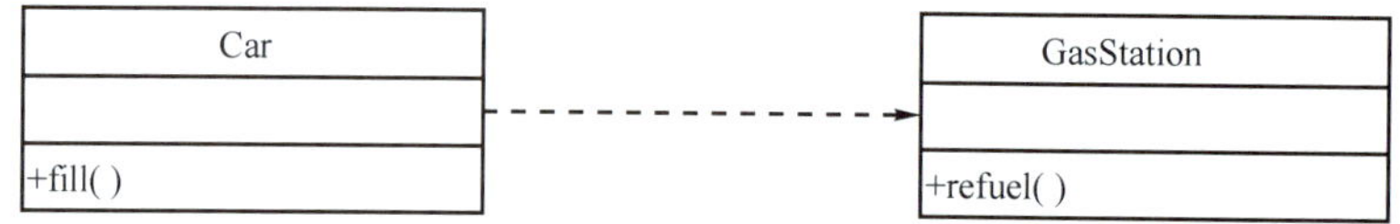

图 6.10　Car 类与 GasStation 类之间的依赖关系

6.2.3　聚合关系

聚合关系指的是整体与部分之间的关系，在 UML 中用带菱形的实线表示。例如，Computer 类和 CPU 类之间就是聚合关系，如图 6.11 所示。

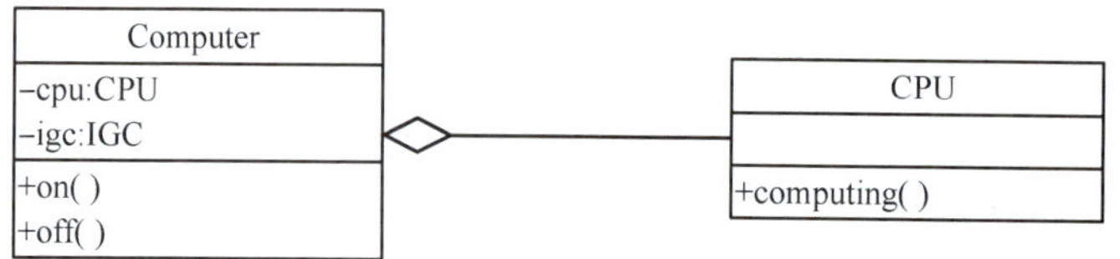

图 6.11　Computer 类与 CPU 类之间的聚合关系

当 Computer 类由 CPU 类和集成显卡（Integrated Graphics Chip，IGC）类聚合而成时，在 Computer 类中应该包含 CPU 和 IGC 类型的成员变量，代码如下：

```
public class Computer{
    private CPU cpu;
    private IGC igc;
    …
}
```

聚合关系还可分为以下两种类型。

(1) 被聚合的子系统允许被拆卸和替换，这是普通聚合关系。例如，计算机和 CPU 就是这种关系；此外，计算机上的大部分组件，如鼠标、键盘、显示器和网卡等都是允许被拆卸和替换的。

(2) 被聚合的子系统不允许被拆卸和替换，这种聚合关系称为强聚合关系，或者称为组成关系。例如，计算机和它的集成显卡就是这种关系；此外，有些计算机把声卡和网卡集成到主板上，不允许拆卸，在这种情况下，计算机与集成的显卡、声卡和网卡之间就是强聚合关系。

普通聚合与强聚合在程序代码中会有所区别。例如，计算机和 CPU 之间是普通聚合关系，因此在 Computer 类中提供了 setCPU(CPU cpu)方法，通过此方法来更换计算机的 CPU；计算机和集成显卡之间是强聚合关系，因此在 Computer 类中没有提供 setIGC(IGC igc)方法。

以下程序演示了创建 CPU、为计算机更换 CPU 及拆除 CPU 的过程：

```
CPU cpu1=new CPU();                              //创建第一个 CPU
CPU cpu2 = new CPU();                            //创建第二个 CPU
IGC igc = new IGC();                             //创建集成显卡
Computer computer = new Computer(cpu1,igc);      //创建 Computer，并装配第一个 CPU
computer.setCPU(cpu2);                           //给 Computer 更换第二个 CPU
computer.setCPU(null);                           //拆除 Computer 上的 CPU
```

6.2.4 组合关系的程序设计范式

在开始设计类模型时，很容易把依赖、关联和聚合这 3 种细分的组合关系搞混，进而导致其后业务逻辑的混乱。当两个系统的实例对象 A 和 B 之间存在依赖、关联或聚合关系时，对象 A 可能调用对象 B 的方法，然而在这 3 种不同细分场景中，调用的方式在编程形式上有相同之处，也有各自显著的特征。

1. 关联关系设计范式

给定两个相对独立的系统，当一个系统的实例与另一个系统的一些特定实例存在固定的对应关系时，称这两个系统之间存在关联关系。例如自行车和人，每辆自行车属于特定的人，每个人有特定的自行车；又如客户和订单，每笔订单对应特定的客户，每名客户对应一些特定的订单；又如课程和学生，每门课程都有一些特定的学生选修，每名学生可以选修多门课程。

一般来说，给定类 A 和类 B，若类 A 关联类 B，那么在设计类 A 的结构时，应该在类 A 中包含类 B 类型的属性，代码如下：

```
public class A{
    private B b;             //类 B 类型的属性，使用 private 表示类 A 实例对类 B 实例的单向关联
    public B getB(){
        return this.b;
```

```
    }
    public void setB(B b){
        this.b = b;
    }
}
```

若类 A 和类 B 是一对多或多对多类型的关联关系，则类 A 关联类 B 的关联范式如下：

```
public class A{
    private Set<B> b = new HashSet<B>();
    public Set getB(){
        return this.b;
    }
    public void setB(Set b){
        this.b = b;
    }
}
```

图 6.12 显示了 Student 类和 Bicycle 类之间的关联关系，每名学生都有一辆专属的自行车，并且学生骑着自行车去上学。

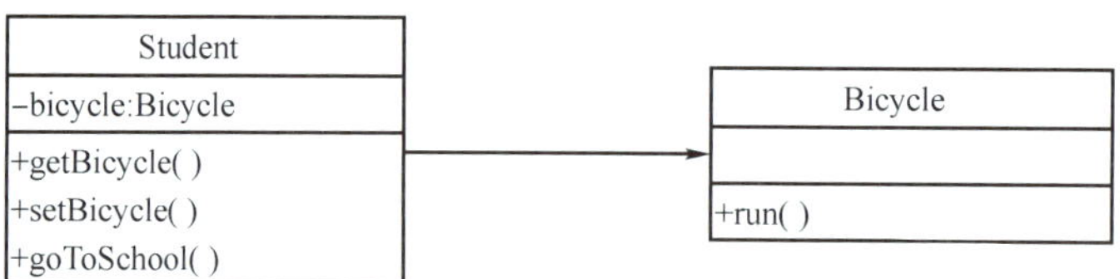

图 6.12　Student 类和 Bicycle 类之间的关联关系

Student 类与 Bicycle 类之间存在关联关系，这里表示的是 Student 类对 Bicycle 类的关联，即在 Student 类中定义一个 Bicycle 类型的成员变量（反之，若要表示 Bicycle 类对 Student 类的关联，则在 Bicycle 类中定义一个 Student 类型的成员变量）。以下代码是 Student 类的定义：

```
public class Student{
    private Bicycle bicycle;              //学生的专属自行车
    public Bicycle getBicycle(){
        return this.bicycle;
    }
    public void setBicycle(Bicycle bicycle){
        this.bicycle = bicycle;
    }
    public void goToSchool(){             //骑自己的自行车去上学
        bicycle.run();
    }
}
```

在实际场景中，当学生骑自行车去上学时，只要从家里推出自己的自行车就能上路了。因此，在 Student 类的 goToSchool()方法中，只需要调用自身 bicycle 对象的 run()方法。假如 goToSchool()方法采用以下的定义方式：

```
public void goToSchool(Bicycle bicycle){            //骑共享自行车去上学
    bicycle.run();
}
```

就好比学生没有属于自己的自行车，需要临时借一辆共享自行车，然后才能上学。

在关联关系的设计中，需强调类与类之间实例的特定映射关系。若类间不存在明确的映射关系，则不适用关联关系范式进行设计。例如，汽车与加油站的关系就不存在固定的映射关系，即汽车不会只在某个固定的加油站加油，反之亦然。

2. 依赖关系设计范式

给定两个相对独立的系统，当一个系统的实例负责构造另一个系统的实例，或者依赖另一个系统实例提供的服务时，称这两个系统之间存在依赖关系。例如，画笔和图形，画笔可以画出图形；生产零件的机器和零件，机器负责构造零件对象；汽车和加油站，加油站为汽车提供加油服务；手机和共享充电宝，手机通过共享充电宝来充电（换言之，共享充电宝为手机提供充电服务。

一般来讲，给定类 A 和类 B，若类 A 负责实例化类 B（即类 A 负责构造类 B 的实例），或者类 A 访问类 B 的属性或方法（即类 A 依赖类 B 提供的服务），则称类 A 依赖类 B。那么在设计类 A 的结构时，应该在类 A 负责构造类 B 实例的方法（或依赖类 B 提供服务的方法）createOrBeServed()中注入类 B 类型的参数，代码如下：

```
public class A{
    public void createOrBeServed(B b){
        b.service();
    }
}
```

需要注意的是，由于类 A 实例与类 B 实例无明确或固定的对应关系，例如汽车和加油站中，汽车并不会只在固定的加油站加油，加油站服务的汽车群体也不固定。因此，与关联关系不同，依赖关系无须在类 A 中定义类 B 类型的属性。

图 6.13 所示为 Phone 类与 SharableChargers 类之间的依赖关系。

图 6.13　Phone 类与 SharableChargers 类之间的依赖关系

在实际场景中，通常不会为某一部特定手机配备专门的共享充电宝，而是在需要充电时，从附近某个提供共享充电宝的商家租借充电宝充电。在程序代码中，表现为 Phone 类的 charging()方法有一个 SharableChargers 类的参数。以下程序代码表示某部手机先后使用不同的共享充电宝充电：

```
Phone phone = new Phone();
SharableChargers sharableCharger1 = new SharableChargers();
SharableChargers sharableCharger2 = new SharableChargers();
phone.charging(sharableCharger1);              //使用第一个共享充电宝充电
phone.charging(sharableCharger2);              //下次手机没电时，使用其他共享充电宝充电
```

3. 聚合关系设计范式

当系统 A 被加入系统 B，成为系统 B 的组成部分时，系统 B 和系统 A 之间为聚合关系。例如，自行车和它的车铃、龙头、轮胎、钢圈及刹车装置就是聚合关系，因为它们是自行车的组成部分。而人和自行车不是聚合关系，因为人不是由自行车组成的。由此可见，可以根据语义来区分关联关系和聚合关系。

聚合关系和关联关系的区别还表现在以下几个方面。

（1）对于具有关联关系的两个对象，在多数情况下，两者有独立的生命周期。例如，自行车和它的主人，当自行车不存在时，它的主人依然存在，反之亦然。但在个别情况下，一方会制约另一方的生命周期。例如，客户和订单，当客户不存在时，它的订单也就失去存在的意义。

（2）对于具有聚合关系（尤其是强聚合关系）的两个对象，整体对象会制约它的组成对象的生命周期。部分类的对象不能单独存在，它的生命周期依赖于整体类的对象的生命周期，当整体消失时，部分也就随之消失。例如，小王的自行车被偷了，那么自行车的所有组件也就不存在了，除非小王事先碰巧把一些可拆卸的组件（如车铃和坐垫）拆了下来。

不过，在用程序代码来表示关联关系和聚合关系时，两者的设计范式是相似的。图 6.11 所示为 Computer 类与 CPU 类之间的聚合关系，Computer 类的源代码如下：

例 6.2 Computer. java 的代码如下：

```
public class Computer{
    private CPU cpu;
    public Bicycle getCPU(){
        return this. cpu;
    }
    public void setCPU(CPU cpu){
        this. cpu = cpu;
    }
    public void on(){              //计算机开机
        cpu. computing();
    }
}
```

在 Computer 类中定义了 CPU 类型的成员变量，Computer 类实例在执行开机操作后，利用自身的 cpu 成员变量进行计算，这与在设计关联关系范式时，在 Student 类中定义 Bicycle 类的成员变量、Student 类实例利用自身的 bicycle 成员变量去上学在形式上是相似的。

6.3 类间的继承与组合关系设计模式

在软件系统设计的早期阶段，常常会经历继承树从子类到父类（自底向上）的抽象过程，或者从整体类到局部类的分解过程。但是到了软件系统开发的后期及维护阶段，父类或局部类已经设计完成，此时为了扩展软件系统的功能，需要进行从父类到子类的扩展，或者进行从局部类到整体类的组合。在程序设计的很多场景中，采用继承关系或组合关系都能够完成相同的功能，继承与组合存在着映射关系，如表 6.1 所示。继承中的父类与组合中的局部类对应，继承中的子类与组合中的整体类对应。本节将从上述两个设计视角出发，对比介绍继承和组合的设计思想。

表 6.1　继承与组合的映射关系

继承关系	组合关系
父类	局部类（被包装类）
子类	整体类（包装类）
从子类到父类的抽象	从整体类到局部类的分解
从父类到子类的扩展	从局部类到整体类的组合

6.3.1　从子类（整体类）到父类（局部类）的抽象（分解）

为了展示类间组合关系的设计方式，下面的例子并未涉及具体的业务逻辑。该例子分别用继承关系与组合关系设计类模型。给定具有相同行为的类 A 和类 B，如图 6.14 所示，其中，类 A 和类 B 具有相同的方法 methodOne()、methodTwo()和 methodThree()，类 A 和类 B 还分别拥有各自的特有方法 methodA()和 methodB()，并且在 methodTwo()方法中会访问 methodOne()方法，在 methodA()和 methodB()方法中都会访问 methodThree()方法。

A	B
-methodOne() +methodTwo() -methodThree() +methodA()	-methodOne() +methodTwo() -methodThree() +methodB()

图 6.14　具有相同行为的类 A 和类 B

代码如下：

```
public class A{
    private void methodOne(){
        System.out.println("methodOne");
    }
    public void methodTwo(){
        methodOne();
        System.out.println("methodTwo");
    }
    private void methodThree(){
        System.out.println("methodThree");
    }
    public void methodA(){
        methodThree();
        System.out.println("methodA");
    }
}
public class B{
    private void methodOne(){
        System.out.println("methodOne");
```

```
        }
        public void methodTwo(){
            methodOne();
            System.out.println("methodTwo");
        }
        private void methodThree(){
            System.out.println("methodThree");
        }
        public void methodB(){
            methodThree();
            System.out.println("methodB");
        }
    }
```

1. 使用继承关系：从子类到父类的抽象

父子类间继承设计的出发点是提高程序代码的复用性，因此**从子类到父类进行抽象的一项重要原则是将待抽象初始类间的共性行为进行最大化抽取（称为共性行为最大化抽取原则）**。从类A和类B中抽象出其父类C的过程如图6.15所示，它包含类A和类B的共性行为方法methodOne( )、methodTwo( )和methodThree( )。然而，由于子类A和子类B的methodA( )和methodB( )都会访问methodThree( )方法，因此抽象出父类C中methodThree( )方法的访问控制符从private放松到子类可以访问的protected，这也导致父类C的封装性被打破，代码如下：

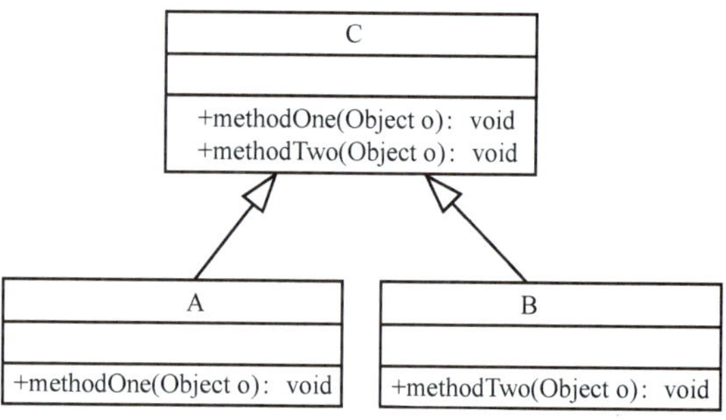

图6.15　从类A和类B中抽象出父类C

```
public class C{
    private void methodOne(){
        System.out.println("methodOne");
    }
    public void methodTwo(){
        methodOne();
        System.out.printin("methodTwo");
    }
    protected void methodThree(){
        System.out.println("methodThree");
    }
}
public class A extends C{
    public void methodA(){
        methodThree();
        System.out.println("methodA");
    }
```

```
}
public class B extends C{
    public void methodB(){
        methodThree();
        System.out.println("methodB");
    }
}
```

注意：

从子类到父类进行抽象的步骤如下。

(1) 根据业务需求及领域知识，对初始类进行分组或聚类，并将所有的初始类视为继承树的叶子节点。

(2) 对同组中含有共性行为的初始类进行抽象，提取出代表共性行为的方法，并构造出相应的父类，使各个父类成为临时的继承树的根节点。

(3) 将步骤 (2) 中提取出的共性行为方法的访问控制符由 private 放松到子类可以访问的 protected（由于子类与父类可能不属于同一个包），并将其置于相应的父类中作为父类的方法。

(4) 以各个临时的继承树根节点为目标对象，跳转到步骤 (2)，直至所有初始类都继承自一个统一的业务继承树根节点或基于领域知识（业务）需求提前终止。

2. 使用组合关系：从整体类到局部类的分解

与类间继承关系不同，**类间组合关系设计模式的首要原则（称为局部类独立性原则）是保证被分解出来的局部类具备相对的独立性。基于这条原则，采用组合设计的整体类和局部类间具备松耦合性。**在不违背局部类独立性原则的前提下，与类间继承关系相似，**类间组合关系设计模式也需满足共性行为最大化抽取原则。**从类 A 和类 B 中分解出局部类 C 的过程如图 6.16 所示，类 A 与类 C，以及类 B 与类 C 之间为组合关系。在类 A 中定义类 C 类型的引用变量 c，类 A 的 method2( ) 方法直接调用类 C 的 methodTwo( ) 方法。类 A 和类 B 对类 C 的公开方法接口 methodTwo( ) 进行了包装，形成新的接口 method2( )，因此类 A 和类 B 被称为类 C 的包装类；反之，类 C 也被称为类 A 和类 B 的被包装类。需要注意的是，由于在初始类类 A 和类 B 中都会访问 private 类型的 methodThree( ) 方法，因此不能把 methodThree( ) 方法放在类 C 中定义，如果这样做，则必须在类 C 中把 methodThree( ) 方法定义为 public 类，即类 C 被迫公开了新的操作接口，这违背了局部类独立性原则，也彻底破坏了类的封装性。

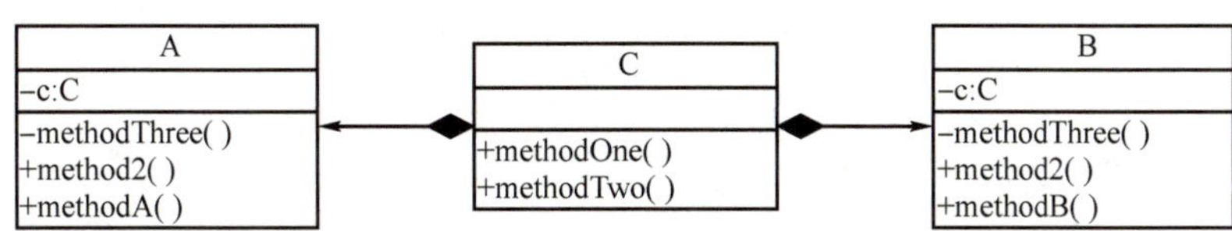

图 6.16　从类 A 和类 B 中分解出局部类 C

代码如下：

```
public class C{
    private void methodOne(){
        System.out.println("methodOne");
    }
    public void methodTwo(){
        methodOne();
```

```
            System. out. println( "methodTwo");
        }
    }
    public class A{
        private C;
        public A(C c){
            this. c = c;
        }
        private void methodThree(){
            System. out. println("methodThree");
        }
        public void method2(){
            c. methodTwo();
        }
        public void methodA(){
            methodThree();
            System. out. println("methodA");
        }
    }
    public class B{
        private C;
        public B(C c){
            this. c = c;
        }
        private void methodThree(){
            System. out. println("methodThree");
        }
        public void method2(){
            c. methodTwo();
        }
        public void methodB(){
            methodThree();
            System. out. println("methodB");
        }
    }
```

注意：

从整体类到局部类进行分解的步骤如下。

(1) 根据业务逻辑及领域知识对各个初始类（整体类）中特色及专属行为方法进行梳理，并将其视为各个整体类专属行为方法集合，相应地将其他行为方法划分为待分解的行为方法集合。

(2) 对于整体类专属行为方法集合的任意方法 F，若该方法存在对整体类中待分解的行为方法 G 的调用，则将方法 G 转入该类的整体类专属行为方法集合。

(3) 分别对各个整体类待分解的行为方法集合中的方法进行相互独立性划分，并形成若干待分解方法簇，所谓方法间的相互独立，是指方法之间不存在调用关系。

(4) 将所有整体类所形成的待分解方法簇集合进行去重，并根据业务逻辑对方法功能粒度的

划分需求，对其进行方法簇融合。

(5) 根据融合后待分解方法簇集合中方法簇的数量，构建相应数量的局部类，形成局部类与待分解方法簇的适配。

组合关系和继承关系相比，前者的最主要优势是不会破坏封装。当类 A 与类 C 之间为组合关系时，类 C 封装实现，仅向类 A 提供接口；而当类 A 与类 C 之间为继承关系时，类 C 会向类 A 暴露部分实现细节。在软件开发阶段，组合关系的编码量虽然不会比继承关系少，但是在软件维护阶段，由于组合关系使系统具有较好的松耦合性，因此使系统更加容易维护。

组合关系的缺点是比继承关系要创建更多的对象。以下程序演示在两种关系下创建类 A 的实例，并且调用其 methodA( )方法：

```
//类 A 与类 C 为继承关系
A a = new A();
a.methodA();
//类 A 与类 C 为组合关系
C c = new C();
A a = new A(c);
a.methodA();
```

从以上程序可以看出，对于组合关系，创建整体类的实例时，必须创建其所有局部类的实例；而对于继承关系，创建子类的实例时，无须创建父类的实例。

6.3.2 从父类（局部类）到子类（整体类）的扩展（组合）

在软件开发的后期及软件维护阶段，软件开发者往往面临对软件功能的扩展需求。在这个阶段，为继承或组合而设计的父类或局部类已经存在，此时为了完成对软件功能的扩展，需要进行从父类到子类的扩展，或者从局部类到整体类的组合。本小节分别以类 A、类 B、类 C 间的初始继承关系及初始组合关系作为目标元结构（以下简称为元结构），使用继承关系和组合关系进行扩展。

1. 以继承关系为元结构的扩展

以继承关系为元结构如图 6.17 所示，类 C 为类 A 和类 B 的父类。类 C 中包含 methodOne(Object o)和 methodTwo(Object o)两个可供继承的方法，而子类 A 和子类 B 对继承自类 C 的方法给出了个性化的实现方式。

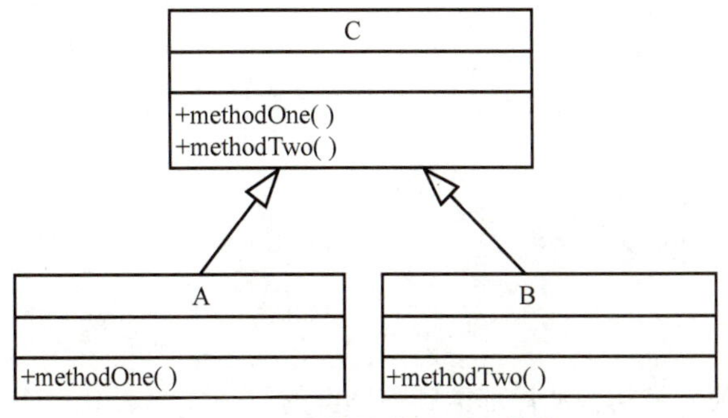

图 6.17 以继承关系为元结构

由于继承自类 C 的方法只能接收对象类型的参数，所以下面按照两种方式来扩展软件程序的功能，使软件程序能够接收整型的参数。第一种方式是创建类 A 和类 B 的子类，第二种方式是创建类 C 的整体类（包装类）。

（1）以继承关系为元结构：从父类到子类的扩展如图 6. 18 所示。

类 D 和类 E 分别继承类 A 和类 B，此外，类 D 和类 E 还实现了接口 F（由于 Java 不支持多继承，因此类 D 和类 E 只能通过实现接口的方式间接完成所谓的“多继承”）。

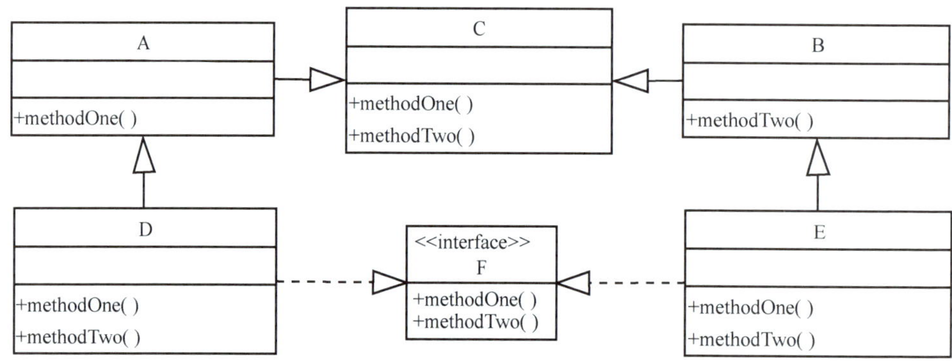

图 6. 18　以继承关系为元结构：从父类到子类的扩展

以下代码分别是接口 F、类 D 和类 E 的源代码：

```
public interface F{
    public void methodOne( int a);
    public void methodTwo( int a);
}

public class D extends A implements F{
    public void methodOne( int a) {
        methodOne( new Integer( a) );            //调用类 A 的 methodOne( Object o) 方法
    }
    public void methodTwo( int a) {
        System. out. println( a);
    }
}

public class E extends B implements F{
    public void methodOne( int a) {
        methodOne( new Integer( a) );            //调用类 B 的 methodOne( Object o) 方法
}
    public void methodTwo( int a) {
        System. out. println( a);
    }
}
```

（2）以继承关系为元结构：从局部类到整体类的组合如图 6. 19 所示。

将由类 A、类 B 和类 C 构成的元结构视为一个待包装的“局部”，又由于元结构是继承关系，因此这里仅需构建元结构中父类 C（局部类）和新构建的包装类 F（整体类）之间的组合关系。

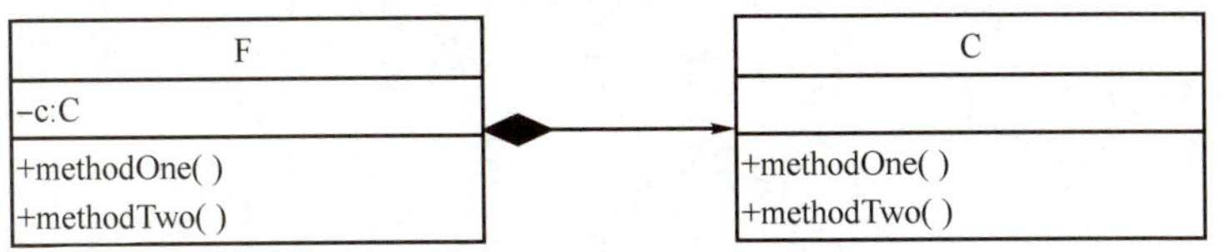

图 6.19 以继承关系为元结构：从局部类到整体类的组合

代码如下：

```
public class F{
    private C c;
    public F(C c){
        this.c = c;
    }
    public void methodOne(int a){
        c.methodOne(new Integer(a));          //调用类 C 的 methodOne(Object o)方法
    }
    public void methodTwo(int a){
        System.out.println(a);
    }
}
```

比较图 6.18 和图 6.19 可以看出，组合关系具有以下优点。

（1）用组合关系来扩展软件程序的功能，只需要新建一个 F 类；而用继承关系来扩展则需要新建接口 F、类 D 和类 E，使系统结构更加复杂。由此可见，组合关系使系统具有更好的可扩展性。

（2）继承关系是静态的，在运行时，子类无法改变它的父类。例如，一旦把类 D 定义为类 A 的子类，那么在运行时，就无法把类 D 改为类 B 的子类。而组合关系是允许动态变化的，这使扩展的整体类能够在运行时灵活地改变具体的实现方式。例如，对于整体类 F，既可以采用类 A 来实现 methodOne()方法，也可以采用类 B 来实现 methodOne()方法，代码如下：

```
//局部对象为 A 类
F f = new F(new A());
f.methodOne(1);
//局部对象为 B 类
F f = new F(new B());
f.methodOne(1);
```

（3）在组合关系中，整体类能够灵活地对局部类进行封装，改变局部类的接口。例如，在类 C 中有 methodOne(Object o)方法和 methodTwo(Object o)方法，而在类 F 中并不包含这两个方法。在继承关系中，子类只能继承父类的接口，不能取消父类的方法。例如，子类 D 继承了父类 A 的 methodOne(Object o)方法和 methodTwo(Object o)方法，子类 D 无法取消这些方法。如果不希望用户通过子类 D 调用 methodOne(Object o)和 methodTwo(Object o)这两个方法，则可以通过在这些方法中直接抛出 java.lang.UnsupportedOperationException 运行时异常来实现，代码如下：

```
public class D extends A implements F{
    public void methodOne(int a){
    methodOne(new Integer(a));          //调用类 A 的 methodOne(Object o)方法
```

```
    }
    public void methodTwo(int a){
        System.out.println(a);
    }
    public void methodOne(Object o){
        throw new UnsupportedOperationException();
    }
    public void methodTwo(Object o){
        throw new UnsupportedOperationException();
    }
}
```

在继承关系中，子类能够自动继承父类的属性和方法。和继承关系相比，组合关系的一个缺点是，整体类不会自动获得局部类的接口。例如对于类 F，如果希望它具备 methodOne(Object o)方法和 methodTwo(Object o)方法，则需要专门定义它们，代码如下：

```
public class F{
    private C c;
    public F(C c){
        this.c = c;
    }
    public void methodOne(int a){
        c.methodOne(new Integer(a));              //调用类 C 的 methodOne(Object o)方法
}
    public void methodTwo(int a){
        System.out.println(a);
    }
    public void methodOne(Object o){
        c.methodOne(o);
}
    public void methodTwo(Object o){
        System.out.println(o);
    }
}
```

2. 以组合关系为元结构的扩展

以组合关系为元结构如图 6.20 所示，类 C 为类 A 和类 B 的局部类。类 C 中包含 methodOne(Object o)和 methodTwo(Object o)两个方法。

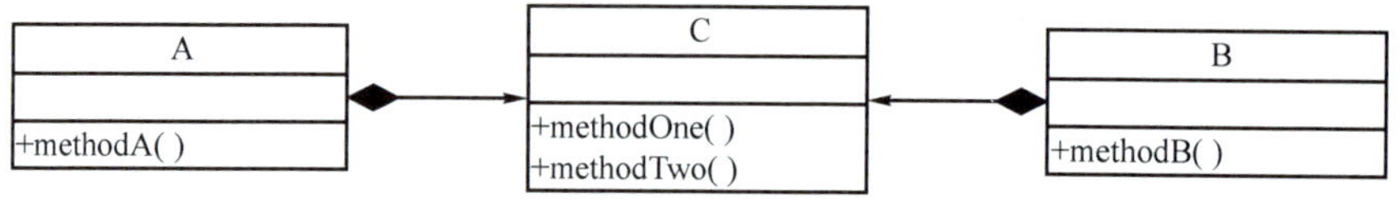

图 6.20　以组合关系为元结构

由于局部类 C 的方法只能接收对象类型的参数，所以下面按照两种方式来扩展软件程序的

功能，使软件程序能够接收整型的参数。第一种方式是创建类 A 和类 B 的子类，第二种方式是创建类 C 的整体类（包装类）。

（1）以组合关系为元结构：从父类到子类的扩展如图 6.21 所示。

类 D 和类 E 分别继承类 A 和类 B，此外，类 D 和类 E 还实现了接口 F。接口 F、类 D 和类 E 的源代码与使用以继承关系为元结构的扩展相似。不同的是，类 D 和类 E 的扩展破坏了类 A 和类 B 的封装性，需要将元结构中类 A 和类 B 定义类 C 类型引用变量的访问控制符 private 放松为 protected，即将 private C c;修改为 protected C c;。

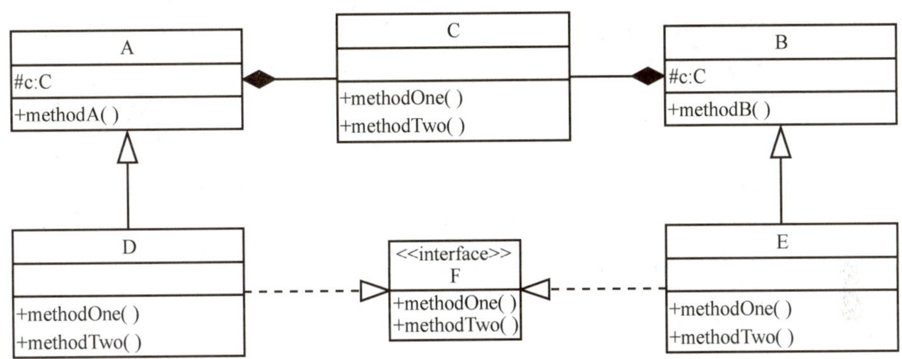

图 6.21　以组合关系为元结构：从父类到子类的扩展

（2）以组合关系为元结构：从局部类到整体类的组合如图 6.22 所示。

新构造的包装类 F 与元结构中的局部类 C、新构造的局部类 D 之间是组合关系。

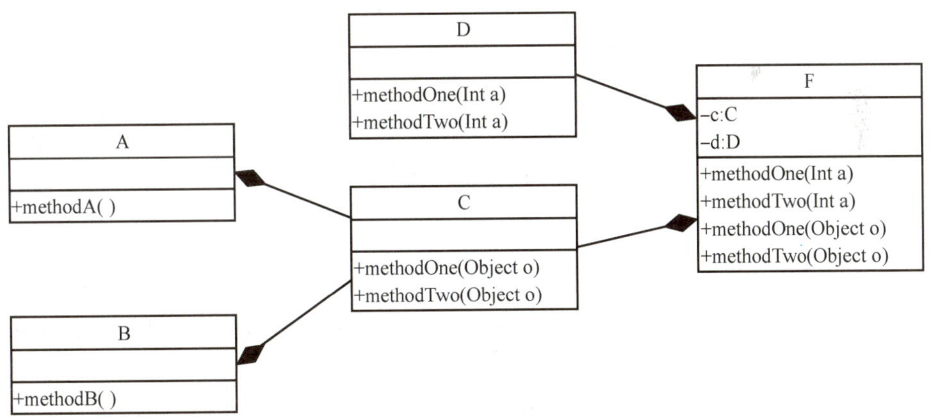

图 6.22　以组合关系为元结构：从局部类到整体类的组合

代码如下：

```
public class D{
    public void methodOne(int a){…}
    public void methodTwo(int a){…}
}

public class F{
    private C c;
    private D d;
```

```
    public F(C c,D d){
        this.c = c;
        this.d = d;
    }
    public void methodOne(int a){
        d.methodOne(a);                  //调用类 D 的 methodOne(int a)方法
    }
    public void methodTwo(int a){
        d.methodTwo(a);
    }
    public void methodOne(Object o){
        c.methodOne(o);                  //调用类 C 的 methodOne(Object o)方法
    }
    public void methodTwo(Object o){
        c.methodTwo(o);
    }
}
```

比较图 6.21 和图 6.22 可以看出，组合关系具有以下优点。

用组合关系来扩展集合的功能，只需要新建一个类 F（在上面的例子中，类 D 在不考虑泛用性的情况下完全可以将其中的方法直接插入类 F）；而用继承关系来扩展集合的功能，需要新建接口 F、类 D 和类 E，使系统结构更加复杂，还破坏了已经设计好的类模型的封装性。

本章小结

本章从类间的继承与组合设计入手，逐步深入地介绍了运用类间继承关系的设计原则、类间组合关系的细化（如类间的关联、依赖、聚合），以及组合关系的设计实现。下面对本章的重点进行归纳总结。

（1）类间继承关系的最大缺陷在于打破了“封装”的设计理念，子类能够访问或重写父类的实现细节，子类与父类之间紧密耦合，导致子类缺乏独立性，影响了子类的可维护性。为了尽量弥补类间继承设计的这一缺陷，在程序设计时应该遵循以下设计原则。

①构建扁平化的继承树，一般情况下，业务逻辑（不考虑顶层的 Object 类）中的继承深度不应超过 3 层。

②继承树的抽象层应该比较稳定，对于不是专门用于被继承的类，应禁止其被继承。

③对于父类中不允许重写的方法，应采用 final 关键字来禁止其被子类重写。

④切勿将对象的属性差异轻易上升到类间的继承设计。

⑤在类间继承关系可以用相应的组合关系替代时，应优先考虑用类间的组合关系来提高类间代码的独立性和可维护性。

（2）本章对继承关系和组合关系进行了比较，表 6.2 所示为这两种关系的优缺点对比。

表 6.2　继承关系与组合关系的优缺点对比

继承关系	组合关系
缺点：破坏封装，子类与父类之间紧密耦合，子类依赖于父类的实现，子类缺乏独立性	优点：不破坏封装，整体类与局部类之间松耦合，彼此相对独立
缺点：支持扩展，但往往以增加系统结构的复杂度为代价	优点：具有较好的可扩展性
缺点：不支持动态继承，在运行时，子类无法选择不同的父类	优点：支持动态组合，在运行时，整体对象可以根据需要灵活地选择不同类型的局部对象
缺点：子类不能改变父类的接口	优点：整体类可以对局部类进行包装，封装局部类的接口，提供新的接口
优点：子类能自动继承父类的接口	缺点：整体类不能自动获得和局部类同样的接口
优点：创建子类的对象时，无须创建父类的对象	缺点：创建整体类的对象时，需要创建所有局部类的对象

习题 6

简答题

6.1　简述继承与组合的异同。

6.2　由继承所衍生的系统安全风险有哪些？如何防范？

6.3　简述依赖关系与关联关系的区别。

程序设计题

6.4　鸟（Bird）和鱼（Fish）都是动物（Animal），而动物的共性为动物都有心跳（breathe()），会呼吸（breathe()）；鸟的特性为会飞（fly()），鱼的特性为会游泳（swim()）。请分别用继承与组合方式实现上述场景描述。

6.5　使用类间组合关系编写程序，展示一个学校院系结构（OrganizationComponent）：一所学校（University）有多个学院（College），一个学院有多个系（Department）。Department 是叶子节点，College 和 University 是 OrganizationComponent 的非叶子节点，OrganizationComponent 为抽象类，包含add()和 remove()等方法。

6.6　在 JDK 的 java. util 包中，已经存在图 6.23 所示的代表集合的继承树。

Set 是接口类型，其中的 add()和 remove()方法分别用于向集合中加入及删除对象。Set 接口有两个实现类——HashSet 类和 TreeSet 类，它们分别采用不同的实现方式来操纵集合中的对象。然而，Set 接口代表的集合中只能加入对象类型的数据。下面请按照两种方式来扩展集合的功能，使集合中能加入整型的数据。第一种方式是创建 HashSet 类和 TreeSet 类的子类，第二种方式是创建 Set 的包装类。

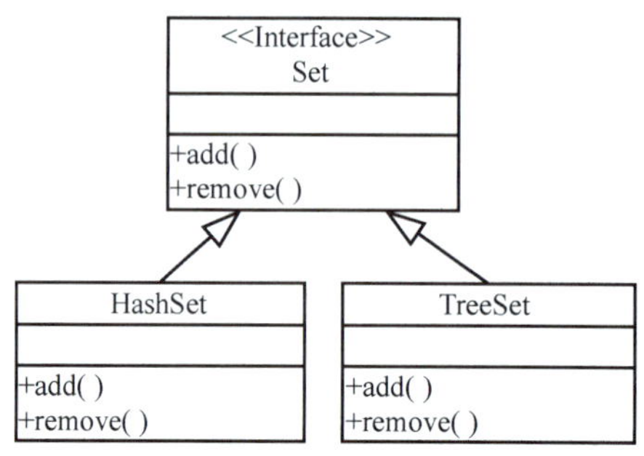

图 6.23　代表集合的继承树

团队项目

由 3 名同学自愿组合成团队，分工明确，团结协作，共同完成以下项目。

6.7　请使用组合模式描述公司的人事结构，并计算月工资。

一个公司由 1 名总经理、2 名副总经理、4 名部长和 40 名职员组成，共 47 人。其中，总经理直接领导 2 名副总经理，每名副总经理直接领导 2 名部长，每名部长直接指挥 10 名职员。工资为总经理每月 10 000 元，副总经理每月 8 000 元，部长每月 6 000 元，职员每月 5 000 元。请使用组合模式，让公司的员工形成树形结构，并计算一个部门的月工资、副总经理所领导团队的月工资和整个公司的月工资。

实验 6

实验 6.1　魔兽组合

实验 6.2　组合模式设计初探

实验 6.3　Java 面向对象特性之继承

第 7 章　输入与输出

【本章导读】

所谓输入/输出（Input/Output，I/O）是指程序在运行期间，可能需要与外部设备、其他计算机或其他程序进行的交互操作。通过输入/输出可以从外界获取数据，可以将程序处理后的数据传递给外界，如从键盘或文件读取数据，向文件写入数据、向显示窗口输出数据等。输入/输出处理是程序设计中非常重要的环节，任何一种程序设计语言都会涉及数据的输入/输出。Java 使用流的方式来实现输入/输出，并且为此提供了大量的流类，通过调用这些流类对象提供的操作，可以具体完成相关数据的输入/输出。

本章介绍各种输入/输出流，以及相关的类和对象序列的操作。

【本章思维导图】

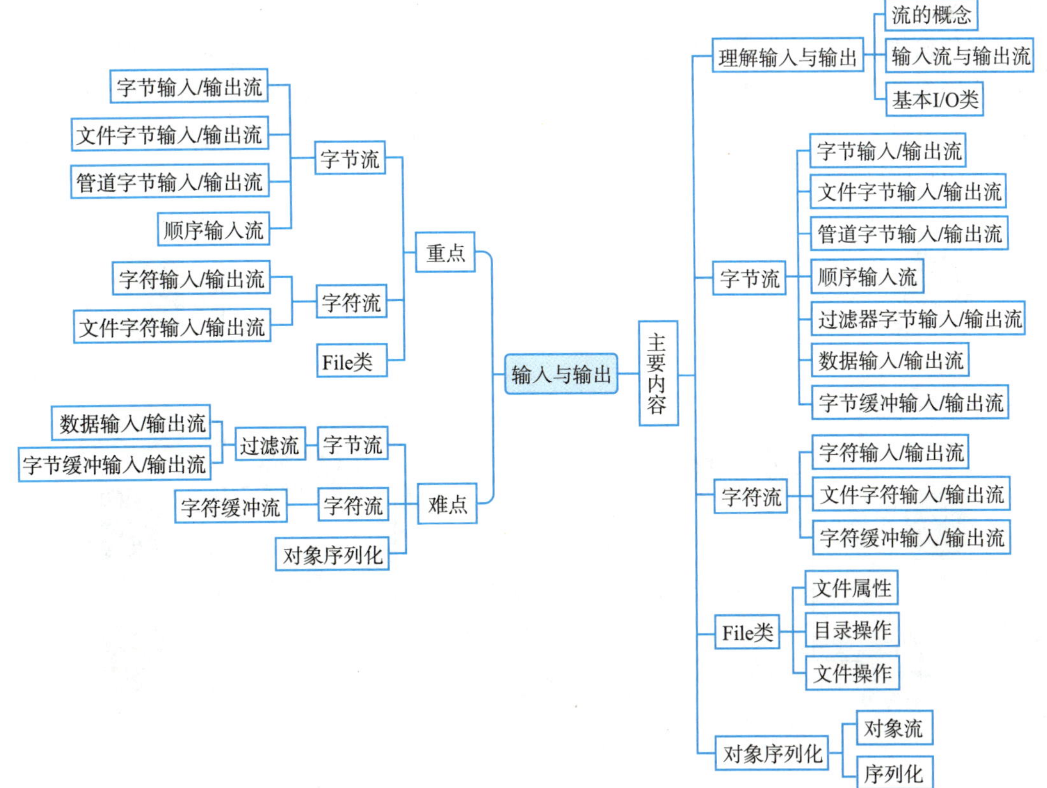

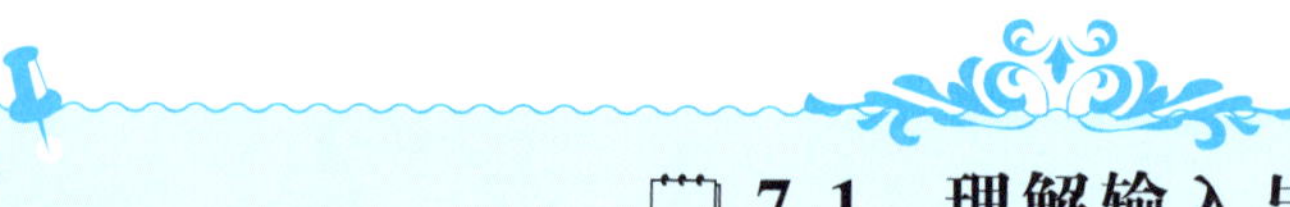

7.1 理解输入与输出

7.1.1 流的概念

所谓流是指同一台计算机或网络中不同计算机之间的数据流动。流是一个形象化的概念，是一个无结构化的数据组成的序列，流中的数据没有任何格式和含义。当程序进行读取数据操作时，一个虚拟通道将会被建立，用于从数据源获取数据序列，这个数据源可能是内存的某个区域、文件或网络上的某个资源。与读取操作过程相似，当程序需要写入数据时，也会开启一个通向数据目的地的虚拟通道。在程序读取和写入数据的执行过程中，这些数据就会在虚拟通道中“流动”。Java 把这些在虚拟通道中有着不同来源和目的地的流动着的数据统一抽象为数据流。

7.1.2 输入流与输出流

Java 中，按照数据类型的不同，数据流分为字节流和字符流。字节流所操作的基本数据单元是字节，无论是输入还是输出都是直接对字节进行处理；字符流操作的基本数据单元是字符，无论是输入还是输出都是直接对字符进行处理。一般来说，字符流有着比字节流更高的处理效率，然而在有些情况下（如二进制数据读写），只能采用字节流。

根据传输数据方向的不同，数据流可分为输入流与输出流，如图 7.1 所示。数据的输入与输出是以程序本身作为核心，输入流是数据从外围设备（简称外设，如键盘等）、外部存储器（简称外存，如磁盘文件等）、网络或其他数据源传输到应用程序中的过程，即读取数据；输出流是数据从应用程序传输到外存（如显示器、打印机等）、数据库或网络中的过程，即写入数据。输入流只能进行读操作，而不能进行写操作；输出流也只能进行写操作，而不能进行读操作。

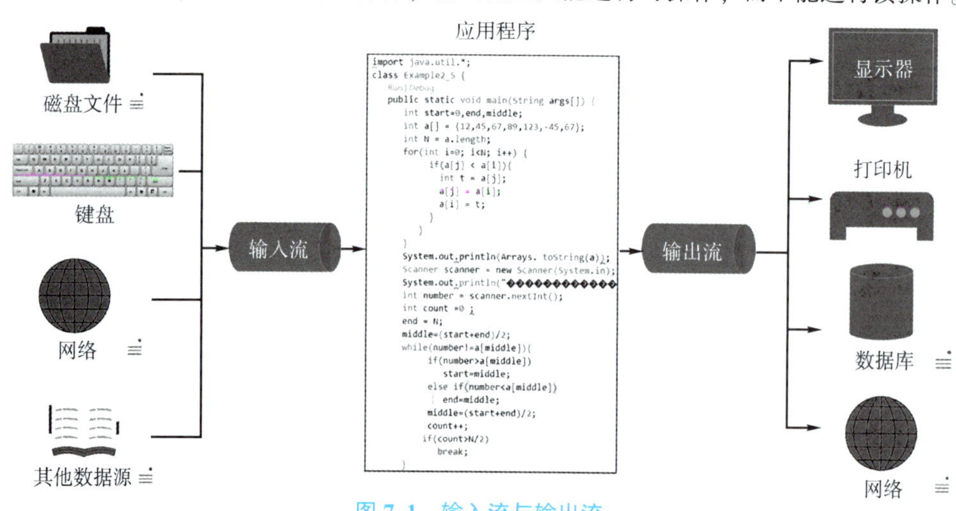

图 7.1 输入流与输出流

采用流来处理输入与输出的目的是使程序的输入/输出操作独立于相关设备。因为每个设备的实现细节由系统完成，所以程序中不需要关注这些细节问题，一个程序能够用于多种输入/输出设备，而不需要对源代码做任何修改。也就是说，对任何设备的输入/输出，只要针对流做处理就可以了，从而增强了程序的可移植性。

流式输入/输出的一个最大特点是数据的获取和发送按照数据序列的顺序进行，即每一个数据都必须等待排在它前面的数据读入或送出之后才能被读或写。因此，流和队列一样，只能以"先进先出"的方式对其中的数据进行读写，而不能随意选择读写的位置。

针对流序列中不同的数据类型和传输方向，Java 的输入/输出操作由其提供的基本 I/O 类中不同的流类来实现。程序员可以把跟不同格式的数据交互的复杂细节交给具体的流类来处理，自己只需把握好这些流类的读写接口，就可以顺利地完成数据的输入/输出工作。

7.1.3 基本 I/O 类

为了方便输入/输出读写数据操作，Java 提供了丰富的类，并将其封装于 java.io 包中，因此要在程序中使用流类，需在程序开始时导入 java.io 包。该包中的每一个类都源自 Object 类，它们都代表了一种特定的输入流或输出流，这些流完成各种不同的功能。用户通过输入/输出流类，可将各种格式的数据均使用流来处理。

前面已经提到，输入/输出流按处理数据的类型又可分为两种：字节流和字符流。字节流处理信息的基本单元是字节，而字符流处理信息的基本单元是字符。字节流每次读写 8 位二进制数，因此字节流又被称为二进制字节流或位流；字符流一次读写 16 位二进制数，并将其作为一个字符而不是二进制位来处理，其输入源或输出目标通常是文本文件。

java.io 包中提供的基本 I/O 类如图 7.2 所示，其中包括 4 个基本类：InputStream 类、OutputStream 类、Reader 类、Writer 类，它们分别处理字节流和字符流。InputStream 和 OutputStream 类是所有字节流类的父类，读写以字节为单位进行；Reader 和 Writer 类是所有字符流类的父类，读写以字符为单位进行。这 4 个基本类都是抽象类，提供了所有子类共用的一些读写操作，子类在此基础上通过实现某些接口，完成对数据的读写。因此，不能用这些抽象类来创建对象，当程序需要向外设输入或输出数据时，通常是使用这些类所派生出来的子类来处理。

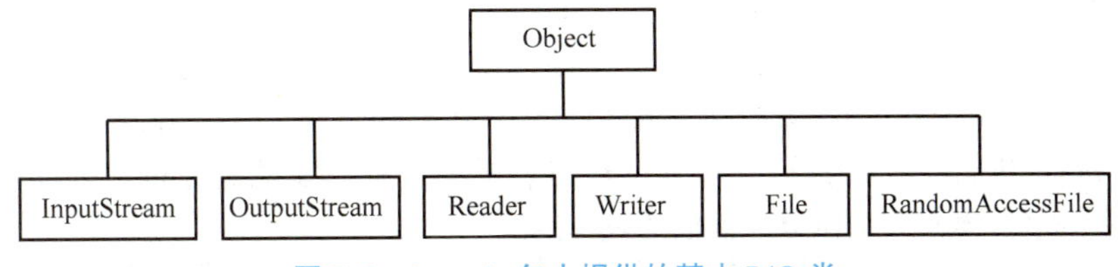

图 7.2 java.io 包中提供的基本 I/O 类

除 4 个基本类，java.io 包中还提供了 File 类和 RandomAccossFile 类。File 类为文件类，用于对文件及目录实施管理。RandomAccessFile 类为随机访问文件类，用于实现对磁盘文件内容的随机读写操作，从而弥补流类只能顺序读写的不足。

7.2 字节流

字节流是数据传输的基础流，提供了基于字节的输入/输出方法。InputStream 和 OutputStream 类是所有字节流的父类，其他字节流类都继承自这两个类。InputStream 类为字节输入流类，OutputStream 类为字节输出流类。

7.2.1 字节输入流

InputStream 类的继承关系如图 7.3 所示，其常用子类如下。

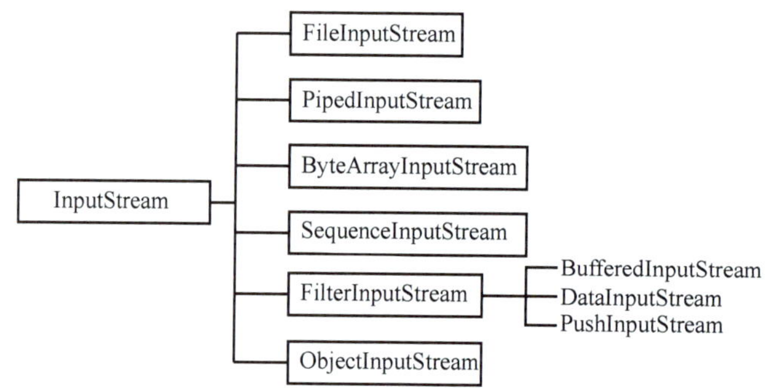

图 7.3 InputStream 类的继承关系

（1）FileInputStream：文件字节输入流，用于从文件中读取信息。

（2）PipedInputStream：管道字节输入流，与 PipedOutputStream 一起使用，能实现多线程间的管道通信。

（3）ByteArrayInputStream：字节数组输入流，可以从字节数组中进行以字节为单位的读取，将资源文件都以字节的形式存入该类中的字节数组。

（4）SequenceInputStream：顺序输入流，允许应用程序把两个或多个 InputStream 对象连续合并起来，转换成一个字节输入流。

（5）ObjectInputStream：对象输入流，将序列化的原始数据恢复为对象，以流的方式读取对象（反序列化中使用）。

（6）FilterInputStream：过滤器字节输入流，是一个抽象类，为其他流提供一些额外的功能。

（7）BufferedInputStream：字节缓冲输入流，由于基础输入流是一个字节一个字节读取的，所以频繁地与磁盘进行交互会造成读取速度较慢。缓冲流的存在就是先将数据读取到缓冲流，然后一次性从内存中读取，从而提高读取的效率。

（8）DataInputStream：数据输入流，读取 Java 的基本类型数据。

（9）PushInputStream：字节回退输入流，Java 中读取数据的方式是顺序读取，如果某个数据不需要读取，则该类可以将某些不需要的数据回退到缓冲区中。

InputStream 类提供了从数据源读取字节数据到应用程序中的功能，其常用方法如表 7.1 所示。

表 7.1　InputStream 类的常用方法

返回类型	方法名	功能说明
int	read( )	从输入流中的当前位置读入一个字节（8 位）的二进制数据，然后补齐 8 个全 0 的高位字节并合成一个 16 位的整型数据（0~255），返回整型数据。若输入流中的当前位置没有数据，则返回-1
int	read(byte[ ] b)	从输入流中的当前位置连续读入多个字节并保存在数组 b 中，同时返回所读到的字节数
int	read(byte[ ] b,int off,int len)	从输入流中的当前位置连续读入 len 个字节，从数组 b 的第 off+1 个元素位置处开始存放，同时返回所读到的字节数
int	available( )	返回输入流中可以读取的字节数
void	close( )	关闭输入流与外设的连接并释放所占用的系统资源

7.2.2　字节输出流

OutputStream 类的继承关系如图 7.4 所示，其常用子类如下。

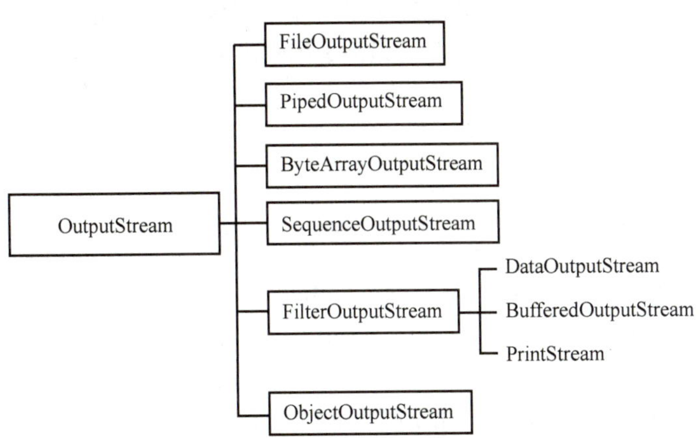

图 7.4　OutputStream 类的继承关系

（1）FileOutputStream：文件字节输出流，用于将信息写入文件。

（2）PipedOutputStream：管道字节输出流，与 PipedInputStream 一起使用，实现多线程间的管道通信。

（3）ByteArrayOutputStream：字节数组输出流，数据以字节为单位写入一个数组，该数组会随着数据逐渐写入而自动增长。

（4）SequenceOutputStream：顺序输出流，允许应用程序把两个或多个 OutputStream 对象连续地合并起来，转换成一个 OutputStream。

（5）ObjectOutputStream：对象字节输出流，将一个对象转换成二进制流，然后可以通过 ObjectInputStream 将二进制流还原成对象（序列化中使用）。

（6）FilterOutputStream：过滤器字节输出流，为其他流提供一些额外的功能。

（7） DataOutputStream：数据输出流，写出 Java 的基本类型数据。

（8） BufferedOutputStream：字节缓冲输出流，以缓冲流的方式，将字节数据一次性写入。

（9） PrintStream：字节打印输出流，能够方便地打印各种数据值和表示形式。

OutputStream 类能够将字节数据从应用程序中传输到输出流目的地，其常用方法如表 7.2 所示。

表 7.2 OutputStream 类的常用方法

返回类型	方法名	功能说明
void	write(int b)	将整数 b 的低 8 位写到输出流
void	write(byte[ ] b)	将字节数组中的数据写到输出流
void	write(byte[ ] b,int off,int len)	从字节数组 b 的 off 处写 len 个字节数据到输出流
void	flush( )	强制将保存在缓冲区中的数据写到输出流
void	close( )	关闭输出流，释放资源

当 Java 程序需要从键盘、磁盘文件等读入数据时，应该首先设定输入流的数据源，并创建一个适当类型的输入流对象来完成与该外设的连接，然后通过调用该对象继承的read( )方法实现对相应外设的输入操作，最后关闭输入流。同样，当 Java 程序输出数据时，应该首先设定输出流的目的地，并创建一个适当类型的输出流对象来完成与该外设的连接，然后调用该对象继承的 write( )方法实现对相应外设的输出操作，最后关闭输出流。

由于 InputStream 类和 OutputStream 类是抽象类，因此程序创建的输入/输出流对象一般是它们所派生出的子类，下面将具体介绍它们常用的子类。

7.2.3 文件字节输入/输出流

FileInputStream 和 FileOutputStream 类是文件字节输入/输出流，分别直接继承于 InputStream 和 OutputStream 类，这两个子类主要是负责完成对本地磁盘文件的顺序输入/输出操作。FileInputStream 类是文件字节输入流，用于实现文件的读取操作，从中可读取一个字节或一批字节。FileOutputStream 类是文件字节输出流，用于将数据写入文件或其他的输出流。

1. FileInputStream 类

FileInputStream 类的常用构造方法如表 7.3 所示。

表 7.3 FileInputStream 类的常用构造方法

方法名	功能说明
public FileInputStream(String name)	以名为 name 的文件为发送端建立文件输入流
public FileInputStream(File file)	以文件对象 file 为发送端建立文件输入流
public FileInputStream(FileDescriptor fdObj)	以文件描述符对象 fdObj 为发送端建立文件输入流

2. FileOutputStream 类

FileOutputStream 类的常用构造方法如表 7.4 所示。

表 7.4　FileOutputStream 类的常用构造方法

方法名	功能说明
public FileOutputStream(String name)	以名为 name 的文件为接收端建立文件输出流
public FileOutputStream(String name,bookean append)	以名为 name 的文件为接收端建立文件输出流，并指定写入方式，append 为 true 时输出字节被写到文件的末尾
public FileOutputStream(File file)	以文件对象 file 为接收端建立文件输出流
public FileOutputStream(FileDescriptor fdObj)	以文件描述符对象 fdObj 为接收端建立文件输出流

File 和 FileDescriptor 是 java. io 包中定义的两个类。File 类对象表示一个磁盘文件或文件夹，其对象属性包含文件或文件夹的相关属性信息。FileDescriptor 类不能实例化，其中包含 3 个静态成员：in、out 和 err，它们分别对应标准输入、标准输出和标准错误流，能够实现键盘输入或显示器输出操作。

注意：在创建输入/输出流时，如果文件不存在或出现其他异常，系统会抛出 FileNotFoundException 异常。执行 read ( )、write ( ) 和 close ( ) 方法时，系统还可能因 I/O 错误而抛出 IOException 异常，所以创建输入/输出流并调用构造方法的语句和执行读写操作的语句应该被包含在 try 语句块中，并通过 catch 语句块处理可能产生的异常。当然也可以使用自动关闭资源语句块 try…with…resources 处理异常。

例 7.1　向磁盘中已存在的文件（学生名单 . txt）追加输入学生信息。程序如下：

```
import java. io. * ;
public class Example7_1 {
    public static void main(String[] args) {
        char ch;
        int data;
        File file = new File("学生名单 . txt");
        try (
                FileInputStream fin = new FileInputStream(FileDescriptor. in);
                FileOutputStream fout = new FileOutputStream(file,true);) {
            System. out. println("请输入学生的姓名和学号,以 # 结束:");            // 输入英文信息
            while ((ch = (char) fin. read()) != '#')
                fout. write(ch);
            System. out. println("学生信息已存入文件中!");
            } catch (FileNotFoundException e) {
            System. out. println("文件没找到!");
            } catch (IOException e) {
            }
            try (
                FileInputStream fin = new FileInputStream(file);
                FileOutputStream fout = new FileOutputStream(FileDescriptor. out);) {
              System. out. println("将读取到的学生名单打印出来:");
              while (fin. available() > 0) {
```

```
                data = fin.read();
                fout.write(data);
            }
        }
        catch (IOException e) {
        }
    }
}
```

程序运行结果如图 7.5 所示。

```
请输入学生的姓名和学号，以 # 结束：
lisi 2022074002
#
学生信息已存入文件中！
将读取到的学生名单打印出来：
zhangsan 2022074001
lisi 2022074002
```

图 7.5　例 7.1 程序运行结果

7.2.4　管道字节输入/输出流

PipedInputStream 和 PipedOutputStream 类是管道字节输入/输出流，分别直接继承于 InputStream 和 OutputStream 类，这两个子类提供了利用管道方式进行数据输入/输出管理的类。管道流用来将一个程序或线程的输出连接到另外一个程序或线程作为输入，使相连线程能够通过 PipedInputStream 和 PipedOutputStteam 类进行数据交换，从而可以实现程序内部线程间的通信或不同程序间的通信。

PipedInputStream 和 PipedOutputStream 类必须结合使用。PipedInputStream 类作为一个通信管道的接收端，必须与一个作为发送端的 PipedOutputStream 类对象相连，PipedOutputStream 类作为一个通信管道的发送端，必须与一个作为接收端的 PipedInputStream 类对象相连。PipedInputStream 和 PipedOutputStream 类的常用构造方法如表 7.5 所示。

表 7.5　PipedInputStream 和 PipedOutputStream 类的常用构造方法

方法名	功能说明
PipedInputStream(PipedOutputStream src)	创建一个管道字节输入流，并将其连接到 src 指定的管道字节输出流
PipedOutputStream(PipedInputStream src)	创建一个管道字节输出流，并将其连接到 src 指定的管道字节输入流

PipedInputStream 类的常用方法如表 7.6 所示。

表 7.6　PipedInputStream 类的常用方法

返回类型	方法名	功能说明
int	available()	返回可以读取的字节数
void	close()	关闭管道字节输入流并释放系统资源
int	read()	从管道字节输入流中读取下一字节数据

续表

返回类型	方法名	功能说明
int	read(byte[] b,int off,int len)	从管道字节输入流读取 len 个字节数据到数组
void	receive(int b)	从管道中接收数据
void	connect(PipedOutputStream src)	连接到指定输出流，管道字节输入流将从该输出流接收数据

PipedOutputStream 类的常用方法如表 7.7 所示。

表 7.7　PipedOutputStream 类的常用方法

返回类型	方法名	功能说明
void	close()	关闭管道字节输出流并释放系统资源
void	connect(PipedInputStream snk)	连接到指定输入流，管道字节输出流将从该输入流读取数据
void	write(int b)	写指定字节数据到管道字节输出流
void	write(byte[] b,int off,int len)	从数组 off 处写 len 个字节数据到管道字节输出流
void	flush()	刷新输出流并使缓冲区数据全部写出

7.2.5　顺序输入流

SequenceInputStream 类是顺序输入流，它直接继承于 InputStream 类，可以将几个输入流串联在一起，合并为一个输入流。当通过这个类来读取数据时，它会依次从所有被串联的输入流中读取数据，在读取完毕后将该流关闭，然后自动切换到下一个输入流。对于程序来说，就好像是对同一个流进行操作。当从一个流中读取数据遇到 EOF 时，SequenceInputStream 类将自动转向下一个输入流，直到构成 SequenceInputStream 类的最后一个输入流读取到 EOF 为止。

SequenceInputStream 类有两个构造方法，如表 7.8 所示。

表 7.8　SequenceInputStream 类的构造方法

方法名	功能说明
public SequenceInputStream(Enumeration e)	创建一个串行输入流，连接枚举对象 e 中的所有输入流
public SequenceInputStream(InputStream s1,InputStream s2)	创建一个串行输入流，连接输入流 s1 和 s2

SequenceInputStream 类的常用方法如表 7.9 所示。

表 7.9 SequenceInputStream 类的常用方法

返回类型	方法名	功能说明
int	available( )	返回流中的可读取的字节数
void	close( )	关闭输入流
int	read( )	从输入流中读取字节，遇到 EOF 就转向下一输入流
int	read(byte[ ] b, int off, int len)	从 off 开始的位置读取 len 个数据到字节数组

例 7.2 使用 SequenceInputStream 类方法传输数据。程序如下：

```
import java.io.ByteArrayInputStream;
import java.io.IOException;
import java.io.InputStream;
import java.io.SequenceInputStream;
public class Example7_2 {
    public static void main(String[] args) throws IOException {
        InputStream s1 = new ByteArrayInputStream("hello".getBytes());
        InputStream s2 = new ByteArrayInputStream("world".getBytes());
        InputStream in = new SequenceInputStream(s1,s2);
        int data;
        // 读取顺序输入流中的数据
        System.out.println("顺序输入流中的数据为:");
        while ((data = in.read()) != -1) {
            System.out.print(data +"\t");
        }
        in.close();
    }
}
```

程序运行结果如图 7.6 所示。打印结果中，分别显示每个字母的 ASCII 符，程序只要关闭顺序输入流，它的 close( ) 方法就会依次关闭所有被串联的输入流。

```
顺序输入流中的数据为:
104     101     108     108     111     119     111     114     108     100
```

图 7.6 例 7.2 程序运行结果

7.2.6 过滤器字节输入/输出流

FilterInputStream 和 FilterOutputStream 类是过滤器字节输入输出流，它们是两个抽象类，分别直接继承于 InputStream 和 OutputStream 类。过滤器字节输入/输出流建立在基本输入/输出流之上，并在输入/输出数据的同时能对所传输的数据做指定类型或格式的转换，即可实现对二进制字节数据的理解和编码转换。

过滤器字节输入流 FilterInputStream 类派生出数据输入流 DataInputStream 类、字节缓冲输入流 BufferedInputStream 类，以及字节回退输入流 PushInputStream 类等子类。过滤器字节输出流

FilterOutputStream 类也派生出数据输出流 DataOutputStream 类、字节缓冲输出流 BufferedOutputStream 类，以及字节打印输出流 PrintStream 类等子类。下面将介绍常用的过滤器输入输出流：数据输入输出流 DataInputStream 和 DataOutputStream 类、字节缓冲输入输出流 BufferedInputStream 和 BufferedOutputStream 类。

7.2.7　数据输入/输出流

DataInputStream 和 DataOutputStream 类分别实现了 DataInput 和 DataOutput 两个接口中定义的独立于具体机器的带格式的读写操作，从而实现了对不同类型数据的读写。

DataInputStream 和 DataOutputStream 类的构造方法如表 7.10 所示。

表 7.10　DataInputStream 和 DataOutputStream 类的构造方法

方法名	功能说明
DataInputStream(InputStream in)	建立一个新的数据输入流，从指定的输入流 in 读数据
DataOutputStream(OutputStream out)	建立一个新的数据输出流，向指定的输出流 out 写数据

DataInputStream 类的常用方法如表 7.11 所示。

表 7.11　DataInputStream 类的常用方法

返回类型	方法名	功能说明
boolean	readBoolean()	读取一个布尔值
byte	readByte()	读取一个字节
char	readChar()	读取一个字符
long	readLong()	读取一个长整型数
int	readInt()	读取一个整型数

DataOutputStream 类的常用方法如表 7.12 所示。

表 7.12　DataOutputStream 类的常用方法

返回类型	方法名	功能说明
void	writeBoolean(Boolean v)	将一个布尔值写入输出流
void	writeByte(int v)	将一个字节写入输出流
void	writeBytes(String s)	将字符串按字节（每个字符的高 8 位丢弃）顺序写入输出流
void	writeChar(int c)	将一个字符写入输出流，先写入高字节
void	writeChars(String s)	将字符串按字符顺序写入输出流
void	writeLong(long v)	将一个长整型数写入输出流
void	writeInt(int v)	将一个整型数写入输出流
void	flush()	将缓冲区中的内容强制输出，并清空缓冲区

例 7.3　将 Java 基本数据类型数据写入指定文件，然后将各种数据读取打印出来。程序如下：

```
import java.io.*;
public class Example7_3 {
```

```
    public static void main(String[] args) {
      File file = new File("data.txt");
      try (
              FileOutputStream out = new FileOutputStream(file);
              DataOutputStream outData = new DataOutputStream(out);) {
          outData.writeBoolean(false);
          outData.writeChar('A');
          outData.writeInt(5);
          outData.writeLong(555555555);
          outData.writeFloat(3.14f);
          outData.writeDouble(3.1415926897);
          outData.writeChars("计算机科学与技术");
          System.out.println("数据已存入文件中!");
      } catch (FileNotFoundException e) {
          System.out.println("文件没找到!");
      } catch (IOException e) {
      }
      try (
              FileInputStream in = new FileInputStream(file);
              DataInputStream inData = new DataInputStream(in);) {
          System.out.println("将文件中的数据打印出来:");
          System.out.println(inData.readBoolean());            //读取逻辑型数据
          System.out.println(inData.readChar());               //读取字符型数据
          System.out.println(inData.readInt());                //读取整型数据
          System.out.println(inData.readLong());               //读取长整型数据
          System.out.println(+inData.readFloat());             //读取单精度浮点型数据
          System.out.println(inData.readDouble());             //读取双精度浮点型数据
          char c = '\0';
          while ((c = inData.readChar()) != '\0')              //读入字符不为空
              System.out.print(c);
      } catch (IOException e) {
      }
    }
}
```

程序运行结果如图 7.7 所示。

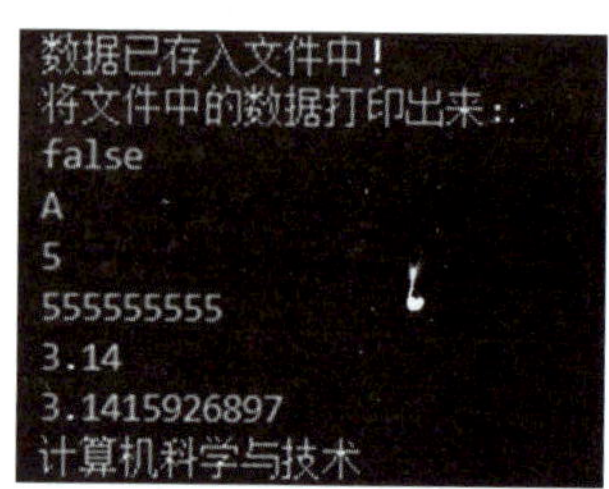
数据已存入文件中!
将文件中的数据打印出来:
false
A
5
555555555
3.14
3.1415926897
计算机科学与技术

图 7.7　例 7.3 程序运行结果

7.2.8 字节缓冲输入/输出流

输入/输出流在读写数据时，都是以字节（或字符）为单位进行操作的，显然采用这样的方式传输数据的效率很低。为了提高数据的传输效率，程序中通常采用缓冲流进行数据的传输。缓冲流是 Java 在原来的数据流中增设的一个缓冲区（专门用于传输数据的一块内存），分为缓冲输入流和缓冲输出流。

缓冲输入流读取数据时，首先将从输入流读取的字节（或字符）数据存放到缓冲区，程序再从缓冲区而不是输入流中读取数据。当缓冲区空时，从相关外部设备中自动读取数据，并读取尽可能多的数据填满缓冲区。

缓冲输出流写数据时，首先将数据发送到缓冲区，而不是直接发送到外部设备。缓冲区自动记录数据，当缓冲区满时，系统将数据一次性写入相应的外部设备。

由此可见，缓冲流提高了内存与外部设备之间的数据传输效率。

1. 字节缓冲输入流

BufferedInputStream 类在进行输入操作时，先通过实体输入流（如 FileInputStream 类）对象逐一读取字节数据并存入缓冲区，再由应用程序从缓冲区中读取数据。BufferedInputStream 类的构造方法如表 7.13 所示。

表 7.13 BufferedInputStream 类的构造方法

方法名	功能说明
public BufferedInputStream(InputStream in)	创建一个使用默认大小输入缓冲区的字节输入流对象
public BufferedInputStream(InputStream in, int size)	创建一个使用指定大小输入缓冲区的字节输入流对象

2. 字节缓冲输出流

BufferedOutputStream 类在进行输出操作时，先将字节数据写入缓冲区，当缓冲区满时，再把缓冲区中的所有数据一次性写到底层输出流中。BufferedOutputStream 类的构造方法如表 7.14 所示。

表 7.14 BufferedOutputStream 类的构造方法

方法名	功能说明
public BufferedOutputStream(OutputStream out)	创建一个使用默认大小输出缓冲区的字节输入流对象
public BufferedOutputStream(OutputStream out,int size)	创建一个使用指定大小输出缓冲区的字节输出流对象

BufferedInputStream 和 BufferedOutputStream 类分别继承自 InputStream 和 OutputStream 类，因此两者的方法也都与 InputStream 和 OutputStream 类的方法相同，它们常用于处理图片、视频、音频、PDF 等二进制文件的读写操作。

例 7.4 图片文件使用字节缓冲输入/输出流传输。程序如下：

```
import java.io.*;
public class Example7_4 {
```

```
    public static void main(String[] args) {
        String srcPath = "img.png";
        String destPath = "buf-img.png";
        BufferedInputStream bis = null;
        BufferedOutputStream bos = null;
        try {
            bis = new BufferedInputStream(new FileInputStream(srcPath));
            bos = new BufferedOutputStream(new FileOutputStream(destPath));
            byte[] buf = new byte[1024];
            int bufLen = 0;
            while ((bufLen = bis.read(buf)) != -1) {
                bos.write(buf, 0, bufLen);
            }
        } catch (IOException e) {
            e.printStackTrace();
        } finally {
            if (bis != null) {
                try {
                    bis.close();
                } catch (IOException e) {
                    e.printStackTrace();
                }
            }
            if (bos != null) {
                try {
                    bos.close();
                } catch (IOException e) {
                    e.printStackTrace();
                }
            }
        }
    }
}
```

7.3 字符流

一个字符由两个字节组成，采用字节流进行字符数据传输时，很容易出现乱码的情况。为此，Java 提供了专门的字符流来实现字符的输入/输出。抽象类 Reader 和抽象类 Writer 是所有字符流类的根类，其他字符流类都继承自这两个类，其中一些子类还在传输过程中对数据做了进一步处理，以方便用户使用。

7.3.1　字符输入流

Reader 类的继承关系如图 7.8 所示，其常用子类如下。

(1) BufferedReader：字符缓冲输入流，以缓冲流方式读取字符数据。

(2) InputStreamReader：字节到字符转换流，读入字节，并根据指定的编码方式，将之转换为字符流。

(3) FileReader：文件字符输入流，继承自 InputStreamReader 类，允许以字符流形式读取文本文件，除了读取的单位不同，与 FileInputStream 类并无太大差异。

(4) StringReader：字符串输入流，读取字符串数据。

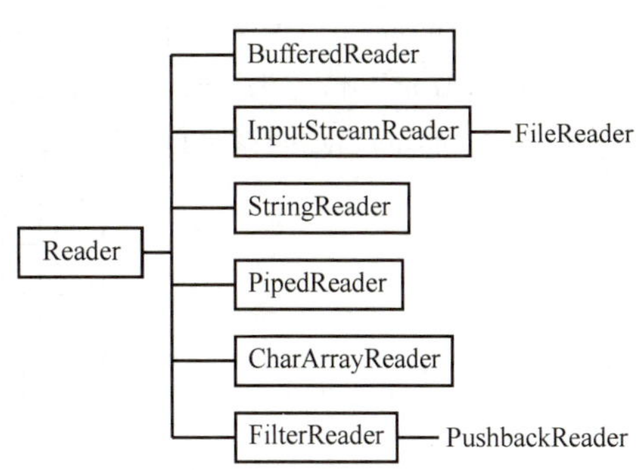

图 7.8　Reader 类的继承关系

(5) PipedReader：管道字符输入流，用于线程间管道通信，与 PipedInputStream 类的区别是前者操作的是字符，后者是字节。

(6) CharArrayReader：字符数组输入流，允许以字符为单位读取数据。

(7) FilterReader：过滤器字符输入流，是一个抽象类，为其他流提供一些额外的功能。

(8) PushbackReader：字符回退输入流，继承自 FilterReader 类，允许将字符回退到输入流中。

Reader 类能够实现从数据源读取字符数据，其常用方法如表 7.15 所示。

表 7.15　Reader 类的常用方法

返回类型	方法名	功能说明
int	read( )	从输入流读取单个字符
int	read(char[ ] cbuf)	从输入流读取字符并保存到数组 cbuf 中，返回读取的字符数，如果已到达流的末尾，则返回-1
int	read(char[ ] cbuf,int off,int len)	从输入流读取最多 len 个字符并保存到字符数组 cbuf 中，存放的起始位置在 off 处。返回读取的字符数，如果已到达流的末尾，则返回-1
long	skip(long n)	跳过 n 个字符，返回实际跳过的字符数
void	close( )	关闭该流，释放资源

7.3.2　字符输出流

Writer 类的继承关系如图 7.9 所示，其常用子类如下。

(1) BufferedWriter：字符缓冲输出流，以缓冲流方式写入字符数据。

(2) OutputStreamWriter：字符流通向字节流的桥梁，可使用指定的字符集将要写入流中的字符编码成字节。

(3) FileWriter：文件字符输出流，继承自 OutputStreamWriter，允许将字符写入指定的文件。

(4) PrintWriter：字符打印输出流，用于向文本输出流打印对象的格式化表示形式。

(5) StringWriter：字符串输出流，在字符串缓冲区中收集输出的字符流，构造输出字符串。

(6) PipedWriter：管道字符输出流，与 PipedReader 类一起用于线程间管道通信。

(7) CharArrayWriter：字符数组输出流，允许以字符为单位将数据写入字符数组。

(8) FilterWriter：过滤器字符输出流，继承自 Writer 抽象类，没有添加额外的方法。

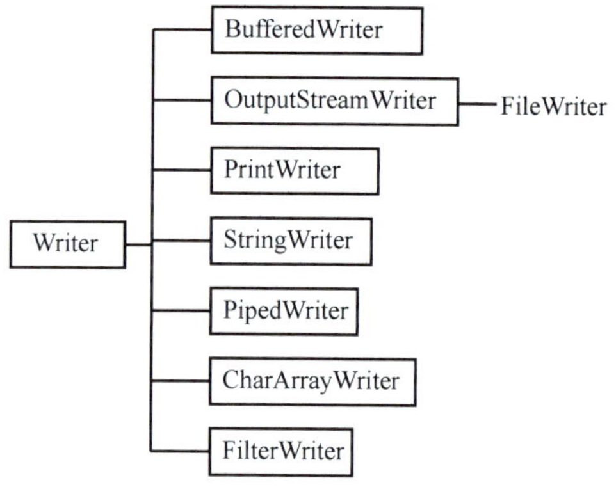

图 7.9　Writer 类的继承关系

Writer 类用于将字符数据输出到目的地，其常用方法如表 7.16 所示。

表 7.16　Writer 类常用方法

返回类型	方法名	功能说明
void	write(int c)	将整数 c 的低 16 位写入输出流
void	write(char[ ] cbuf)	将字符数组中的数据写入输出流
void	write(cbuf[ ],int off,int len)	从字符数组 cbuf 的 off 处开始取 len 个字符写入输出流
void	write(String str)	将字符串写入输出流
void	write(String str,int off,int len)	从字符串 str 的 off 处开始取 len 个字符数据写入输出流
void	flush( )	强制将输出流保存在缓冲区中的数据写入输出流
void	close( )	关闭输出流，释放资源

同样，由于 Reader 和 Writer 类是抽象类，因此程序创建的输入/输出流对象一般是它们所派生出的子类。下面将具体介绍它们的常用子类：文件字符输入/输出流和字符缓冲输入/输出流。

7.3.3　文件字符输入/输出流

FileReader 和 FileWriter 类是文件字符输入/输出流，分别直接继承自 InputStreamReader 和 OutputStreamWriter 类，是 Reader 和 Writer 类的子类。其父类提供的方法均可用于 FileReader 和 FileWriter 类所创建的对象，用于从文件读取字符数据或向文件写入字符数据。

FileReader 和 FileWriter 类与文件字节输入/输出流相对应，其构造方法也很相似。

1. FileReader 类

FileReader 类的常用构造方法如表 7.17 所示。

表 7.17 FileReader 类的常用构造方法

方法名	功能说明
public FileReader(String name)	根据文件名称创建一个可读取的输入流对象
public FileReader(File file)	根据文件对象创建一个可读取的输入流对象
public FileReader(FileDescriptor fd)	根据文件描述符对象 fd 创建一个可读取的输入流对象

2. FileWriter 类

FileWriter 类的常用构造方法如表 7.18 所示。

表 7.18 FileWriter 类的常用构造方法

方法名	功能说明
public FileWriter(String name)	根据文件名称创建一个可供写入字符数据的输出流对象
public FileWriter(String name, bookean append)	根据文件名称创建一个可供写入字符数据的输出流对象，并指定写入方式，append 为 true 时，输出字符被追加到文件的末尾
public FileWriter(File file)	以文件对象 file 创建一个可供写入字符数据的输出流对象
public FileWriter(FileDescriptor fdObj)	以文件描述符对象 fdObj 创建一个可供写入字符数据的输出流对象

例 7.5 使用文件字符输入/输出流进行文件的复制。程序如下：

```
import java.io.* ;
public class Example7_5 {
    public static void main(String[] args) {
        char[] c = new char[500];
        String f1 = "testfile1.txt";
        String f2 = "testfile2.txt";
        try (
                FileReader fr = new FileReader(f1);
                FileWriter fw = new FileWriter(f2);) {
            System.out.println("读取文件" + f1);
            int num = fr.read(c);
            String str = new String(c,0,num);
            System.out.println(f1 + "文件中的字符个数为:" + num + ",其内容如下:");
            System.out.println(str);
            fw.write(str);
            System.out.println(f1 + "文件已另存为" + f2);
        } catch (FileNotFoundException e) {
```

```
                System. out. println(f1 + "文件没找到!");
            } catch (IOException e) {
            }
        }
    }
```

程序运行结果如图 7.10 所示。

```
读取文件testfile1.txt
testfile1.txt文件中的字符个数为：44，其内容如下：
本专业计算机相关专业有两个，分别为：
一、计算机科学与技术
二、数据科学与大数据技术
testfile1.txt文件已另存为testfile2.txt
```

图 7.10　例 7.5 程序运行结果

7.3.4　字符缓冲输入/输出流

BufferedReader 和 BufferedWriter 类是字符缓冲输入/输出流，它们分别直接继承自 Reader 和 Writer 类。字符缓冲输入/输出流与字节缓冲输入/输出流在功能和实现上基本相同，但它只适用于字符读写。在输入/输出时，字符缓冲输入/输出流提供了按字符、数组和行进行高效读写的方法。

1. BufferedReader 类

BufferedReader 类的构造方法如表 7.19 所示。

表 7.19　BufferedReader 类的构造方法

方法名	功能说明
public BufferedReader(Reader in)	创建缓冲区字符输入流
public BufferedReader(Reader in,int size)	创建缓冲区字符输入流，并设置缓冲区大小

BufferedReader 类的常用方法如表 7.20 所示。

表 7.20　BufferedReader 类的常用方法

返回类型	方法名	功能说明
int	read()	读取单一字符
int	read(char[] cbuf)	从流中读取字符并写入字符数组 cbuf
int	read(char[] cbuf,int off,int len)	从流中读取字符，将其存放到字符数组 cbuf 中（off 表示数组下标，len 表示读取的字符数）
long	skip(long n)	跳过 n 个字符不读取
String	readLine()	读取一行字符串
void	close()	关闭流

2. BufferedWriter 类

BufferedWriter 类的构造方法如表 7.21 所示。

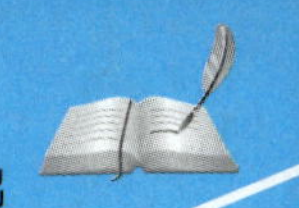

表 7.21　BufferedWriter 类的构造方法

方法名	功能说明
public BufferedWriter (Writer out)	创建缓冲区字符输出流
public BufferedWriter (Writer out,int size)	创建缓冲区字符输出流，并设置缓冲区大小

BufferedWriter 类的常用方法如表 7.22 所示。

表 7.22　BufferedWriter 类的常用方法

返回类型	方法名	功能说明
void	write(int c)	将单一字符写入缓冲区
void	write(char[ ] cbuf,int off,int len)	将字符数组 cbuf 按指定的格式写入输出缓冲区（off 表示数组下标，len 表示写入的字符数）
void	write(String str,int off,int len)	写入字符串（off 表示下标，len 表示写入的字符数）
void	newLine()	写入回车换行字符
void	flush()	将缓冲区中的数据写入文件
void	close()	关闭流

例 7.6　使用字符缓冲输入/输出流进行文件的复制。程序如下：

```
import java.io.*;
public class Example7_6 {
    public static void main(String[] args) throws IOException {
        String str = new String();
        String f1 = "testfile1.txt";
        String f3 = "testfile3.txt";
        int count = 0;
        try (
                BufferedReader in = new BufferedReader(new FileReader(f1));
                BufferedWriter out = new BufferedWriter(new FileWriter(f3));) {
            System.out.println("读取文件" + f1 + ",内容如下:");
            while ((str = in.readLine()) != null) {
                count++;
                System.out.println(str);
                out.write(str);
                out.newLine();
            }
            out.flush();
            System.out.println(f1 + "文件内容已读取完毕,共有" + count + "行");
            System.out.println(f1 + "文件内容已写入到" + f3);
        } catch (IOException ioe) {
            System.out.println("出现错误" + ioe);
        }
    }
}
```

程序运行结果如图 7.11 所示。

```
读取文件testfile1.txt，内容如下：
本专业计算机相关专业有两个，分别为：
一、计算机科学与技术
二、数据科学与大数据技术
testfile1.txt文件内容已读取完毕，共有3行
testfile1.txt文件内容已写入到testfile3.txt
```

图 7.11　例 7.6 程序运行结果

7.4　File 类

File 类是用于管理目录和文件的类，该类的对象都与文件或目录操作相关。调用 File 类的一些方法，可以很方便地完成文件或目录的创建、删除、改名以及获取相关信息等操作，从而实现文件系统的有效管理。然而，File 类只用于对文件系统进行管理操作，其本身并不能对文件进行读写信息操作，如果需进行读写操作，则需要使用 I/O 类。

每个 File 类对象对应系统的一个磁盘文件或路径，因此创建 File 类对象需要给出对应的文件名和文件路径。File 类提供了 3 种 File 对象的构造方法，如表 7.23 所示，它们分别以不同的参数形式接收文件和路径信息。

表 7.23　File 对象的构造方法

方法名	功能说明
public File(String path)	用 path 参数创建 File 对象
public File(String path,String name)	以 path 为路径，以 name 为文件或文件夹名创建 File 对象
public File(File dir,String name)	用一个已经存在且代表某磁盘文件夹的 File 对象 dir 作为文件夹，以 name 作为文件或文件夹名来创建 File 对象

7.4.1　文件属性

File 对象创建完成后，应用程序就可以调用它的方法来获取其对应的文件或路径的属性，如文件名、所在路径、文件大小、文件权限等。File 类获取属性的常用方法如表 7.24 所示。

表 7.24　File 类获取属性的常用方法

返回类型	方法名	功能说明
String	getName()	获取此文件（目录）的名称
String	getPath()	获取路径名字符串
String	getAbsolutePath()	获取绝对路径名字符串
long	length()	获取文件的长度。如果表示目录，则返回值不确定
boolean	canRead()	判断文件是否可读

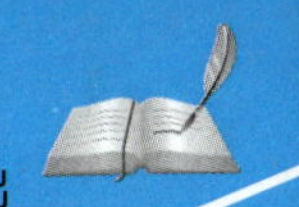

续表

返回类型	方法名	功能说明
boolean	canWrite()	判断文件是否可写
boolean	canExecute()	判断文件是否执行
boolean	exists()	判断文件（目录）是否存在
boolean	isFile()	判断文件是否是一个标准文件
boolean	isDirectory()	判断文件是否是一个目录
boolean	isHidden()	判断文件是否是一个隐藏文件
long	lastModified()	获取文件最后一次被修改的时间

File 类也可用于对文件或路径属性进行设置，其常用方法如表 7.25 所示。

表 7.25　File 类属性设置的常用方法

返回类型	方法名	功能说明
boolean	setReadable(boolean readable)	设置读权限
boolean	setReadable(boolean readable,boolean ownerOnly)	设置其他所有用户的读权限
boolean	setWritable(boolean writable)	设置写权限
boolean	setExecutable(boolean executable)	设置执行权限
boolean	setLastModified(long time)	设置最后一次修改时间

7.4.2　目录操作

Java 把目录作为一种特殊的文件进行处理，因此它提供了一些对目录操作的方法，常用方法如表 7.26所示。

表 7.26　目录操作的常用方法

返回类型	方法名	功能说明
boolean	mkdir()	创建一个目录，如果成功，则返回 true；如果失败（目录已存在），则返回 false
boolean	mkdirs()	创建一个包括父目录在内的目录。如果创建所有目录成功，则返回 true；如果失败，则返回 false
String	list()	获取目录下的文件名和目录名，以字符串形式返回
String	list(FilenameFilter filter)	获取满足指定过滤器路径和文件条件的文件名和目录名，以字符串形式返回
File	listFiles()	获取目录下文件表示形式的文件名和目录名

续表

返回类型	方法名	功能说明
File	listFiles(FileFilter filter)	获取满足指定过滤器文件条件的文件表示形式的文件名和目录名
File	listFiles(FilenameFilter filter)	获取满足指定过滤器路径和文件条件的文件表示形式的文件名和目录名

FilenameFilter 和 FileFilter 为 java. io 包中的两个过滤器接口，都可用于对获取的文件名进行过滤，两者都只有一个方法。

FilenameFilter 接口中的方法如下：

```
boolean accept( File dir, String name);
```

FileFilter 接口中的方法如下：

```
boolean accept( File pathname);
```

两个接口的 accept( ) 方法都没有实现类，用户需要自己在方法中定义过滤条件的实现类，两者的不同之处是 accept( ) 方法的参数。

7.4.3 文件操作

文件操作通常包括创建文件、删除文件、重命名文件等。Java 的 File 类中提供了文件操作的方法，如表 7.27 所示。

表 7.27 文件操作的方法

返回类型	方法名	功能说明
boolean	createNewFile( )	创建一个新的文件
boolean	delete( )	删除文件
boolean	renameTo(File newFile)	将文件重命名为 newFile

例 7.7 文件操作包括遍历文件目录、获取文件名、创建新文件、文件重命名等。程序如下：

```
import java. io. * ;
import java. util. Scanner;
public class Example7_7 {
    public static void main( String[] args) {
        Scanner scanner = new Scanner( System. in);
        System. out. println( "请输入文件所在的路径:");
        String s = scanner. nextLine( );                    // 读取待访问的路径
        File dirFile = new File( s);                        // 创建目录文件对象
```

```
        String[] allresults = dirFile.list();            //获取目录下的所有文件名
        File[] files = new File[allresults.length];
        for (int i = 0; i < allresults.length; i++) {    //创建完整文件名对象
            files[i] = new File(dirFile.getAbsolutePath().toString() + "\\" + allresults[i]);
        }
        int i = 1;
        String number;
        for (File f : files) {
            if (f.exists()) {
                if (i < 10) {                            //根据要求创建编号字符串，3位数字
                  number = "C00" + i + " ";
                } else if (i >= 10 & i < 99) {
                    number = "C0" + i + " ";
                } else {
                    number = "C" + i + " ";
                }
                String a = f.getParent().toString() + File.separator + number + f.getName();
                File file = new File(a);                 //创建带有编号的新文件对象
                f.renameTo(file);                        //修改文件名
                i++;
            }
        }
    }
}
```

以上程序通过 Scanner 类的对象从标准输入设备（键盘）来获取用户的输入数据，或者从文件中读取数据，其语法格式如下：

```
Scanner s = new Scanner(System.in);
```

其中，System.in 为标准输入设备或文件对象。

7.5 对象序列化

为了实现对象的传输和永久保存，Java 提供了对象流和对象序列化的机制，保证了对象作为一个整体进行流传输。

7.5.1 对象流

对象流将对象数据作为一个整体进行处理、变换和封装，实现对象的永久保存和读取。ObjectInputStream 和 ObjectOutputStream 类是 InputStream 和 OutputStream 类的子类，分别用于实现对象输入流和对象输出流。通过对象输出流，可以把对象写入文件或进行网络传输，而对象输入流则可以把从文件或网络中读取的数据还原成对象。然而，要使用对象流进行对象的传输，首先需要将传输的对象进行序列化处理，这样才能实现对象的读取与保存。

1. ObjectInputStream 类

ObjectInputStream 类用于实现对象的输入操作，其构造方法如下：

```
public ObjectInputStream(InputStream in);
```

以上语句用于创建从指定输入流读取的 ObjectInputStream 对象。类中的方法如下：

```
Object readObject();
```

以上语句用于从 ObjectInputStream 流中读取对象。

2. ObjectOutputStream 类

ObjectOutputStream 类用于实现对象的输出操作，其构造方法如下：

```
public ObjectOutputStream(OutputStream out);
```

以上语句用于创建写入指定输出流的 ObjectOutputStream 对象。类中的方法如下：

```
void writeObject(Object o);
```

以上语句用于将指定对象 o 写入 ObjectOutputStream 流。

7.5.2 序列化

Java 提供了对象的序列化和反序列化机制。序列化是一个将对象转换成字节序列的过程，能够把内存中的 Java 对象转换成与平台无关的二进制流，从而允许把这种二进制流持久地保存在磁盘上，或者通过网络将这种二进制流传输到另一个网络节点。

把字节序列转换成对象的过程称为对象的反序列化。也就是说，将序列化对象写入文件之后，可以将其从文件中读取出来，并且对其进行反序列化。

序列化和反序列化机制的好处就是可将任何实现了 Serializable 接口的对象转换成字节数据，使其在保存和传输时可被还原。需要说明的是，Serializable 接口中没有方法，因此实现该接口的类不需要实现额外的方法。当把一个序列化的对象写入 ObjectOutputStream 类时，JVM 就会实现 Serializable 接口中的方法，将一定格式的文本（对象的序列化信息）写入目的地。当 ObjectInputStream 类的对象流从文件读取对象时，就会从文件中读回对象的序列化信息，并根据对象的序列化信息创建一个对象。

注意：

一个类的对象要想序列化成功，必须满足以下两个条件。

(1) 该类必须实现 java. io. Serializable 接口。

(2) 该类的所有属性必须是可序列化的。如果有一个属性不是可序列化的，则必须注明该属性是短暂的。

例 7.8 使用序列化和反序列化机制，将学生名单数据写入文件，然后将数据打印出来。程序如下：

```
import java.io.*;
public class Example7_8 {
    public static void main(String[] args) {
        String file = "学生名单2.txt";
        try (ObjectOutputStream oos = new ObjectOutputStream(new FileOutputStream(file));) {

            // 将对象序列化到文件
            stuList stu = new stuList("李飞", "2022074002");
            oos.writeObject(stu);
            System.out.println("使用序列化,已将名单数据保存至文件:" + file);
        } catch (Exception e) {
        }
        try (ObjectInputStream ois = new ObjectInputStream(new FileInputStream(file));) {
            System.out.println("使用反序列化,将文件(" + file + ")中的数据显示出来: ");
            stuList data = (stuList) ois.readObject();
            System.out.println(data.getName());
            System.out.println(data.getID());
        } catch (ClassNotFoundException e) {
        } catch (IOException e) {
        }
    }
}

// 对象序列化
class stuList implements Serializable {
    private String name, studentID;

    public stuList(String name, String studentID) {
        this.name = name;
        this.studentID = studentID;
    }

    public String getName() {
        return name;
    }

    public String getID() {
        return studentID;
    }
}
```

程序运行结果如图 7.12 所示。

```
使用序列化，已将名单数据保存至文件：学生名单2.txt
使用反序列化，将文件(学生名单2.txt)中的数据显示出来：
李飞
2022074002
```

图 7.12　例 7.8 程序运行结果

本章小结

(1) 采用流来处理输入与输出的数据的目的是使程序的输入/输出操作独立于相关设备。

(2) 流式输入/输出的一个最大特点是数据的获取和发送按照数据序列的顺序进行，即每一个数据都必须等待排在它前面的数据读入或送出之后才能被读或写。

(3) 根据传输数据方向的不同，数据流可分为数据输入流与数据输出流。

(4) 根据处理数据的类型，输入/输出流可分为两种：字节流和字符流。

(5) java.io 包提供了 4 个基本类：InputStream 类、OutputStream 类、Reader 类、Writer 类，它们分别用于处理字节流和字符流。

(6) java.io 包还提供了文件类 File，它用于对文件及目录实施管理。

(7) InputStream 与 OutputStream 类及其子类既可用于处理二进制文件，又可用于处理文本文件（主要处理二进制文件）。

(8) Reader 与 Writer 类用来处理文本文件的读取和写入操作，通常先以它们的派生类来创建实体对象，再利用它们来处理文本文件的读写操作。

(9) BufferedWriter 类中的 newLine( ) 方法可用于写入回车换行字符，该方法与操作系统无关，这样可以确保程序的跨平台运行。

习题 7

简答题

7.1　什么是数据的输入与输出？

7.2　流如何定义？

7.3　在 Java 中，输入/输出流的分类有哪些？

7.4　字节输入/输出流与字符输入/输出流有什么区别？

7.5　管道流是什么？顺序流又是什么？

7.6　Java 中定义的 3 个标准输入/输出流是什么？它们各自对应于什么设备？

7.7　File 类的功能是什么？

程序设计题

7.8　编写程序实现一个文件的倒序排序。

7.9　利用文件输入/输出流创建一个文件 a.txt，写入字符“众志成城！”；接着读取 a.txt 文件并打印，然后在文件的末尾追加一行字符串“万众一心！”。

实验 7

实验 7.1 文件字节输入/输出流应用

实验 7.2 数据输入/输出流应用

实验 7.3 文件字符输入流应用

实验 7.4 文件字符输出流应用

实验 7.5 File 类的应用

实验 7.6 对象序列化和反序列化应用

进阶篇：程序设计模式

第 8 章　创建型模式及应用

【本章导读】

创建型模式（Creating Patterh）是处理对象创建的设计模式。Java 程序会根据实际情况，使用合适的方式创建对象，或以某种方式控制对象的创建。创建型模式分为 5 种：单例模式、建造者模式、原型模式、工厂方法模式和抽象工厂模式。

本章主要介绍前 3 种创建型模式的结构和范式（Java 环境下），并给出应用场景，分析模式特点。后 2 种创建型模式（工厂方法模式和抽象工厂模式）、将在二维码中给出。本章的学习要点是理解各个模式的设计思想，并学会运用模式范式对现实生活中的相关问题进行建模和实现。

【本章思维导图】

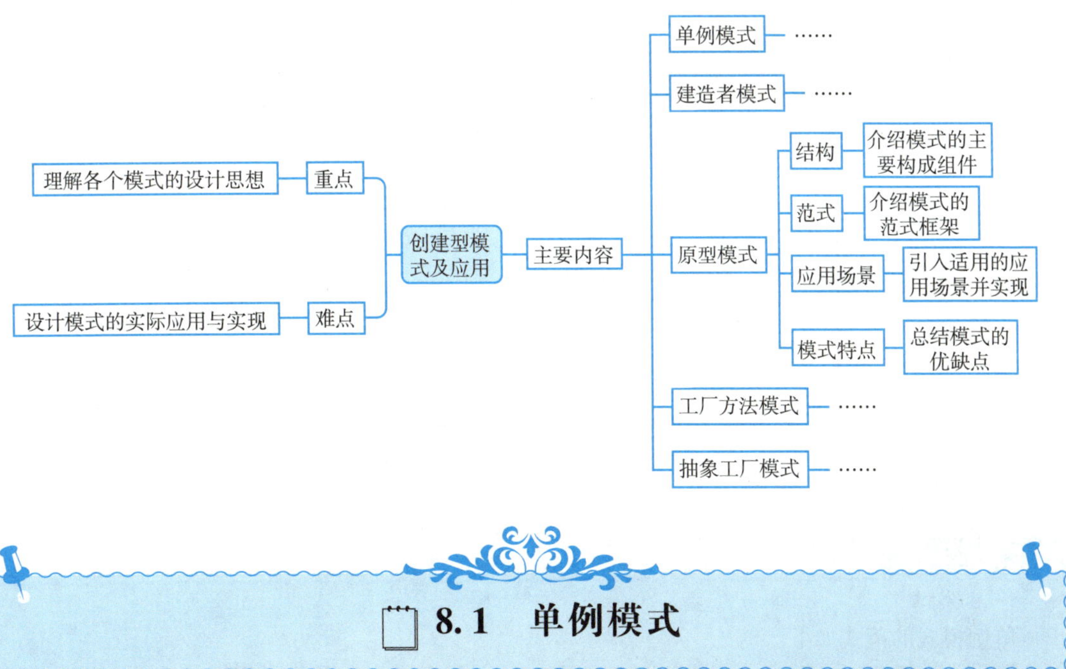

8.1　单例模式

在某些情况下，系统只允许某个类创建一个对象，即不让用户实例化两个或两个以上的实例。例如，在公文管理系统中，公文类的实例“公文文件”，需要将公章类的实例作为自己的一

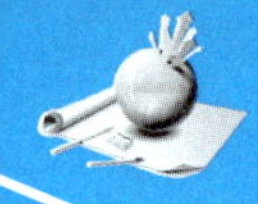

个成员，以表明自己是一个有效的公文文件。此时，系统的设计者就需要保证公章类只能创建一个实例，不允许用户再创建其他实例。

8.1.1 结构

单例模式的主要角色如下。

（1）单例类（Sing Leton）。其特点如下。

①包含用自身类声明的成员变量，即这个成员变量是该类的一个实例，且是唯一实例。为了所有的用户可以共享这一实例，该实例必须定义为静态变量。

②由于唯一的实例是共享的，因此当某个用户改变该实例（例如改成 null）后可能会影响其他用户的使用。为了防止这一情况的发生，该实例的访问权限必须设置为 private，即任何用户都无法修改。

③为了确保单例类中自身类声明的成员变量是单例类唯一的实例，单例类必须将构造方法的访问权限设置为 private，以防止用户创建新的对象。

④由于单例类的构造方法被设置为 private，因此单例类必须提供创建或返回自身唯一实例的方法，该方法同样是可共享的（static），以便其他用户使用单例类的类名就可以调用。

（2）访问类（Client）：使用单例的类。

图 8.1 所示为单例模式的 UML 类图。

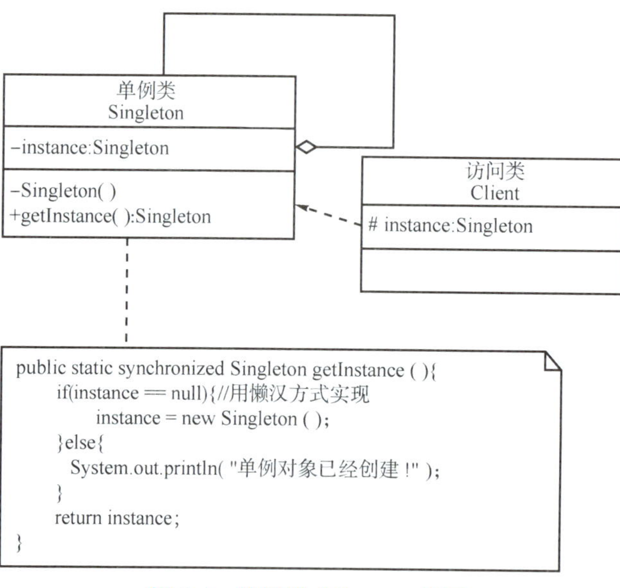

图 8.1　单例模式的 UML 类图

8.1.2 范式

单例模式的范式如下：

```
public class Singleton{
    private static Singleton uniqueInstance = new Singleton();
        private Singleton(){
```

```
        }
        public static Singleton getInstance( ){
            return uniqueInstance;
        }
    }
```

8.1.3　应用场景

（1）场景。在中国神话人物类中，有一个实例嫦娥（Moon），需要将嫦娥类的实例作为自己的一个成员。考虑到嫦娥实例的唯一性，将该类设计为单例模式。

（2）设计。使用单例模式创建嫦娥类，生成唯一的嫦娥实例。

（3）实现。Moon 类的实现代码如下：

```
public class Moon{
    private static Moon uniqueMoon;
    double radius;
    double distanceToEarth;
    private Moon( ){
        uniqueMoon = this;
        radius = 1738;
        distanceToEarth = 363300;
    }
    public String show( ){
        String s = "月亮半径是"+radius+"km, 距地球距离"+distanceToEarth+"km";
        return s;
    }
}
```

8.1.4　模式特点

单例类的唯一实例由单例类本身控制，这样可以很好地限制用户对它的访问，避免用户生成新的实例。

8.2　建造者模式

在软件开发过程中，有时需要创建一个复杂的对象，这个复杂对象通常由多个子部件按一定的步骤组合而成。例如，计算机是由 CPU、主板、内存、硬盘、显卡、机箱、显示器、键盘、鼠标等部件组装而成的，采购员不需要自己去组装计算机，而是将计算机的配置要求告诉计算机销售公司，计算机销售公司安排技术人员去组装计算机，然后交给要购买计算机的采购员。生活中这样的例子有很多，例如游戏中的不同角色，其性别、个性、能力、脸型、体型、服装、发型等特性都有差异；汽车中的方向盘、发动机、车架、轮胎等部件也多种多样；每封电子邮件的发件人、收件人、主题、内容、附件等内容也各不相同。以上所有这些产品都由多个部件构成，各个部件可以灵活选择，其创建步骤大同小异。这类产品的创建无法用前面介绍的单例模式描述，只有使用建造者模式才能很好地描述该类产品的创建。

建造者模式是指将一个复杂对象的构造与它的表示分离，使同样的构建过程可以创建不同的表示。建造者模式将一个复杂的对象分解为多个简单的对象，然后逐步构建。它将变与不变分离，产品的组成部分是不变的，而每一部分是可以灵活选择的。

8.2.1 结构

建造者模式的主要角色如下。

（1）产品（Product）：一个包含多个组成部件的复杂对象，由具体建造者来创建其各个部件。

（2）抽象建造者（Builder）：一个包含创建产品各个子部件的抽象方法的接口，通常还包含一个返回复杂产品的方法 getResult( )。

（3）具体建造者（ConcreteBuilder）：实现 Builder 接口，完成复杂产品的各个部件的具体创建方法。

（4）指挥者（Director）：调用建造者对象中的部件构造与装配方法完成复杂对象的创建，不涉及具体产品的信息。

图 8.2 给出了建造者模式的 UML 类图。

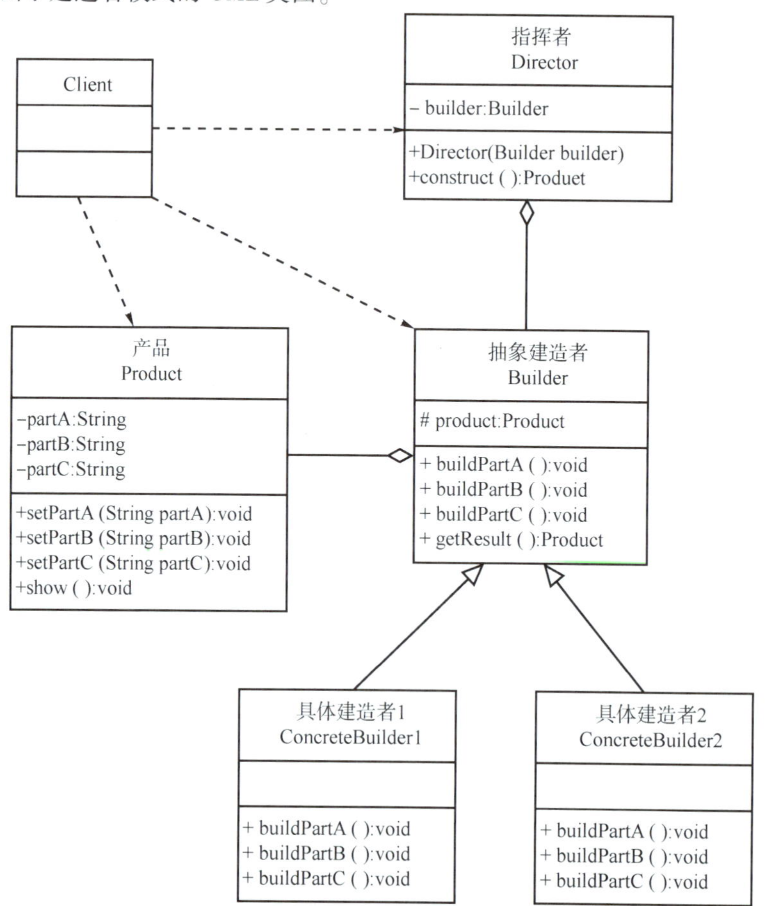

图 8.2 建造者模式的 UML 类图

8.2.2　范式

建造者模式的范式如下：

```
//产品：包含多个组成部件的复杂对象
class Product {
    private String partA;
    private String partB;
    private String partC;
    public void setPartA(String partA) {
        this.partA = partA;
    }
    public void setPartB(String partB) {
        this.partB = partB;
    }
    public void setPartC(String partC) {
        this.partC = partC;
    }
    public void show() {
        //显示产品的特性
    }
}

//抽象建造者：包含创建产品各个子部件的抽象方法
abstract class Builder {            //创建产品对象
    protected Product product = new Product();
    public abstract void buildPartA();
    public abstract void buildPartB();
    public abstract void buildPartC();
    //返回产品对象
    public Product getResult() {
        return product;
    }
}
//具体建造者：实现了抽象建造者接口
public class ConcreteBuilder extends Builder {
    public void buildPartA() {
        product.setPartA("建造 PartA");
    }
    public void buildPartB() {
        product.setPartB("建造 PartB");
    }
    public void buildPartC() {
```

```
            product.setPartC("建造 PartC");
        }
    }
    //指挥者：调用建造者中的方法完成复杂对象的创建
    class Director {
        private Builder builder;
        public Director(Builder builder) {
            this.builder = builder;
        }
        //产品构建与组装方法
        public Product construct() {
            builder.buildPartA();
            builder.buildPartB();
            builder.buildPartC();
            return builder.getResult();
        }
    }
    //客户类
    public class Client {
        public static void main(String[] args) {
            Builder builder = new ConcreteBuilder();
            Director director = new Director(builder);
            Product product = director.construct();
            product.show();
        }
    }
```

8.2.3 应用场景

（1）场景。用建造者模式描述平房和楼房的建造过程。

（2）设计。

- 产品 House 包括地基、墙、屋顶和装修。
- 抽象建造者 HouseBuilder。
- 普通房子建造者 CommonHouse。
- 高楼房子建造者 HighBuilding。
- 指挥者 HouseDirector。

（3）实现。实现代码如下：

```
//产品 House
import lombok.Data;
public class House {
    private String baise;
```

```
    private String wall;
    private String roofed;
    private String decoration;
}
//抽象建造者 HouseBuilder
public abstract class HouseBuilder {                    //抽象的建造者
    protected House house = new House();                //抽象的方法,相当于类图中的 buildPart
    public abstract void buildBasic();
    public abstract void buildWalls();
    public abstract void roofed();
    public abstract void decoration();
    public House buildHouse() {                         //建造好房子,将产品(房子)返回
        return house;
    }
}
//普通房子建造者 CommonHouse (具体建造者 1)
public class CommonHouse extends HouseBuilder {
    public void buildBasic() {
        house.setBaise("打地基 5 米");
    }
    public void buildWalls() {
        house.setWall("普通砖墙");
    }
    public void roofed() {
        house.setRoofed("瓦顶");
    }
    public void decoration() {
        house.setDecoration("普通装修");
    }
}
//高楼房子建造者 HighBuilding (具体建造者 2)
public class HighBuilding extends HouseBuilder {
    public void buildBasic() {
        super.house.setBaise("打地基 10 米");
    }
    public void buildWalls() {
        house.setWall("水泥浇筑");
    }
    public void roofed() {
        house.setRoofed("高楼的琉璃顶");
    }
    public void decoration() {
        house.setDecoration("精装修");
```

```
    }
}
//指挥者 HouseDirector 聚合了抽象建造者，使用时传入具体的建造者（抽象建造者的实现
//类），即可对应建造相应的类型，即返回相应的产品。另外，具体的建造流程由指挥者负责
public class HouseDirector {
    HouseBuilder houseBuilder = null;
    public HouseDirector(HouseBuilder houseBuilder) {         //构造器传入 houseBuilder
        this.houseBuilder = houseBuilder;
    }
    public void setHouseBuilder(HouseBuilder houseBuilder) { //通过 setter 传入 houseBuilder
        this.houseBuilder = houseBuilder;
    }
    public House constructHouse() { //如何处理建造房子的流程，交给指挥者
    houseBuilder.buildBasic();
    houseBuilder.buildWalls();
    houseBuilder.roofed();
    houseBuilder.decoretion();
    return houseBuilder.buildHouse();
    }
}
//测试类
public class Client {
    public static void main(String[] args) {
    //盖普通房子
        CommonHouse commonHouse = new CommonHouse();
                                                    //准备创建房子的指挥者
        HouseDirector houseDirector = new HouseDirector(commonHouse);
        House house = houseDirector.constructHouse();      //完成盖房子，返回产品(普通房子)
        System.out.println("普通房子建造结果:");
        System.out.println(house);
        System.out.println("--------------------------");
        HighBuilding highBuilding = new HighBuilding();    //盖高楼
        houseDirector.setHouseBuilder(highBuilding);       //重置建造者
        House house1 = houseDirector.constructHouse();     //完成盖房子，返回产品(高楼)
        System.out.println("高楼大厦建造结果:");
        System.out.println(house1);
    }
}
```

程序运行结果如下：

```
普通房子建造结果:
House(baise = 打地基 5 米, wall = 普通砖墙, roofed = 瓦顶, decoration = 普通装修)
--------------------------
```

```
高楼大厦建造结果:
House(baise = 打地基 10 米, wall = 水泥浇筑, roofed = 高楼的琉璃顶, decoration = 精装修)
```

8.2.4 模式特点

建造者模式的优点如下。

(1) 封装性好，构建和表示分离。

(2) 扩展性好，各个具体的建造者相互独立，有利于系统的解耦。

(3) 客户端不必知道产品内部组成的细节，建造者可以对创建过程逐步细化，而不对其它模块产生任何影响，便于控制细节风险。

建造者模式的缺点如下。

(1) 产品的组成部分必须相同，限制了其使用范围。

(2) 如果产品的内部变化复杂，则建造者也要同步修改，后期维护成本较高。

8.3 原型模式

在有些系统中，存在创建大量相同或相似对象的情形，这时用传统的构造方法来创建对象相对烦琐复杂，且耗时、耗资源，使用原型模式能较好地解决这一问题，该模式使用的克隆方法可以高效、便捷地生成对象。

8.3.1 结构

原型模式包含以下主要角色。

(1) 抽象原型类 (Prototype)：规定了具体原型对象必须实现的接口。

(2) 具体原型类 (Realizetype)：实现抽象原型类的 clone( )方法，它是可被复制的对象。

(3) 访问类 (PrototypeTest)：使用具体原型类中的 clone( )方法来复制新的对象。

图 8.3 给出了原型模式的 UML 类图。

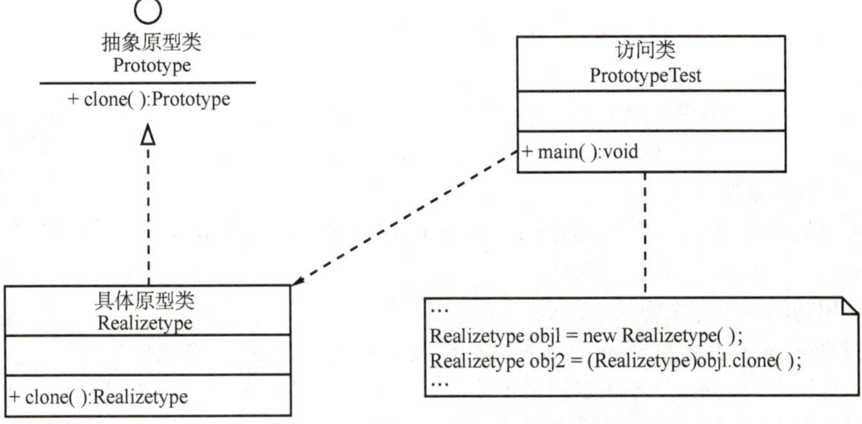

图 8.3 原型模式的 UML 类图

8.3.2 范式

Java 中的 Object 类提供了“浅克隆”的 clone()方法（Object 类在 java.lang 包中，是默认导入的包），具体原型类只要实现 Cloneable 接口就可实现对象的浅克隆，这里的 Cloneable 接口就是抽象原型类。原型模式的范式如下：

```
//具体原型类
class Realizetype implements Cloneable {
    Realizetype() {
        System.out.println("具体原型创建成功!");
    }
    public Object clone() throws CloneNotSupportedException {
        System.out.println("具体原型复制成功!");
        return (Realizetype) super.clone();
    }
}
//访问类
public class PrototypeTest {
    public static void main(String[] args) throws CloneNotSupportedException {
        Realizetype obj1 = new Realizetype();
        Realizetype obj2 = (Realizetype) obj1.clone();
        System.out.println("obj1==obj2?" + (obj1 == obj2));
    }
}
```

程序运行结果如下：

```
具体原型创建成功!
具体原型复制成功!
obj1 == obj2? false
```

8.3.3 应用场景

（1）场景。设计孙悟空克隆器，用原型模式模拟孙悟空复制自己的过程。

（2）设计。

- 在《西游记》中，孙悟空拔下毫毛轻轻一吹就变出很多孙悟空，这实际上用到了原型模式。这里的 SunWukong 类是具体原型类，而 Java 中的 Cloneable 接口是抽象原型类。
- 由于要显示孙悟空的图像，因此将 SunWukong 类定义成面板 JPanel 的子类，里面包含了标签，用于保存孙悟空的图像。

程序中用到的孙悟空图像见二维码 8-1。

二维码 8-1
孙悟空图像

- 重写 Cloneable 接口的 clone()方法，用于复制新的孙悟空。访问类可以通过调用孙悟空的 clone()方法复制多个孙悟空，并在框架窗体 JFrame 中显示。关于 Java 图形用户界面设计的内容将在第 11 章详细介绍，在本例中，读者只需感受原型模式的应用机制即可。

图 8.4 所示为孙悟空克隆器的 UML 类图。

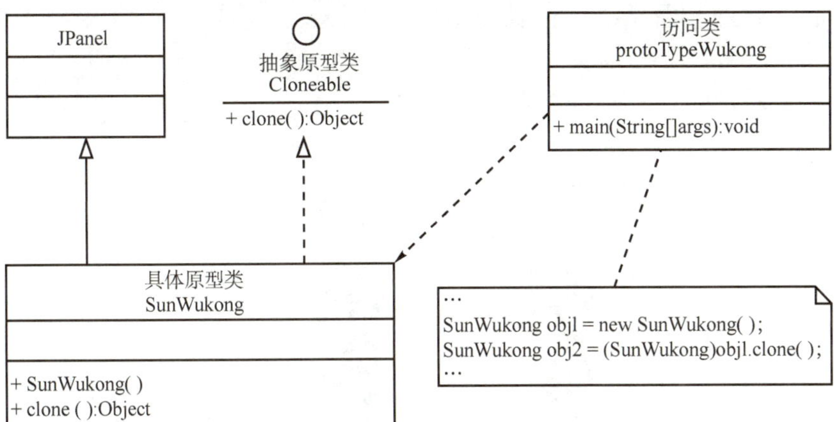

图 8.4　孙悟空克隆器的 UML 类图

(3) 实现。实现代码如下：

```
import java. awt. * ;
import javax. swing. * ;
class SunWukong extends JPanel implements Cloneable {
    private static final long serialVersionUID = 5543049531872119328L;
    public SunWukong( ) {
        JLabel l1 = new JLabel( new ImageIcon( "src/Wukong. jpg") );
        this. add( l1);
    }
    public Object clone( ) {
        SunWukong w = null;
        try {
            w = (SunWukong) super. clone( );
        }
        catch (CloneNotSupportedException e) {
            System. out. println( "复制悟空失败!");
        }
        return w;
    }
}
public class protoTypeWukong {
    public static void main( String[] args) {
        JFrame jf = new JFrame( "原型模式测试");
        jf. setLayout( new GridLayout( 1,2) );
        Container contentPane = jf. getContentPane( );
        SunWukong obj1 = new SunWukong( );
        contentPane. add( obj1);
        SunWukong obj2 = (SunWukong) obj1. clone( );
        contentPane. add( obj2);
        jf. pack( );
```

```
        jf.setVisible(true);
        jf.setDefaultCloseOperation(JFrame.EXIT_ON_CLOSE);
    }
}
```

程序运行结果如图 8.5 所示。

图 8.5　程序运行结果

8.3.4　模式特点

原型模式的优点如下。

(1) Java 自带的原型模式基于内存二进制流的复制，在性能上比 new()方法更好。

(2) 可以使用“深克隆”方式保存对象的状态，使用原型模式将对象复制一份，并将其状态保存起来，这样不仅简化了创建对象的过程，而且可以在需要的时候使用（例如恢复到历史某一状态），辅助实现撤销操作。

原型模式的缺点如下。

(1) 需要为每一个类都配置一个 clone()方法。

(2) clone()方法位于类的内部，当对已有类进行改造时需要修改代码，违背了开闭原则。

(3) 当实现深克隆时，需要编写较为复杂的代码，而且对象之间存在多重嵌套引用时，为了实现深克隆，每一层对象对应的类都必须支持深克隆，这样一来实现过程相对复杂。因此，深克隆和浅克隆机制需要根据实际情况选择运用。

8.4　工厂方法模式

二维码 8-2　工厂方法模式

二维码 8-3　马类、牛类的图像和 XML 文件

8.5　抽象工厂模式

二维码 8-4　抽象工厂模式

本章小结

（1）创建型模式是处理对象创建的设计模式。Java 程序会根据实际情况，使用合适的方式创建对象，或以某种方式控制对象的创建。创建型模式分为 5 种：单例模式、建造者模式、原型模式、工厂方法模式和抽象工厂模式。

（2）单例模式保证一个类仅有一个实例，并提供一个访问它的全局访问点。单例类很好地限制了用户对它的访问，避免用户生成新的实例。

（3）建造者模式具有良好的封装性，将构建和表示分离；具有良好的扩展性，各个具体的建造者相互独立，有利于系统的解耦。其局限性是生产的产品组成部分相同，若产品的内部变化复杂，则建造者也要同步修改，后期维护成本较高。

（4）原型模式可以使用“深克隆”方式保存对象的状态，使用原型模式将对象复制一份，并将其状态保存起来，这样不仅简化了创建对象的过程，而且可以辅助实现撤销操作。其缺点是需要为每一个类都配置一个 clone( ) 方法，并且 clone( ) 方法位于类的内部，当对已有类进行改造时需要修改代码，违背了开闭原则。

（5）工厂方法模式使用户只用知道具体工厂的名称就能得到需要的产品，无须知道产品的具体创建过程。其灵活性增强，对于新产品的创建，只需要多写一个相应的工厂类。工厂方法模式是典型的解耦框架，满足迪米特法则、依赖倒置原则和里氏替换原则。其缺点是类的数量容易过多，增加了复杂度、系统的抽象性和理解难度。

（6）抽象工厂模式易于交换产品系列，由于具体工厂类在一个应用中只需要在初始化的时候出现一次，因此只需改变具体工厂即可使用不同的产品配置。该模式的缺点是产品族扩展非常困难，要增加一个系列的某一产品，既要修改工厂抽象类的代码，又要修改具体的实现类的代码，增加了系统的抽象性和理解难度。

习题 8

简答题

8.1 简述建造者模式和工厂方法模式的区别。

程序设计题

8.2 在 8.1 节的单例模式范式中，getInstance( )方法中创建了唯一的实例，但是可能出现多线程在调用该方法时创建多个实例的情形，请修改该范式避免此类情形的发生。

8.3 编写应用程序，让不同的用户调用 8.1 节单例模式范式中的 getInstance( )方法，输出一致的结果，实现图 8.6 所示的程序运行结果。

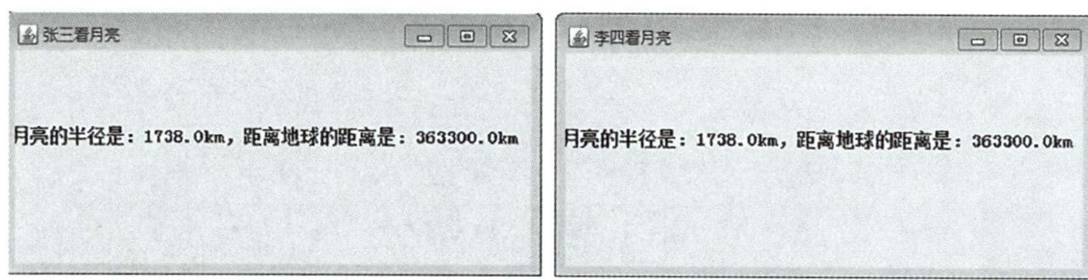

图 8.6 程序运行结果

8.4 除生成相同的对象外，通过原型模式还可以生成相似的对象。例如，同一学校的“三好学生”奖状除了获奖人姓名不同，其他都相同，属于相似对象的复制。请用原型模式实现奖状类，并用不同的对象调用，实现如下程序运行结果：

```
奖状复制成功!
张三同学:在 2016 学年第一学期中表现优秀,被评为三好学生。韶关学院
奖状复制成功!
李四同学:在 2016 学年第一学期中表现优秀,被评为三好学生。韶关学院
```

实验 8

实验 8.1 赛车游戏的车辆定制

实验 8.2 网络协议中的连接类创建

第 9 章　结构型模式及应用

【本章导读】

结构型模式（Structural Pattern）注重描述如何将类或对象按某种布局组合起来，形成一个更加强大的结构。它分为类结构型模式和对象结构型模式，前者采用继承机制来组织接口和类，后者采用组合或聚合来组织对象。由于组合关系或聚合关系比继承关系耦合度低，满足合成复用原则，因此对象结构型模式的灵活性比类结构型模式更强。

《设计模式》（*Design Patterns*）一书中提出了适配器、桥接、装饰器、享元、外观、代理、组合 7 种经典的结构型模式。组合模式在第 6 章中已经介绍了，本章将介绍适配器、桥接、装饰器、享元、外观、代理模式。在介绍每种模式时，先通过对实际情形的分析与思考引出模式思想与模式定义，再介绍模式结构和范式，然后针对实际应用场景进行建模和实现，最后总结模式特点。

【本章思维导图】

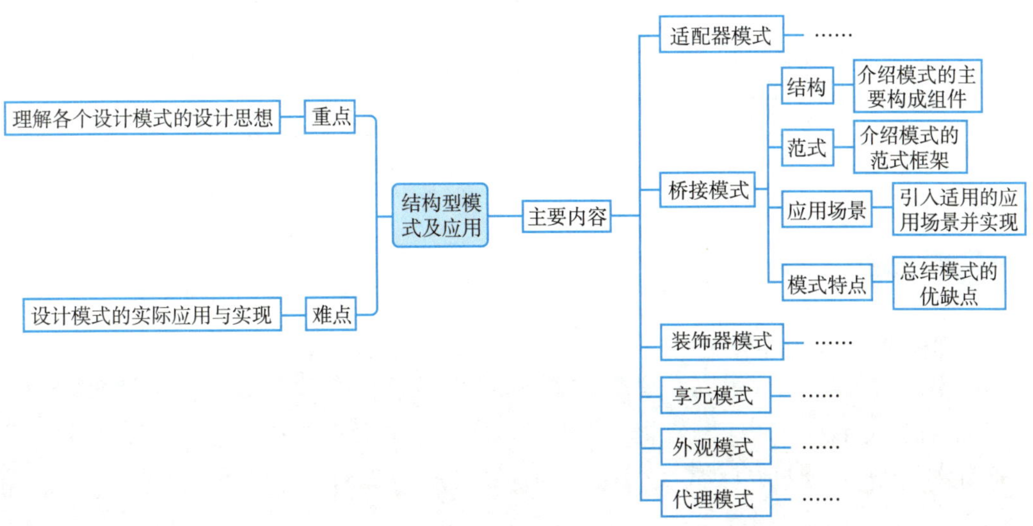

9.1 适配器模式

在生活中，有很多事物需要相互匹配才能工作，如螺钉与螺母、电源插头与插座等。以电源插头与插座为例，假如我们购买的洗衣机是两相电源插头，而家里的插座是三相的，在不允许修改电源插头与插座的情况下，有什么办法能让用户在三相插座上使用两相电源插头呢？一个可行的方法是生产一种三相插座的适配器，这种三相插座的适配器的前端符合三相插座的要求，而后端可以使用两相电源插头。现在，用户可以借助适配器实现三相插座与两相电源插头的适配。

适配器模式（Adapter Pattern）用于将某个类的一种接口转换成另一种接口，使原本由于接口不兼容而不能一起工作的类能一起工作。

9.1.1 结构

适配器模式的主要角色如下。

（1）目标（Target）：当前系统业务所期待的接口，它可以是抽象类或接口。

（2）适配者（Adaptee）：被访问和适配的现存组件库中的组件接口。

（3）适配器（Adapter）：是一个转换器，通过继承或引用适配者的对象，把适配者类接口转换成目标接口，让客户按目标接口的格式访问适配者类接口。

图 9.1 所示为适配器模式的 UML 类图。

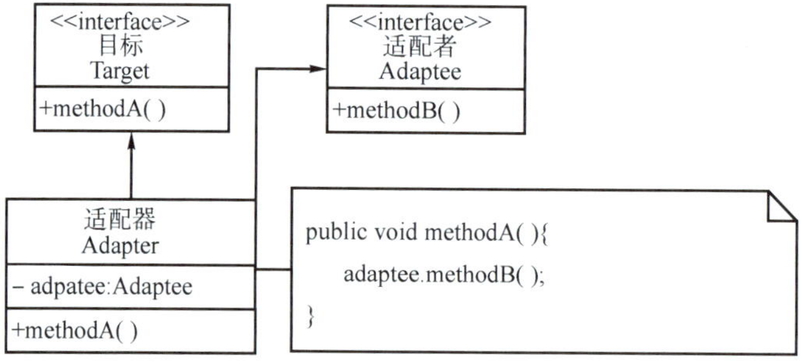

图 9.1　适配器模式的 UML 类图

9.1.2 范式

适配器模式的范式如下：

```
//目标
public interface Target{
    public abstract void methodA( );
    }
//适配者
public interface Adaptee {
```

```
    public abstract void methodB();
}
//适配器
class Adapter implements Target {
    Adaptee adaptee;
    Adapter (adaptee) {
        this. adaptee = adaptee;
    }
    public void methodA(){
        adaptee. methodB();
    }
}
```

9.1.3　应用场景

（1）场景。已有一个音频播放器（AudioPlayer）默认可以播放 .mp3 格式的音频文件，现在想让 AudioPlayer 也能够播放 .mp4 格式的文件。

（2）设计。设计一个 MediaPlayer 接口，以及一个实现了 MediaPlayer 接口的具体的类 AudioPlayer，默认情况下，音频播放器（AudioPlayer）可以播放 .mp3 格式的音频文件；接着设计另一个接口 AdvancedMediaPlayer 和实现 AdvancedMediaPlayer 接口的具体类，使其可以播放 .mp4 格式的文件。现要求 AudioPlayer 也能够播放 .mp4 格式的文件，则需要创建一个适配器类 MediaAdapter，它能实现 MediaPlayer 接口并使用 AdvancedMediaPlayer 对象来播放所需格式的文件。

图 9.2 所示为基于适配器模式的播放器实例的 UML 类图。

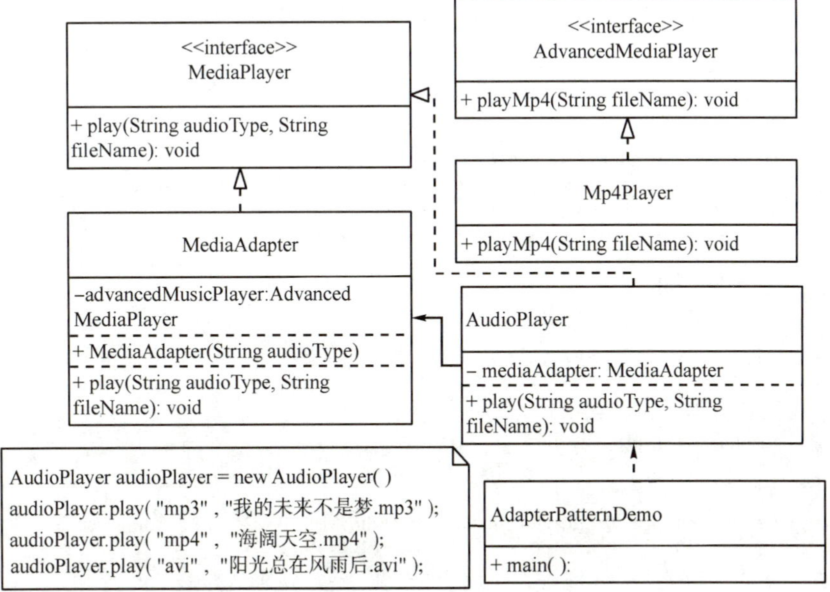

图 9.2　基于适配器模式的播放器实例的 UML 类图

（3）实现。实现代码如下：

```
interface MediaPlayer {
    public void play( String audioType, String fileName);
}
interface AdvancedMediaPlayer {
    public void playMp4( String fileName);
}
class Mp4Player implements AdvancedMediaPlayer{
    public void playMp4( String fileName) {
        System. out. println( "Playing mp4 file.  Name: "+ fileName);
    }
}
class MediaAdapter implements MediaPlayer {
    AdvancedMediaPlayer advancedMusicPlayer;
    public MediaAdapter( String audioType) {
        if ( audioType. equalsIgnoreCase( "mp4") ) {
            advancedMusicPlayer = new Mp4Player( );
        }
    }
    public void play( String audioType, String fileName) {
        if( audioType. equalsIgnoreCase( "mp4") ) {
            advancedMusicPlayer. playMp4( fileName);
        }
    }
}
class AudioPlayer implements MediaPlayer {
    MediaAdapter mediaAdapter;
    public void play( String audioType, String fileName) {
        //inbuilt support to play mp3 music files
        if( audioType. equalsIgnoreCase( "mp3") ) {
            System. out. println( "Playing mp3 file.  Name: " + fileName);
        }else if( audioType. equalsIgnoreCase( "mp4") ) {
            //mediaAdapter is providing support to play other file formats
            mediaAdapter = new MediaAdapter( audioType);
            mediaAdapter. play( audioType, fileName);
        }else{
            System. out. println( "Invalid media.  " + audioType + "format not supported");
        }
    }
}
```

```
public class AdapterPatternDemo {
    public static void main(String[] args) {
        AudioPlayer audioPlayer = new AudioPlayer();
        audioPlayer.play("mp3","我的未来不是梦.mp3");
        audioPlayer.play("mp4","海阔天空.mp4");
        audioPlayer.play("avi","阳光总在风雨后.avi");
    }
}
```

程序运行结果如下：

```
Playing mp3 file. Name:我的未来不是梦.mp3
Playing mp4 file. Name:海阔天空.mp4
Invalid media. avi format not supported
```

9.1.4　模式特点

适配器模式的优点如下。

（1）符合开闭原则，复用了现存的类，程序员不需要修改原有代码就能重用现有的适配者类，提高了类的复用性。

（2）将目标类和适配者类解耦，客户端通过适配器实现对目标类（或接口）的透明调用。

（3）解决了目标类和适配者类接口不一致的问题，增加了类的透明度。

适配器模式的缺点如下。

（1）适配器编写过程需要结合业务场景全面考虑，增加了程序的编写难度。

（2）过度使用适配器，可能会引入一个“臃肿”的适配者类，降低了代码的可读性。

9.2　桥接模式

在现实生活中，很多事物都具有两个或多个维度的变化，例如用户在购买手机时会关注手机的品牌和内存大小，手机的品牌和内存是两个相互独立的属性维度，此时可以将其分离解耦。这其实就是桥接模式的应用，通过该模式可以把这两个维度分离，使两者可以独立扩展，让系统更加符合单一职责原则。

当然，这样的例子还有很多，如不同颜色和字体的文字、不同品牌和功率的汽车等，都可使用桥接模式。

桥接模式（Bridge Pattern）用于将抽象部分与它的实现部分分离，使它们都可以独立地变化。它是一种对象结构型模式，**用组合关系代替继承关系来实现，**从而降低了抽象和实现这两个可变维度的耦合度，又称为柄体（Handle and Body）模式或接口模式。

9.2.1 结构

桥接模式的主要角色如下。

（1）抽象化角色（Abstraction）：用于定义抽象类的接口。

（2）扩展抽象化角色（RefinedAbstraction）：是抽象化角色的子类，实现父类中的业务方法，并通过组合关系调用实现化角色中的业务方法。

（3）实现化角色（Implementor）：定义实现化的接口，供扩展抽象化角色调用。

（4）具体实现化角色（ConcreteImplementor）：给出实现化角色接口的具体实现。

图 9.3 所示为桥接模式的 UML 类图。

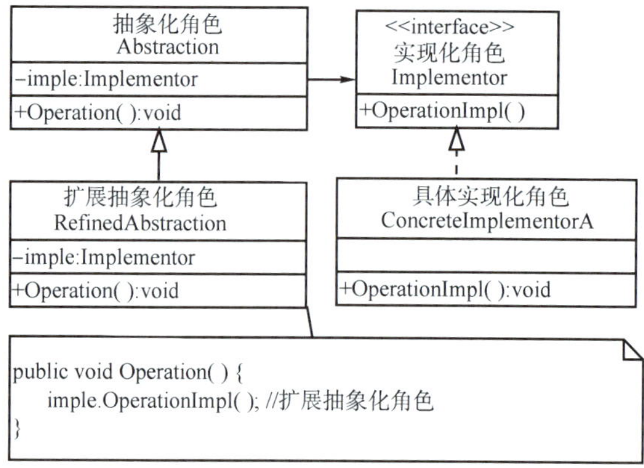

图 9.3 桥接模式的 UML 类图

9.2.2 范式

桥接模式的范式如下：

```
//实现化角色
interface Implementor {
    public void OperationImpl();
}
//具体实现化角色
class ConcreteImplementorA implements Implementor {
    public void OperationImpl() {}
}
//抽象化角色
abstract class Abstraction {
    protected Implementor imple;
    protected Abstraction(Implementor imple) {…}
    public abstract void Operation();
}
//扩展抽象化角色
class RefinedAbstraction extends Abstraction {
```

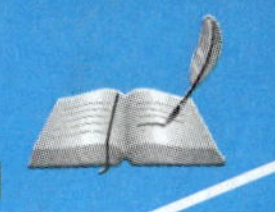

```
    protected RefinedAbstraction(Implementor imple) {
        super(imple);
    }
    public void Operation() {
        imple.OperationImpl();              //扩展抽象化角色
    }
}
```

9.2.3　应用场景

（1）场景。给定一组人员的名单，可以按职业、性别、政治面貌分类，因为存在多个维度的变化，所以可以采用桥接模式来实现设计者想要的分类。给定人员按照职业可以分为老师（Teacher）和学生（Student），按政治面貌可分为中国共产党党员（the Communist Party of China，CPC）和群众（Masses），可以将上述两个维度分别定义为职业类和政治面貌类。职业类（Profession）是一个维度，定义为抽象化角色，它有两个扩展抽象化角色（老师和学生），通过connection()方法可以获取，包含了政治面貌类对象。政治面貌类（Political）是另一个维度，定义为实现化角色，它有两个具体实现化角色（中共党员和群众），通过method()方法可以获取相关政治面貌。

（2）设计。在上述场景中，需要对给定的人员进行多维度的描述，假设共有 n 个维度，且第 i $(i \leqslant n)$ 个维度包含 m_i 个细分值，则所有不同的人员将被划分到 $\prod_{i=1}^{n} m_i$ 个等价类中，若使用继承关系来实现对不同人员的描述，则势必会造成“类爆炸”问题，扩展起来不够灵活。因此，这里需要使用桥接模式，把这种多维度分类分离出来，让它们独立变化，并使用关联关系替代继承关系来减少它们之间的耦合，进而减少系统中类的数量，同时减少代码量。

依据桥接模式的设计范式，将抽象部分与实现部分分离，即设计抽象化角色 Political 和 Profession，并使用关联关系将其耦合（在 Profession 类中嵌入 Political 类的成员变量）。使用了桥接模式之后，两个维度就像桥梁一样被连接了起来，体现了松耦合的特性。图 9.4 所示为基于桥接模式的按政治面貌对师生划分的 UML 类图。

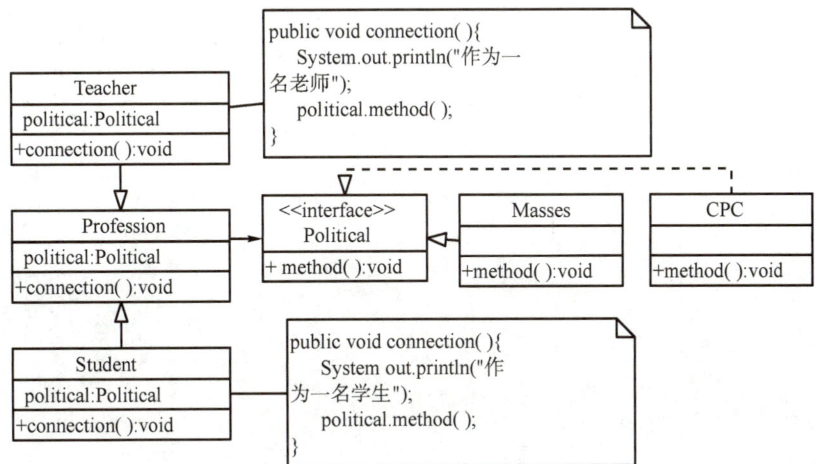

图 9.4　基于桥接模式的按政治面貌对师生划分的 UML 类图

（3）实现。实现代码如下：

```
public class Client {
    public static void main( String[] args) {
        Political political = new CPC( );
        Profession abs = new Teacher( political);
        abs. connection( );
        political = new Masses( );
        abs = new Student( political);
        abs. connection( );
    }
}
//实现化角色
interface Political {
    public void method( );
}
//具体实现化角色
class CPC implements Political {
    public void method( ) {
        System. out. println( "是共产党员，就要为人民服务\n");
    }
}
//具体实现化角色
class Masses implements Political {
    public void method( ) {
        System. out. println( "是群众，就要积极向党组织靠拢\n");
    }
}
//抽象化角色
abstract class Profession {
    protected Political political;
    protected Profession( Political political) {
        this. political = political;
    }
    public abstract void connection( );
}
//扩展抽象化角色
class Teacher extends Profession {
    protected Teacher( Political political) {
        super( political);
    }
    public void connection( ) {
        System. out. println( "作为一名老师");
        political. method( );
    }
}
```

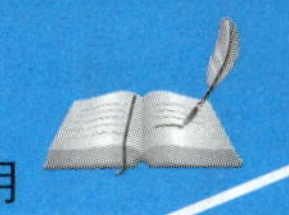

```
//扩展抽象化角色
class Student extends Profession {
    protected Student(Political political) {
        super(political);
    }
    public void connection() {
        System.out.println("作为一名学生");
        political.method();
    }
}
```

程序运行结果如下：

```
作为一名老师
是共产党员，就要为人民服务
作为一名学生
是群众，就要积极向党组织靠拢
```

9.2.4 模式特点

桥接模式的优点如下。

(1) 抽象与实现分离，扩展能力强。

(2) 符合开闭原则，可以根据需要增加新的请求处理类。

(3) 符合合成复用原则，当工作流程发生变化时，可以动态地改变链内的成员或调动它们的次序，也可动态地新增或删除责任。

(4) 实现细节对客户透明，每个对象只需要保持一个指向其后继者的引用，不需要保持其他所有处理者的引用，这避免了使用众多的 if 或 if…else 语句。

(5) 能够将责任分担，每个类只需要处理自己该处理的工作，不该处理的工作传递给下一个对象完成，明确各类的责任范围，符合类的单一职责原则。

桥接模式的缺点如下：由于聚合关系建立在抽象层，所以要求开发者针对抽象化进行设计与编程，以便能正确地识别出系统中两个独立变化的维度，这增加了用户对系统的理解与设计难度。

9.3 装饰器模式

在日常生活中，我们经常用到装饰器模式，如超市里卖方便面送瓷碗、喝咖啡加奶和糖等，都是在现有的物品上增加新的东西，用新增的对象来装饰原来的对象。在程序设计过程中，有时想在现有的程序块上实现更多的功能，想在不改变原有程序的情况下动态地扩展功能，这些时候都要用到装饰器模式。

装饰器模式（Decorator Pattern）用于在不改变现有对象结构的情况下，动态地给该对象增加一些功能，即增加其额外功能的模式。

9.3.1 结构

装饰器模式的主要角色如下。

(1) 抽象构件 (Component): 定义一个抽象接口，用来规范被装饰的对象。

(2) 具体构件 (ConcreteComponent): 实现抽象构件，通过装饰角色为其添加一些功能。

(3) 抽象装饰 (Decorator): 继承抽象构件，持有一个具体构件的实例，可以通过其子类扩展具体构件的功能。

(4) 具体装饰 (ConcreteDecorator): 实现抽象装饰的相关方法，并给具体构件对象添加附加的功能。

图 9.5 所示为装饰器模式的 UML 类图。

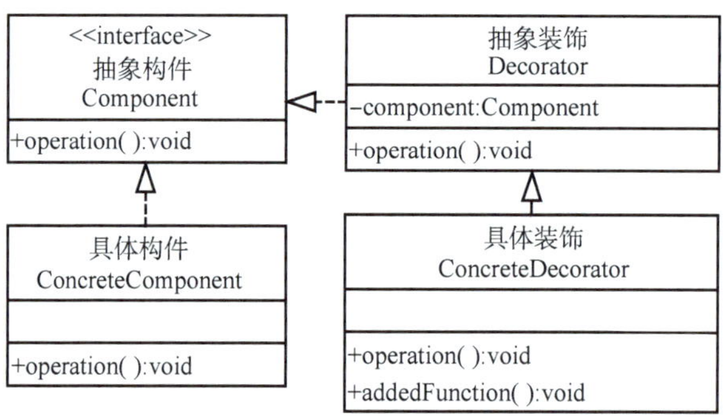

图 9.5 装饰器模式的 UML 类图

9.3.2 范式

装饰器模式的范式如下:

```
//抽象构件
interface Component {
    public void operation( );
}
//具体构件
class ConcreteComponent implements Component {
    public ConcreteComponent( ) {…}
    public void operation( ) {…}
}
//抽象装饰
class Decorator implements Component {
    private Component component;
    public Decorator(Component component) {…}
    public void operation( ) { component. operation( ); }
}
//具体装饰
class ConcreteDecorator extends Decorator {
```

```
        public ConcreteDecorator(Component component) {
            super(component);
        }
        public void operation() {
            super.operation();
            addedFunction();
        }
        public void addedFunction() {…}
    }
```

9.3.3　应用场景

（1）场景。三峡大坝位于湖北省宜昌市夷陵区三斗坪镇境内，距下游葛洲坝水利枢纽工程38 km，是当今世界最大的水力发电工程。本实例用装饰器模式输出三峡大坝的功能，现已存在输出三峡大坝功能的类 Sanxia，在输出原有功能的基础上扩展具体装饰 Info1Decorator 和 Info2Decorator 输出更多三峡大坝的功能，从而更好地理解装饰器模式的使用。

（2）设计。在上述场景中，需要对三峡大坝的功能描述进行扩展。一般来说，可以通过继承和组合的方式来给一个对象添加行为，虽然使用继承能够使对象很好地拥有父类的行为，然而这种方式存在几个缺点：其一，容易产生“类爆炸”现象；其二，若对象之间的关系复杂，则系统变得复杂，不利于维护；其三，继承关系对对象行为的扩展是静态的。为此，可以通过装饰器模式，动态地给一个对象添加一些额外的行为。就增加功能来说，装饰器模式提供了比继承关系更有弹性的替代方案。

依据装饰器模式的设计范式，构建一个抽象的装饰器类 ShapeDecorator，并通过组合的方式建立装饰器类 ShapeDecorator 与目标类 Shape 之间的依赖关系。图 9.6 所示为基于装饰器模式扩展三峡大坝功能的 UML 类图。

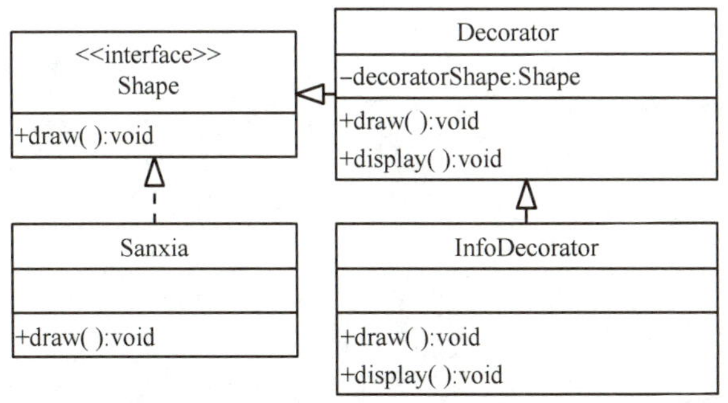

图 9.6　基于装饰器模式扩展三峡大坝功能的 UML 类图

（3）实现。实现代码如下：

```
public class Client {
    public static void main(String[] args) {
        Shape sanxia = new Sanxia();
```

```
        Shape info1 = new Info1Decorator(new Sanxia());
        Shape info2 = new Info2Decorator(new Sanxia());
        System.out.println("三峡大坝功能介绍:");
        sanxia.draw();
        info1.draw();              //装饰1后的介绍
        info2.draw();              //装饰2后的介绍
    }
}
//抽象构件
interface Shape {
    void draw();
}
//具体构件
class Sanxia implements Shape{
    public void draw() {
        System.out.println("三峡大坝的核心功能是水力发电");
    }
}
//抽象装饰
abstract class ShapeDecorator implements Shape {
    protected Shape decoratorShape;
    public ShapeDecorator(Shape decoratorShape) {
        this.decoratorShape = decoratorShape;
    }
    public void draw() {
        decoratorShape.draw();
    }
}
//具体装饰1
class Info1Decorator extends ShapeDecorator {
    public Info1Decorator(Shape decoratorShape) {
        super(decoratorShape);
    }
    public void draw() {
        decoratorShape.draw();
        dispaly();
    }
    private void dispaly() {
        System.out.println("三峡大坝可以调节水能、防止洪涝灾害发生");
    }
}
//具体装饰2
```

```
class Info2Decorator extends ShapeDecorator {
    public Info2Decorator(Shape decoratorShape) {
        super(decoratorShape);
    }
    public void draw() {
        decoratorShape.draw();
        dispaly();
    }
    private void dispaly() {
        System.out.println("三峡大坝可以作为景区,供游客参观旅游");
    }
}
```

程序运行结果如下：

```
三峡大坝功能介绍：
三峡大坝的核心功能是水力发电
三峡大坝的核心功能是水力发电
三峡大坝可以调节水能、防止洪涝灾害发生
三峡大坝的核心功能是水力发电
三峡大坝可以作为景区,供游客参观旅游
```

9.3.4　模式特点

装饰器模式的优点如下。

（1）装饰器模式是继承关系的有力补充，它比继承关系灵活，可以在不改变原有对象的情况下，动态地扩展对象的功能。

（2）通过使用不同的装饰类及这些装饰类的排列组合，可以实现不同的效果。

（3）装饰器模式完全遵守开闭原则。

装饰器模式的缺点如下：装饰器模式会增加许多子类，过度使用会增加程序的复杂性。

9.4　享元模式

二维码 9-1　享元模式

9.5 外观模式

二维码 9-2 外观模式

9.6 代理模式

二维码 9-3 代理模式

本章小结

（1）结构型模式主要用于处理类和对象的组合，不同结构型模式的特点如表 9 所示。

表 9 不同结构型模式的特点

模式	特点
适配器模式	将目标类和适配者类解耦，增加了类的透明性和复用性
桥接模式	将抽象部分和它的实现部分分离，使它们都可以独立地变化
组合模式（见第 6 章）	将对象组合成树形结构以表示“部分-整体”的层次结构
装饰器模式	动态地给对象添加新的功能
享元模式	通过共享技术来有效地支持大量细粒度的对象
外观模式	对外提供一个统一的方法，来访问子系统中的一些接口
代理模式	为其他对象提供一个代理以便控制这个对象的访问

(2) 主要结构型模式的适用场景总结。

①适配器模式。

• 作用：适配即转换，该模式用于在不改变原有实现的基础上，将不兼容的接口改为兼容的接口。

• 动机：解决应用环境变化，以及现存对象在新环境下不兼容的问题。

• 需要解决的问题：

➢ 如何解决“迁移的变化”？

➢ 如何既能利用现有对象的良好实现，又能满足新的应用环境要求的接口？

• 方案：将某个类的一种接口转换成另一种接口，使原本由于接口不兼容而不能一起工作的类可以一起工作。

②桥接模式。

• 作用：将抽象与实现分离，使它们可以独立变化，它是用组合关系代替继承关系来实现的，从而降低了抽象和实现这两个可变维度的耦合度。

• 动机：将抽象部分与实现部分分离，使它们都可以独立地变化。

• 需要解决的问题：如何应对“多维度的变化”而不引入额外的复杂度？

• 方案：将抽象部分与实现部分分离，让其可以独立地变化。

③装饰器模式。

• 作用：在不改变现有对象结构的情况下，动态地给该对象增加一些额外的功能。

• 动机：解决用继承引入导致的多继承、缺乏灵活性的问题。

• 需要解决的问题：

➢ 如何使“对象功能的扩展”能够根据需要来动态地实现（在运行时如何实现），同时避免“扩展功能的增多”带来的子类膨胀问题？

➢ 如何将“功能扩展变化”所导致的影响降到最低？

• 方案：动态地给一个对象增加一些额外的功能。从增加功能来说，装饰器模式比生成子类更加灵活。

④享元模式。

• 作用：运用共享技术来有效地支持大量细粒度对象的复用，它通过共享已经存在的对象来大幅度减少需要创建的对象数量，减小系统开销，从而提高系统资源的利用率。

• 动机：降低采用面向对象编程所带来的运行时代价，尽可能减少内存的使用。

• 需要解决的问题：如何避免大量细粒度对象所带来的开销问题？

• 方案：通过共享技术来支持大量细粒度的对象。

习题 9

程序设计题

9.1 使用适配器模式设计一款仿生机器人，使用 cry()、move() 等方法，在不修改已有代码的基础上使仿生机器人能像猫一样叫、像鱼一样游。

9.2 设计一个多功能搅拌机，可以通过切换不同形状的搅拌棒实现和面、打蛋等功能。

9.3 设计一款翻译软件，能够实现英汉互译。

9.4 使用桥接模式设计一款模拟画笔，其中模拟画笔能够设置大、中、小 3 种型号，且能够绘制 5 种不同的颜色。

9.5 使用装饰器模式设计“大黄蜂”（变形金刚），大黄蜂在变形之前是汽车，可以在陆地上移动，变形之后可以说话。

9.6 使用装饰器模式形象地表达“如虎添翼”。

9.7 将自己想象为乐高的设计师，使用若干种基础积木构建出丰富多彩的复杂造型。

9.8 使用代理模式设计“我爱我家”（售楼中介）的二手房交易结构模型。

9.9 政府有很多职能部门，使用外观模式设计一个对外接待网络平台，实现民众对政府的一站式访问。

实验 9

实验 9.1 Java 适配器模式设计

实验 9.2 享元模式的定义及其应用

实验 9.3 外观模式和桥接模式

第 10 章　行为型模式及应用

【本章导读】

行为型模式（Behavioral Pattern）用于描述程序在运行时复杂的流程控制，即描述多个类或对象之间怎样相互协作，共同完成单个对象无法完成的任务，它涉及算法与对象之间职责的分配。行为型模式不仅关注类和对象的结构，而且关注它们之间的相互作用。通过行为型模式，可以更加清晰地划分类与对象的职责，并研究系统运行时对象之间的交互。在系统运行时，对象并不是孤立的，它们可以通过相互通信与协作完成某些复杂功能，一个对象在运行时也将影响其他对象的运行。

《设计模式》一书中提出了策略、责任链、状态、观察者、中介者、模板方法、命令、迭代器、访问者、备忘录、解释器这 11 种行为型模式。本章将介绍策略、责任链、观察者、模板方法和命令模式。在介绍每种模式时，先通过对实际情形的分析与思考引出模式思想与模式定义，再介绍模式结构和范式，然后针对实际应用场景进行建模和实现，最后总结模式特点。

【本章思维导图】

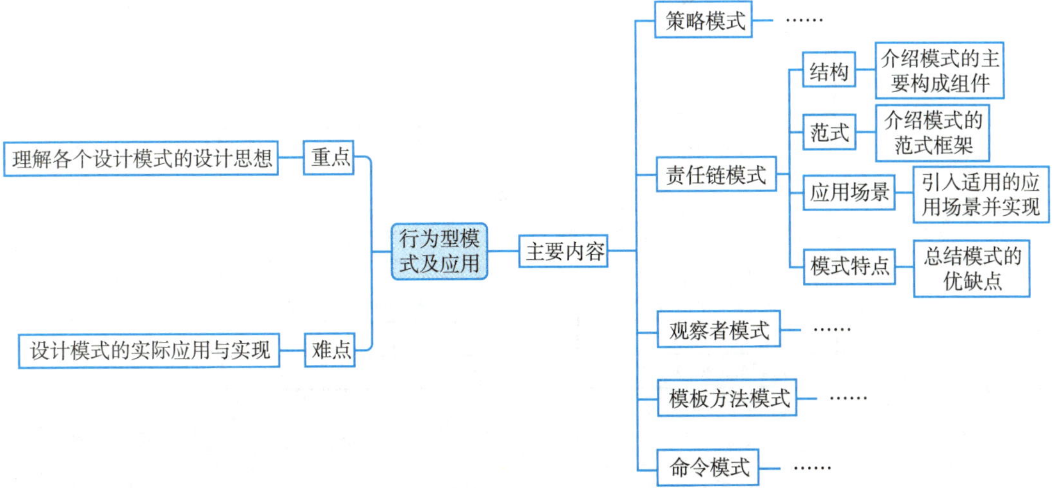

10.1 策略模式

大到国家，小到组织、个人，当面对一个任务或需求时，可能会同时设定多套解决方案。2016年7月1日，习近平总书记在庆祝中国共产党成立95周年大会上讲话指出，面向未来，面对挑战，全党同志一定要不忘初心、继续前进。时至今日，“不忘初心”已经成为共产党人的终身课题。这一课题对于不同岗位的人具有不同的要求和实现方式：医务工作者需要医者仁心，精进医术，教师工作者需要兢兢业业，有教无类，军人则应忠诚勇敢，保家卫国……换言之，“不忘初心”的实现方式多种多样，应视具体情况、职业或社会分工而定。

程序开发服务于生活应用的实际，因此面对一个具体任务时，理应从不同层面和角度提供多种解决策略。例如，当需要对一系列有限元素进行满足特定规则的排序时，程序可能需要提供多种算法（如冒泡排序、直插排序、归并排序等），以供使用者视具体需求（时间效率、空间效率等）选择其中一种。此时，策略模式就可以实现这一需求。

策略模式（Strategy Pattern）定义了一系列算法，并将每个算法封装起来，使它们可以相互替换，且算法的变化不会影响算法的使用者。策略模式属于对象行为型模式，它通过对算法进行封装，把使用算法的责任和算法的实现分割开来，并委派不同的对象对这些算法进行管理和使用。

10.1.1 结构

策略模式的主要角色如下。

（1）抽象策略（Strategy）：定义了一个公共接口，各种不同的算法以不同的方式实现这个接口，环境类使用这个接口调用不同的算法，一般使用接口或抽象类实现。

（2）具体策略（ConcreteStrategy）：实现了抽象策略定义的接口，提供具体的算法实现。

（3）环境（Context）：持有一个策略类的引用，最终给使用者调用。

图10.1所示为策略模式的UML类图。

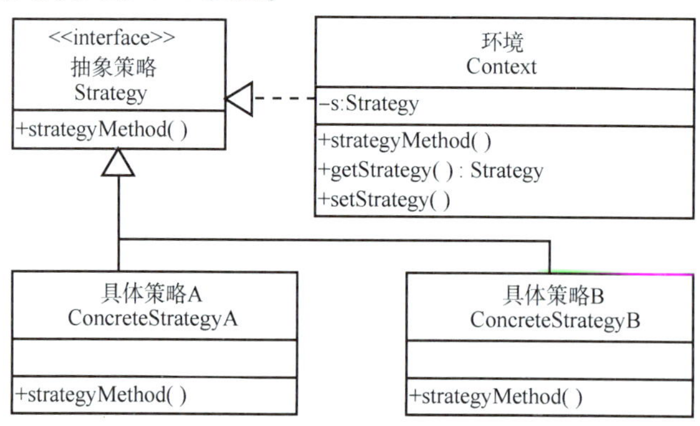

图10.1 策略模式的UML类图

10.1.2 范式

策略模式的范式如下：

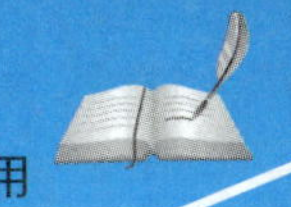

```
public class StrategyPattern {
public static void main(String[] args) {
    Context c = new Context();
    Strategy s = new ConcreteStrategyA();
    c.setStrategy(s);
    c.strategyMethod();
    System.out.println("-----------------");
    s = new ConcreteStrategyB();
    c.setStrategy(s);
    c.strategyMethod();
    }
}
//抽象策略
interface Strategy {
    public void strategyMethod();                    //策略方法
}
//具体策略 A
class ConcreteStrategyA implements Strategy {
    public void strategyMethod() {
    System.out.println("具体策略 A 的策略方法被访问!");
    }
}
//具体策略 B
class ConcreteStrategyB implements Strategy {
    public void strategyMethod() {
    System.out.println("具体策略 B 的策略方法被访问!");
    }
}
//环境
class Context {
private Strategy strategy;
    public Strategy getStrategy() {
            return strategy;
    }
    public void setStrategy(Strategy strategy) {
            this.strategy = strategy;
    }
    public void strategyMethod() {
            strategy.strategyMethod();
    }
}
```

程序运行结果如下：

```
具体策略 A 的策略方法被访问!
-----------------
具体策略 B 的策略方法被访问!
```

10.1.3 应用场景

（1）场景。上文提到了“不忘初心”的例子，使用策略模式实现该例子，体现在医务领域和军队领域践行“不忘初心”的策略灵活性。

（2）设计。依据策略模式，设计一个抽象策略类 StrategyNFWYS（Never Forget Why You Start，不忘初心），然后分别定义医务工作者和军人的具体策略类——ConcreteStrategyDoctors 类和 ConcreteStrategySoldiers 类，最后定义一个名为 Context 的环境类。

图 10.2 所示为“不忘初心”实例的 UML 类图。

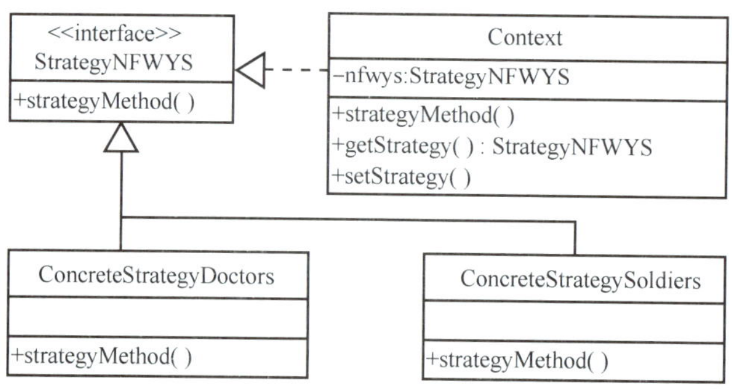

图 10.2 “不忘初心”实例的 UML 类图

（3）实现。实现代码如下：

```
public class StrategyPattern {
    public static void main(String[] args) {
        Context c = new Context();
//医务工作者落实“不忘初心”的策略
        StrategyNFWYS s = new ConcreteStrategyDoctors();
        c. setStrategy(s);
        c. strategyMethod();
        System. out. println("-----------------");
//军人落实“不忘初心”的策略
s = new ConcreteStrategySoldiers();
        c. setStrategy(s);
        c. strategyMethod();
    }
}
interface StrategyNFWYS {                          //“不忘初心”抽象策略
    public void strategyMethod();                  //策略方法
}
//具体策略类：医务工作者
class ConcreteStrategyDoctors implements StrategyNFWYS {
    public void strategyMethod() {
        System. out. println("医者仁心，精进医术");
    }
```

```
}
//具体策略类：军人
class ConcreteStrategySoldiers implements StrategyNFWYS {
    public void strategyMethod() {
        System. out. println("忠诚勇敢,保家卫国");
    }
}
//环境类
class Context {
    private StrategyNFWYS nfwys;                    //never forget why you start
    public StrategyNFWYS getStrategy() {
        return nfwys;
    }
    public void setStrategy(StrategyNFWYS nfwys) {
        this. nfwys = nfwys;
    }
    public void strategyMethod() {
        nfwys. strategyMethod();
    }
}
```

程序运行结果如下：

```
医者仁心,精进医术
-----------------
忠诚勇敢,保家卫国
```

10.1.4　模式特点

策略模式的优点如下。

(1) 多重条件语句不易维护，而使用策略模式可以避免使用多重条件语句，如 if…else 语句、switch 语句。

(2) 策略模式提供了一系列可供复用的算法簇，恰当使用继承关系可以把算法簇的公共代码转移到父类中，从而避免出现重复的代码。

(3) 策略模式可以提供相同行为的不同实现，客户可以根据不同时间或空间要求选择不同的策略。

(4) 策略模式对开闭原则的支持良好，可以在不修改原代码的情况下，灵活增加新算法。

(5) 策略模式把算法的使用放到环境类中，而算法的实现移到具体策略类中，实现了两者的分离。

策略模式的缺点如下。

(1) 使用者必须理解所有策略算法的区别，以便适时选择恰当的算法类。

(2) 策略模式造成很多的策略类，增加了维护的工作量。

10.2 责任链模式

在实际生活中，往往会遇到一件事情需要经过多次处理的情况，与逐次参与每一次的处理相比，“提交一次，自动传递”的方式更有效率。例如，快递物流行业全自动化的货物分拣系统是实现货物快速处理的核心，位于流水线上的每个快递会经过多个快递地址检查点，假如符合该检查点的地址节点，就将快递推至该地址节点相应的负责区域，进行更细粒度的快递分拣，否则将快递继续向后传递，寻找对应的地址节点。这种“提交一次，自动传递”的模式可以采用责任链模式（也称为职责链模式）来实现，责任链模式是一种对象行为型模式。

责任链模式（Chain of Responsibility Pattern）的作用如下：为了避免请求发送者与多个请求处理者耦合在一起，将所有请求处理者连接成链条，链条中的每一个对象都保存着其下一个对象的引用；当有请求发生时，可将请求沿着这条链传递，直到有对象处理它为止。

10.2.1 结构

责任链模式主要包含以下角色。

（1）抽象处理者（Handler）：定义一个处理请求的接口，包含抽象处理方法和一个后继连接。

（2）具体处理者（ConcreteHandler）：实现抽象处理者的处理方法，判断能否处理本次请求，如果可以处理本次请求则处理，否则将该请求转给它的后继者。

（3）客户类（Client）：创建处理链，并向链头的具体处理者对象提交请求，它不关心处理细节和请求的传递过程。

责任链模式的本质是解耦请求与处理，让请求在处理链中能进行传递以及接受处理；责任链模式的独到之处是将其节点处理者组合成了链式结构，并允许节点自身决定是否进行请求处理或转发，相当于让请求流动起来。

图 10.3 所示为责任链模式的 UML 类图。

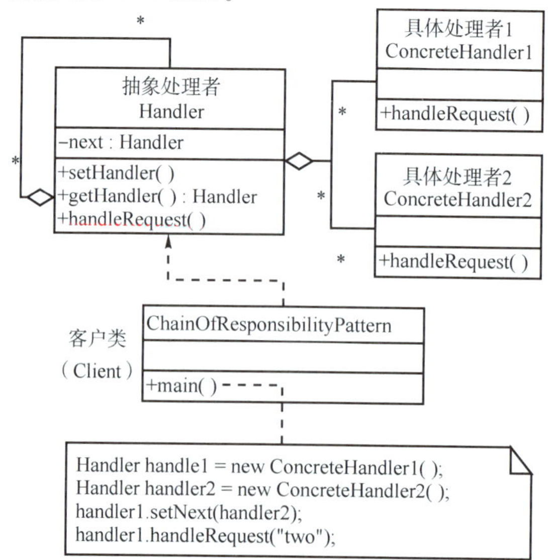

图 10.3　责任链模式的 UML 类图

10.2.2 范式

责任链模式的范式如下：

```
public class ChainOfResponsibilityPattern {
    public static void main(String[] args) {
        //组装责任链
        Handler handler1 = new ConcreteHandler1();
        Handler handler2 = new ConcreteHandler2();
        handler1.setNext(handler2);
        //提交请求
        handler1.handleRequest("two");
    }
}
//抽象处理者
abstract class Handler {
    private Handler next;
    public void setNext(Handler next) {
        this.next = next;
    }
    public Handler getNext() {
        return next;
    }
    //处理请求的方法
    public abstract void handleRequest(String request);
}
//具体处理者1
class ConcreteHandler1 extends Handler {
    public void handleRequest(String request) {
        if (request.equals("one")) {
            System.out.println("具体处理者1负责处理该请求!");
        } else {
            if (getNext() != null) {
                getNext().handleRequest(request);
            } else {
                System.out.println("没有人处理该请求!");
            }
        }
    }
}
//具体处理者2
class ConcreteHandler2 extends Handler {
```

```
        public void handleRequest(String request) {
            if (request.equals("two")) {
                System.out.println("具体处理者2负责处理该请求!");
            } else {
                if (getNext() != null) {
                    getNext().handleRequest(request);
                } else {
                    System.out.println("没有人处理该请求!");
                }
            }
        }
    }
```

程序运行结果如下：

```
具体处理者2负责处理该请求!
```

思考。与多使用一个 if…else 语句相比，责任链模式好在哪?

10.2.3　应用场景

（1）场景。在上文提到的快递分拣的例子中，假设检查点借由地址邮政编码确定快递投送城市，快递到达投送城市对应的检查点时被推下，否则继续传递。

（2）设计。依据责任链模式，设计一个名为 CheckPoint 的抽象处理者类，其中包含了抽象处理方法 handleRequest( )和指向链条下一节点的指针，然后分别定义对应两座城市的具体处理类 HandanCheckPoint 和 TaiyuanCheckPoint。

图 10.4 所示为快递分拣实例的 UML 类图。

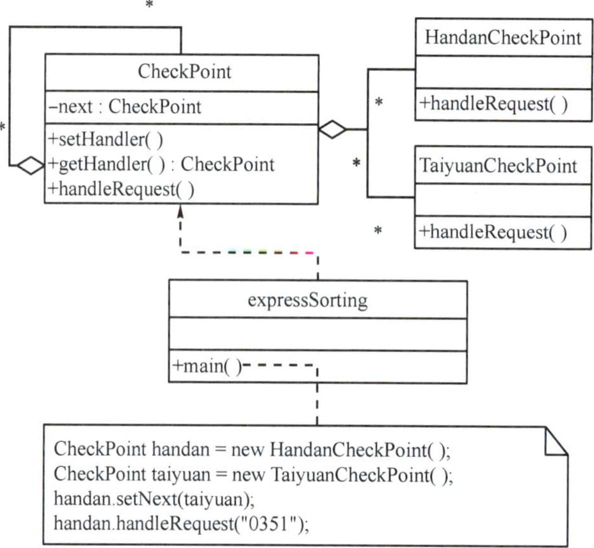

图 10.4　快递分拣实例的 UML 类图

（3）实现。实现代码如下：

```
import java.util.*;
//客户类：快递分拣
public class expressSorting {
    public static void main(String[] args) {
        //组装责任链
        CheckPoint handan = new HandanCheckPoint();
        CheckPoint taiyuan = new TaiyuanCheckPoint();
        handan.setNext(taiyuan);
        //提交请求
        handan.handleRequest("0351");
    }
}
//抽象处理者：检查点类
abstract class CheckPoint {
    private CheckPoint next;
    public void setNext(CheckPoint next) {
        this.next = next;
    }
    public CheckPoint getNext() {
        return next;
    }
    public abstract void handleRequest(String code);                //处理请求的方法
}
//具体处理者1：邯郸检查点类
class HandanCheckPoint extends CheckPoint {
    public void handleRequest(String code) {
        if (code == "0310") {
            System.out.println("驱动机械臂推下快递至 邯郸市存放点");
        } else {
            if (getNext() != null) {
                getNext().handleRequest(code);
            } else {
                System.out.println("未找到合适地区");
            }
        }
    }
}
//具体处理者2：太原检查点类
class TaiyuanCheckPoint extends CheckPoint {
```

```
        public void handleRequest(String code) {
            if (code == "0351") {
                System.out.println("驱动机械臂推下快递至 太原市存放点");
            } else {
                if (getNext() != null) {
                    getNext().handleRequest(code);
                } else {
                    System.out.println("未找到合适地区");
                }
            }
        }
    }
```

程序运行结果如下：

```
驱动机械臂推下快递至 太原市存放点
```

10.2.4 模式特点

责任链模式的优点如下。

(1) 降低了对象之间的耦合度，使一个对象无须知道链的结构和其请求的处理者，发送者和接收者也无须拥有对方的明确信息。

(2) 增强了系统的可扩展性，可以根据需要增加新的请求处理类，满足开闭原则。

(3) 增强了给对象指派责任的灵活性，当工作流程发生变化时，可以动态地改变链内的成员或调动它们的次序，也可动态地新增或删除责任。

(4) 责任链简化了对象之间的连接，每个对象只需要保持一个指向其后继者的引用，无须保持其他所有处理者的引用，这避免了使用众多的 if 或 if…else 语句。

(5) 责任分担，每个类只需要处理自己该处理的工作，不该处理的传递给下一个对象完成，明确各类的责任范围，符合类的单一职责原则。

责任链模式的缺点如下。

(1) 不能保证每个请求一定被处理，由于一个请求没有明确的接收者，因此不能保证它一定会被处理，该请求可能一直传到链的末端都得不到处理。

(2) 对比较长的责任链，请求的处理可能涉及多个处理对象，系统性能将受到一定影响。

(3) 责任链建立的合理性要靠客户端来保证，这增加了客户端的复杂性，可能会由于责任链的错误设置而导致系统出错，例如可能会造成循环调用。

10.3 观察者模式

古语“牵一发而动全身”形容在相互联系的事物中，若其中一个发生改变，则连带其余

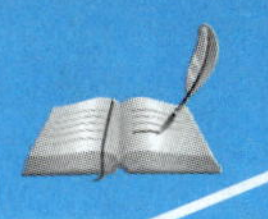

事物也随着变化，这种现象在现实生活中其实很常见。例如，微信标签功能让我们可以为微信好友指定不同的标签，也可以为其创建新的标签。当我们发送朋友圈时，可以控制具有不同标签的用户观看权限。举例来说，一旦某种标签被允许观看朋友圈，具有该标签的用户都可以看到。

在Java编程中，对界面操作的监听也是如此，每个控件（如按钮、文本框、菜单栏等）状态发生变化时（如用户单击、输入等），需要后台一系列程序处理这些操作。事实上，类似于这种对瞬时或短时事件产生响应的操作可以使用观察者模式来实现。

观察者模式（Observer Pattern）指多个对象间存在一对多的依赖关系，当一个对象的状态发生改变时，所有依赖它的对象都会得到通知并自动更新。这种模式又称为发布-订阅模式或模型-视图模式，它是一种对象行为型模式。

10.3.1 结构

观察者模式的主要角色如下。

（1）抽象主题（Subject）：也称为抽象目标类，它提供了一个用于保存观察者对象的聚集类和增加、删除观察者对象的方法，以及通知所有观察者的抽象方法。

（2）具体主题（ConcreteSubject）：也称为具体目标类，它实现抽象目标类中的通知方法，当具体主题的内部状态发生改变时，通知所有注册过的观察者对象。

（3）抽象观察者（Observer）：是一个抽象类或接口，包含一个更新自己的抽象方法，当接到具体主题的更改通知时被调用。

（4）具体观察者（ConcreteObserver）：实现抽象观察者中定义的抽象方法，以便在得到目标的更改通知时更新自身的状态。

图10.5所示为观察者模式的UML类图。

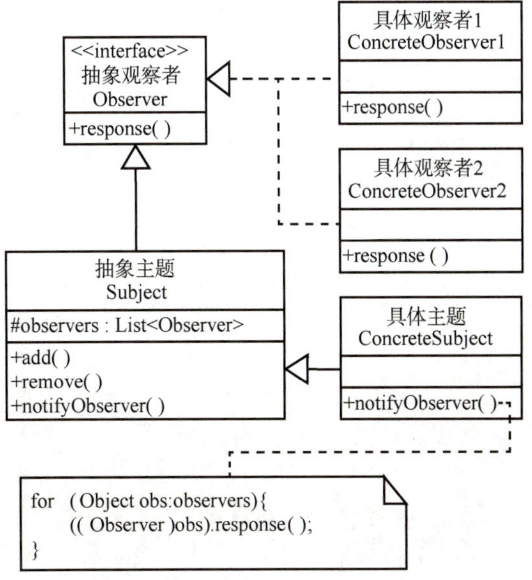

图10.5 观察者模式的UML类图

10.3.2 范式

观察者模式的范式如下：

```
import java.util.*;
public class ObserverPattern {
    public static void main(String[] args) {
        Subject subject = new ConcreteSubject();
        Observer obs1 = new ConcreteObserver1();
        Observer obs2 = new ConcreteObserver2();
        subject.add(obs1);
        subject.add(obs2);
        subject.notifyObserver();
    }
}
//抽象主题
abstract class Subject {
    protected List<Observer> observers = new ArrayList<Observer>();
    //增加观察者方法
    public void add(Observer observer) {
        observers.add(observer);
    }
    //删除观察者方法
    public void remove(Observer observer) {
        observers.remove(observer);
    }
    //通知观察者方法
    public abstract void notifyObserver();
}
//具体主题
class ConcreteSubject extends Subject {
    public void notifyObserver() {
        System.out.println("具体主题发生改变...");
        System.out.println("--------------");
        for (Object obs : observers) {
            ((Observer) obs).response();
        }
    }
}
//抽象观察者
interface Observer {
    //反应
    void response();
}
```

```
//具体观察者 1
class ConcreteObserver1 implements Observer {
    public void response() {
        System.out.println("具体观察者 1 作出反应!");
    }
}
//具体观察者 1
class ConcreteObserver2 implements Observer {
    public void response() {
        System.out.println("具体观察者 2 作出反应!");
    }
}
```

程序运行结果如下：

```
具体主题发生改变...
--------------
具体观察者 1 作出反应!
具体观察者 2 作出反应!
```

10.3.3 应用场景

(1) 场景。在上文提到的微信标签功能的例子中，假设有名为“workmates”的标签被设置为可以看到新发布的朋友圈，引发该标签下的微信用户都可以看到朋友圈内容。

(2) 设计。依据观察者模式，设计一个名为 Label 的抽象标签类（抽象主题类），其中包含了一些标签下用户对象的操作方法，然后定义具体标签类（具体主题类）Workmates 并实现朋友圈消息通知功能 notifyUser()。设计用户接口，即抽象观察者 User，内含 receive() 方法接收并显示朋友圈，再设计两个具体观察者类，即两个用户类：ZhangSan 和 LiSi。

图 10.6 所示为微信标签功能实例的 UML 类图。

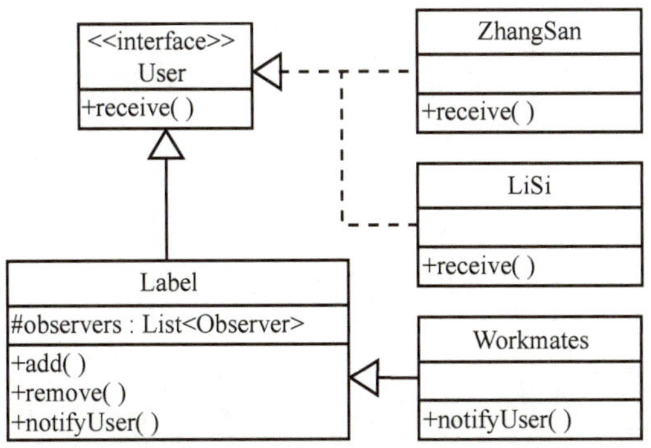

图 10.6 微信标签功能实例的 UML 类图

(3) 实现。实现代码如下：

```
import java.util.* ;
public class WeixinLabel {
```

```
public static void main(String[] args) {
        Label label = new Workmates();                    //新建标签 workmates
        User zs = new ZhangSan();
        User ls = new LiSi();
        label. add(zs);                                   //为该标签添加用户张三
        label. add(ls);                                   //为该标签添加用户李四
        label. notifyUser();                              //获得朋友圈权限并通知用户行程码
    }
}
//抽象目标:标签
abstract class Label {
    protected List<User> users = new ArrayList<User>();
    //增加用户方法
    public void add(User user) {
        users. add(user);
    }
    //删除用户方法
    public void remove(User user) {
        users. remove(user);
    }
    public abstract void notifyUser();                    //通知用户方法
}
//具体目标:某具体标签
class Workmates extends Label {
    public void notifyUser() {
        System. out. println("允许观看最新朋友圈...");
        System. out. println("--------------");
        for (Object obs : users) {
            ((User) obs). receive();
        }
    }
}
//抽象观察者:微信用户
interface User {
    void receive(); //接收并显示朋友圈
}
//具体观察者 1:张三
class ZhangSan implements User {
    public void receive() {
        System. out. println("张三 可以看到最新朋友圈!");
    }
}
//具体观察者 2:李四
class LiSi implements User {
```

```
    public void receive() {
        System.out.println("李四 可以看到最新朋友圈!");
    }
}
```

程序运行结果如下：

```
允许观看最新朋友圈...
----------------
张三 可以看到最新朋友圈!
李四 可以看到最新朋友圈!
```

10.3.4 模式特点

观察者模式的优点如下。

(1) 降低了目标与观察者之间的耦合度，两者之间是抽象耦合关系，符合依赖倒置原则。

(2) 目标与观察者之间建立了一套触发机制。

观察者模式的缺点如下。

(1) 目标与观察者之间的依赖关系并没有完全解除，而且有可能出现循环引用。

(2) 当观察者对象很多时，通知的发布会花费很多时间，影响程序的效率。

10.4 模板方法模式

二维码 10-1 模板方法模式

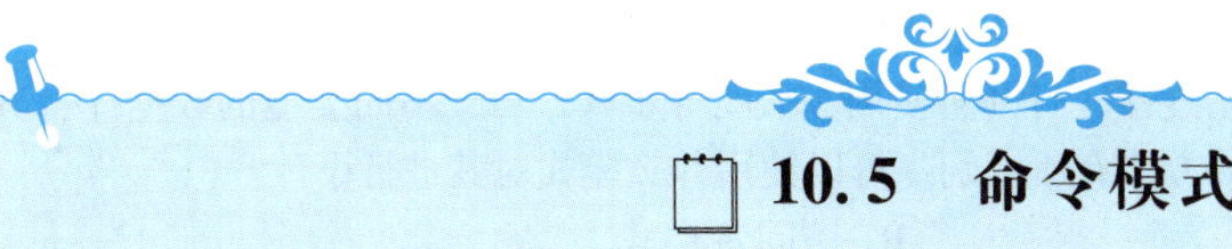

10.5 命令模式

二维码 10-2 命令模式

本章小结

(1) 行为型模式关注对象或类之间的互动，常用于复杂的多个类、多个对象的协同场景。

(2)《设计模式》一书中总结了策略、责任链、状态、观察者、中介者、模板方法、命令、迭代器、访问者、备忘录、解释器这 11 种行为型模式。本章介绍了策略、责任链、观察者、模板方法和命令模式。

(3) 策略模式定义了一系列算法，并将每个算法封装起来，使它们可以相互替换，且算法的变化不会影响算法的使用者，即"换汤（算法）不换药（计算结果）"。

(4) 责任链模式将所有请求处理者通过前一个对象记住其下一个对象的引用而连成一条链；当有请求发生时，可将请求沿着这条链传递，直到有对象处理它为止，类似于"回转寿司"或"流水线"。

(5) 观察者模式指多个对象间存在一对多的依赖关系，当一个对象的状态发生改变时，所有依赖于它的对象都会得到通知并被自动更新，即"牵一发而动全身"。

(6) 模板方法模式定义一个操作的算法骨架，将算法的一些步骤放到子类中，使子类可以在不改变该算法结构的情况下重定义该算法的某些特定步骤，即"万变不离其宗（框架）"。

(7) 命令模式将一个请求封装为一个对象，将发出请求的责任和执行请求的责任分割开。所谓"神龙见首不见尾"，请求发出者和执行者中间只靠请求对象连接。

习题 10

选择题

10.1 用户到银行办理业务时，一般都包含以下几个基本步骤：取号排队、办理具体业务和对银行工作人员进行评分。无论具体业务是取款、存款还是转账，其基本流程都一样。可以使用什么模式模拟银行业务办理流程？(　　)

A. 工厂方法模式　　B. 访问者模式

C. 模板方法模式　　D. 责任链模式

10.2 对数据库的操作一般包括连接、打开、使用、关闭等步骤，对于不同类型的数据库，其操作步骤都一致，只是连接数据库的方法有所区别。可以使用什么模式对其进行设计？(　　)

A. 工厂方法模式　　B. 访问者模式

C. 模板方法模式　　D. 责任链模式

10.3 在一个论坛中，已注册用户和游客的权限不同。已注册的用户拥有发帖、修改自己的注册信息、修改自己的帖子等权限；而游客只能看到别人发的帖子，没有其他权限。可以使用以下哪种模式来设计该权限管理模块？(　　)

A. 工厂方法模式　　B. 代理模式

C. 享元模式　　D. 外观模式

10.4 某软件可用画笔模拟毛笔的使用过程，该软件提供了大、中、小 3 种型号的画笔，能

够绘制5种不同的颜色。可以使用以下哪种模式来模拟实现模拟毛笔的使用？(　　)

A. 命令模式　　B. 桥接模式
C. 单例模式　　D. 责任链模式

10.5 现在大多数软件都有撤销功能，快捷键一般是〈Ctrl+Z〉。这些软件可能使用了以下哪种模式来进行？(　　)

A. 备忘录模式　　B. 访问者模式
C. 模板方法模式　　D. 责任链模式

10.6 假设猫是老鼠和狗的观察目标，老鼠和狗是观察者。猫叫，老鼠跑，狗也跟着叫。可以使用以下哪种模式描述该过程？(　　)

A. 命令模式　　B. 观察者模式
C. 责任链模式　　D. 单例模式

10.7 通过电视机遥控器可以实现对电视机频道的选择，其实选择电视机频道就是对存放频道的集合进行遍历操作。可以使用以下哪种模式模拟电视机遥控器的实现？(　　)

A. 命令模式　　B. 观察者模式
C. 迭代器模式　　D. 单例模式

10.8 假设一个电源总开关可以控制4盏灯、一台风扇、一台空调和一台电视机的启动和关闭。通过该电源总开关可以同时控制上述所有电器设备。可以使用以下哪种模式来模拟设计该系统？(　　)

A. 外观模式　　B. 观察者模式
C. 迭代器模式　　D. 单例模式

10.9 某快餐店套餐一般包含主食（如汉堡、鸡肉卷等）和饮料（如果汁、可乐等）等组成部分，不同的套餐有不同的组成部分，而快餐店的服务员可以根据顾客的要求，逐步装配这些组成部分，组合成一份完整的套餐，然后拿给顾客。可以使用以下哪种模式描述快餐店如何创建套餐？(　　)

A. 外观模式　　B. 观察者模式
C. 迭代器模式　　D. 建造者模式

10.10 某OA系统需要提供一个假条审批的模块，如果员工请假天数小于3天，则主任可以审批该假条；如果员工请假天数大于或等于3天且小于10天，则经理可以审批；如果员工请假天数大于或等于10天且小于30天，则总经理可以审批；如果员工请假天数超过30天，则总经理也不能审批，提示相应的拒绝信息。如果假条审批使用模式来进行设计，那么可以使用以下哪种模式？(　　)

A. 责任链模式　　B. 备忘录模式
C. 模板方法模式　　D. 访问者模式

程序设计题

10.11 有一个电视机工厂，生产各种品牌的电视机。现要将原有的工厂进行分割，为每种品牌的电视机提供一个子工厂A工厂专门负责生产A电视机，B工厂专门负责生产B电视机。如果需要生产其他某种品牌的电视机，则只需要对应增加一个新的该品牌电视机工厂即可，原有的工厂无须做任何修改，使整个系统更加具有灵活性和可扩展性。请使用工厂方法模式设计电视机工厂，画出模式结构，并进行代码设计。

10.12 在Windows系统中，回收站只能有一个实例，整个Windows系统都使用这个唯一的实例。无论如何双击“回收站”图标，打开的“回收站”窗口始终是唯一的。请使用单例模式模拟回收站的创建。画出UML类图、指出模式角色对应的类，并使用Java代码实现。

10.13 建造者模式可以用于描述快餐店如何创建套餐：套餐是一个复杂对象，它一般包含主食（如汉堡、鸡肉卷等）和饮料（如果汁、可乐等）等组成部分，不同的套餐有不同的组成部分，而快餐店的服务员可以根据顾客的要求，逐步装配这些组成部分，组合成一份完整的套餐，然后拿给顾客。画出 UML 类图、指出各角色及对应的类，并使用 Java 代码编写模拟程序。

10.14 设计一个类，该类创建的对象使用 BigInteger 对象计算阶乘，虽然占用内存多，但是能计算任意大的整数的阶乘，不过计算速度相对较慢。要求使用责任链模式将上面的对象组成一个责任链，责任链上对象的顺序是：首先使用整型数据计算阶乘的对象，然后使用长整型数据计算阶乘的对象，最后使用 BigInteger 对象计算阶乘的对象。用户可以请求责任链计算一个整数的阶乘。

10.15 现需要设计一个可以模拟各种动物行为的机器人，在机器人中定义了一系列方法，如机器人叫喊方法 cry( )、机器人移动方法 move( )等。现在希望在不修改已有代码的基础上使机器人能够像狗一样叫，像狗一样跑，请使用适配器模式进行系统设计。

10.16 设计一个自动取款机（Automated Teller Machine，ATM），请说出设计思路。如果设计金融系统，则必须知道它们应该在任何情况下都能够正常工作。无论是断电还是其他情况，ATM 都应保持正确的状态（事务），想想加锁（Locking）、事务（Transaction）、错误条件（Error Condition）、边界条件（Boundary Condition）等应如何设置。

二维码 10-3 设计模式及程序设计的主要原则

实验 10

实验 10.1 行为型设计模式综合实验 1

实验 10.2 行为型设计模式综合实验 2

应用篇：Java 高级编程

第 11 章　JavaFX 图形界面设计

【本章导读】

图形用户界面（Graphics User Interface，GUI）是用户与计算机交互的图形化操作界面。为了开发桌面程序和网络客户端程序，Java 提供了强大的 GUI API（Application Progiamming Interface，是一些预先定义的类或接口，可通过查阅类库的帮助文档去了解，参见 1.5.3 小节。早期版本的 Java 提供了两个 API 包：java. awt 和 java. swing；随着 Java 技术的不断发展，Oracle 公司在 JDK 8 版本推出了全新的 GUI API：JavaFX。

JavaFX 融入了现代 GUI 技术，支持开发 Rich Internet Applications（RIAs）和移动触摸设备。富因特网应用是一种 Web 应用，JavaFX 程序可以无缝地在桌面或 Web 浏览器中运行。JavaFX 统一定义各种控件、图形、图像视图、媒体（音频视频）视图为节点，节点作为可视化组件，可以直接被添加至容器中。与 java. swing 相比，JavaFX 减少了容器的窗格层次，简化了图形、图像和媒体的显示操作。

本书通过 3 章学习 JavaFX 技术：第 11 章设计场景，第 12 章进行事件处理，第 13 章多媒体技术。

【本章思维导图】

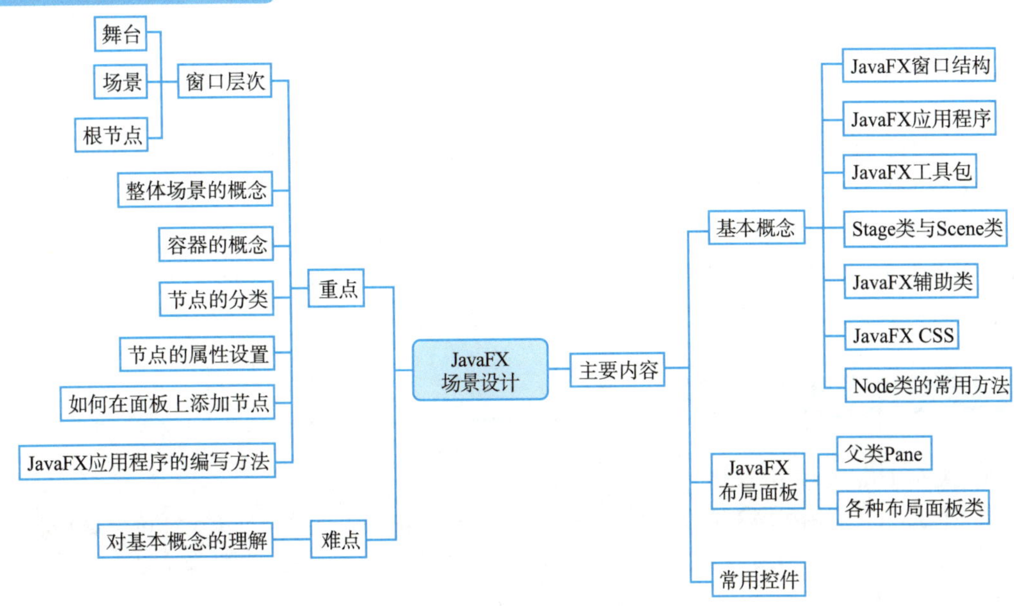

11.1 JavaFX 基本概念

11.1.1 JavaFX 窗口结构

JavaFX 对图形界面各个组成部分的命名借用了剧院术语，一个 JavaFX 窗口结构中包含舞台（Stage）、场景（Scene）、节点（Node）、面板（Pane）、控件（Control）、形状（Shape）、图像视图（ImageView）、媒体视图（MediaView）等元素。

JavaFX 窗口结构如图 11.1 所示，舞台中放置场景，场景中可以放置 JavaFX 的布局面板作为根节点。节点可以被添加至面板，也可以被放置于场景中。各种节点就像在场景中演出的演员，分别担任不同的角色。

舞台是 JavaFX 图形界面的顶层窗口。

场景是一个容器，其中只可直接放置一个节点，该节点被称为根节点。根节点限制为面板或控件，不能是其他类型的节点。当窗口中需要放置多个节点时，根节点必须为面板。

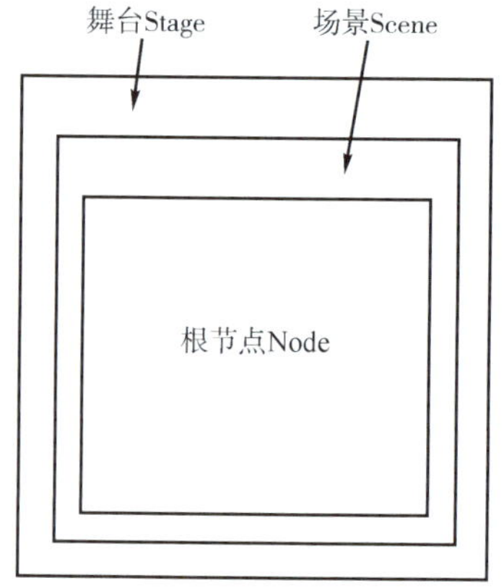

图 11.1　JavaFX 窗口结构

节点是可视化的组件，有多种类型，可以是控件、形状、面板、图像视图、媒体视图、Web 视图等。

面板既是节点，又是容器，面板上可以摆放各种节点。JavaFX 提供多种类型的布局面板，供用户为窗口组织节点。

控件的作用是完成与用户的交互。控件包括标签（Label）、按钮（Button）、复选框（CheckBox）、单选按钮（RadioButton）、文本框（TextField）、文本区（TextArea）等。控件属于节点。

形状指基本的图形元素，包括文本、直线、圆、椭圆、矩形、弧、多边形、折线等。形状也是节点。

图像视图和媒体视图都属于节点。图像视图是静态的，而媒体视图指动态的视频或音频。

注意：

（1）容器。可以在容器上添加或放置组件，如 JavaFX 的各种面板。另外，容器还可以作为组件被放置或添加到其他的容器中，所以容器也属于组件。

（2）场景的根节点如果是面板，面板上又可以添加其他节点，这些节点是面板的子节点，面板是这些节点的父节点。子节点还可以是面板，则该子节点又成为其他节点的父节点……直至叶子节点，根节点没有父节点。由此建立丰富的场景内容。

11.1.2 JavaFX 应用程序

如何编写 JavaFX 应用程序？

每一个 JavaFX 应用程序都必须继承 javafx. application. Application 这个抽象类，该类是 Object 类的直接子类。Application 类定义的常用方法包括静态方法 launch(String...)、抽象方法 start(Stage)、实例方法 init() 和 stop()。launch(String...) 方法被主方法调用，用来启动一个独立的 JavaFX 程

序，main(String...)方法把从命令行接收的参数值传递给 launch(String...)方法的可变参数；start(Stage)方法必须被重写，其参数接收 JavaFX 程序的主舞台，在 start(Stage)方法体中设置主舞台的场景，也可以根据需要创建其他舞台并设置舞台的场景，最后显示出来；init()方法不能用来创建舞台和场景，可以进行其他初始化操作（若不需要，则不用重写），其在加载 Application 类后 init()方法被自动调用，之后 start(Stage)方法被自动调用；stop()方法在 JavaFX 程序停止时被调用，可以用来释放资源。具体请参见 JavaFX 的类库文档。

注意：一个 JavaFX 程序至少有一个主舞台和场景，主舞台是 JavaFX 程序启动时由系统自动创建的，在程序自动调用 start()方法时，主舞台通过参数被传递给 start()方法，再由 start()方法设置场景并显示。在 start()方法中，也可以再创建其他舞台实例并设置场景和显示。

例 11.1　在一个程序中创建两个舞台。主舞台的场景内容，如图 11.2：根节点为 Pane 面板，面板上放置两个形状节点（一个文本形状和一个圆形）。第二个舞台的场景根节点是一个按钮，因为根节点只能有一个，且按钮不是容器，所以该按钮也成为叶子节点。程序 Example11_1. java 如下：

```
import javafx.application.Application;
import javafx.stage.Stage;
import javafx.scene.Scene;
import javafx.scene.text.Text;
import javafx.scene.shape.Circle;
import javafx.scene.control.Button;
import javafx.scene.layout.Pane;
public class Example11_1 extends Application{     //定义 JavaFX 程序类，父类必须为 Application
  @Override                                         //该注解强调父类的 start(Stage)方法必须重写
  public void start(Stage primaryStage) {           //重写父类的方法，传进的参数为主舞台
    Text text = new Text(90, 30,"实心圆");
    //创建一个文本形状对象，文本在容器的位置坐标(90, 30)
    Circle circle = new Circle(115, 90, 30);
    //创建一个圆形形状对象，圆心在容器的位置坐标 (115, 90),半径 30
    Pane pane = new Pane(text,circle);
    //创建面板，面板容器上放置两个形状节点：一个文本形状和一个圆形
    Scene scene = new Scene(pane, 230, 150);//创建场景，设置根节点为面板，设置显示宽度和高度
    primaryStage.setTitle("主舞台");               //设置主舞台的标题
    primaryStage.setScene(scene);                   //设置主舞台的场景为创建好的 scene
    primaryStage.show();                            //显示主舞台

    Stage stage = new Stage();                      //创建新舞台
    stage.setAlwaysOnTop(true);                     //设置新舞台是顶层窗口
    stage.setTitle("第二舞台");
    Button bt = new Button("按钮");                 //创建按钮
    stage.setScene(new Scene(bt, 260, 100)); //创建根节点为按钮的场景，并设置为新舞台的场景
    stage.show();                                   //显示新舞台
  }
}
```

图 11.2 所示是例 11.1 的运行效果。

注意：

（1） 例 11.1 的程序中省略了主方法，如果从命令行运行 JavaFX 程序，主方法不是必须要有的；如果从一个不完全支持 JavaFX 的集成开发环境中运行程序，则主方法可能是需要的。主方法的格式如下：

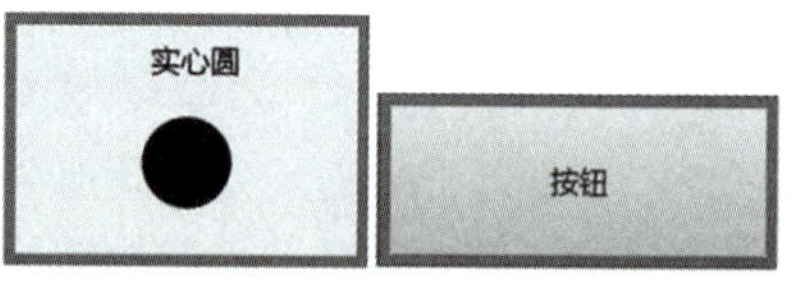

图 11.2　在一个程序中创建两个舞台

```
public static void main(String args[]) {
    Application.launch(args);    //因为 launch()方法与主方法分别是父类与子类定义的静态方法
}                                //所以也可以直接调用 launch(args);
```

（2） JavaFX 程序的运行流程：主方法 main()调用父类 Application 的静态方法 launch()，启动 JavaFX 程序；Java 虚拟机 JVM 调用程序类的无参构造方法创建一个程序实例，同时自动创建主舞台对象；程序实例调用 init()方法完成一些初始化工作（如果需要）；程序实例以主舞台对象作为实参，调用 start(Stage)方法配置主舞台场景并显示，有需要的话再创建其他舞台和场景并显示；当用户退出程序或关闭舞台窗口时，程序实例调用 stop()方法释放资源，程序运行结束。

（3） 例 11.1 中出现的 Text 类和 Circle 类都是形状节点类，Button 类是最常用的控件节点类。具体请读者分别参阅本章 11.1.3 小节、11.3.1 小节和第 13 章 13.1 节。

11.1.3　JavaFX 工具包

JavaFX 是一个强大的图形、多媒体处理工具包集合，它是 Java 包的组成部分。javaFX 工具包中主要类的层次如图 11.3 所示。图中面板（Pane）、控件（Control）、形状（Shape）3 个类的具体子类未画出，参见本章 11.2 节、11.3 节和第 13 章 13.1 节，读者也可自行参阅 JavaFX 的 API 类库文档。

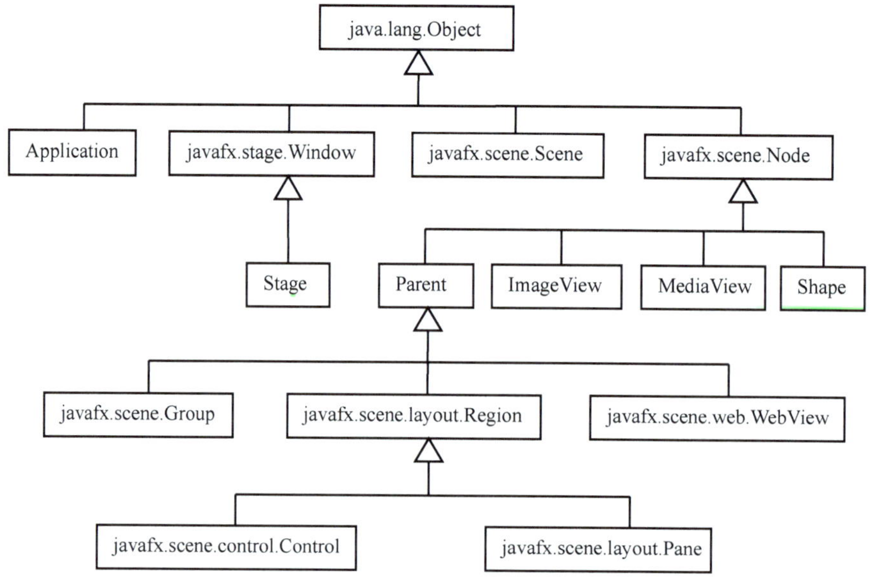

图 11.3　JavaFX 工具包集合中类的层次

11.1.4 Stage 类与 Scene 类

1. Stage 类的构造方法

public Stage( ) 创建一个新舞台。

public Stage(StageStyle style) 创建一个新舞台，指定舞台风格为 style。style 参数类型为 StageStyle 枚举类型，取值为 StageStyle 枚举常量。读者可参阅 JavaFX 的 API 类库文档。

2. Stage 类的常用方法

public final void setTitle(String value)：设置舞台标题。

public final void setScene(Scene value)：设置将场景 value 置于当前舞台中。

public final void setMaximized(boolean value) 设置舞台是否可以被最大化。

public final void setIconified(boolean value) 设置舞台是否可以被图标化。

public final void setResizable(boolean value) 设置舞台是否可以被改变大小。

public final void setAlwaysOnTop(boolean value) 设置舞台在顶层。

public final void show( ) 显示当前舞台。

public final void close( ) 关闭舞台。

3. Scene 类的常用构造方法

public Scene(Parent root) 创建一个以 root 为根节点的场景，root 可以是面板或控件，场景大小根据节点实际大小自动计算。

public Scene(Parent root, double width, double height) 创建以 root 为根节点、宽为 width、高为 height 的场景。

public Scene(Parent root, Paint fill) 创建以 root 为根节点、背景填充色为 fill 的场景。fill 的类型是抽象类 Paint，实际参数应该是 Paint 子类 Color 的对象。

public Scene(Parent root, double width, double height, Paint fill) 创建以 root 为根节点、背景填充色为 fill、指定大小的场景。

4. Scene 类的常用方法

public final void setFill(Paint value) 设置场景的背景填充色为 value。

public final void setRoot(Parent value) 设置场景的根节点为 value。

Stage 类与 Scene 类的更多方法请读者自行参阅 JavaFX 的 API 类库文档。

11.1.5 JavaFX 辅助类

节点的属性主要包括颜色、字体、图标，JavaFX 定义了几个辅助类描述节点属性，包括 Font、Colol、Image、ImageView 等类。其中，ImageView 类还是节点类 Node 的子类，可以被当作节点使用。

1. Font 类

应用程序需要渲染文字时，使用 javafx. scene. text. Font 类的对象设置文字的字体名称、字体粗细、字体形态、字号（字体大小）等属性。

(1) Font 类的构造方法。

public Font(double size) 创建字号为 size 的字体对象，使用默认的系统字体。size 的单位是磅，1 磅等于 1/72 英寸。

public Font(String name,double size)　创建字体名为 name、字号为 size 的字体对象。name 是完整字体名称，包括字体名称、字体粗细、字体形态信息。

（2） Font 类的常用方法。

public static Font font(String family,double size)　创建字体名称为 family、字号为 size 的字体对象返回。

public static Font font(String family,FontPosture posture,double size)　创建字体名称为 family、字体形态为 posture、字号为 size 的字体对象返回。posture 的取值在枚举类型 FontPosture 中定义，包括两个枚举常量值：ITALIC（斜体）和 REGULAR（正常体，默认）。

public static Font font(String family,FontWeight weight,double size)　创建字体名称为 family、字体粗细为 weight、字号为 size 的字体对象返回。weight 的取值在枚举类型 FontWeight 中定义，包括 9 个枚举常量值：BLACK、EXTRA_BOLD、BOLD、SEMI_BOLD、MEDIUM、NORMAL、LIGHT、EXTRA_LIGHT、THIN，分别表示字体的粗细值 900~100。

pubic static Font font(String family,FontWeight weight,FontPosture Posture,double size)

public final String getName()　返回当前字体对象的完整字体名称信息，包括字体名称、字体粗细、字体形态。

public final String getFamily()　返回当前字体对象的字体名称。

public final String getStyle()　返回当前字体对象的字体风格信息，包括字体粗细、字体形态。

public final double getSize()　返回当前字体对象的字号。

public static List<String> getFamilies()　返回用户系统支持字体集中所有字体名称的列表。

public static List<String> getFontNames()　返回用户系统支持字体集中所有字体完整名称的列表。

注意：创建字体对象，可以用 Font 类的构造方法，也可以使用 Font 类的 font 静态方法。例如：

```
Font font = Font.font("Segoe UI",FontWeight.BOLD,FontPosture.ITALIC,30);
```

以上代码创建了字体名称为 Segoe UI、加粗、斜体、字号为 30 磅的字体对象，用 font 变量引用。

2. Color 类

javafx.scene.paint.Color 类的对象可用来设置节点的颜色属性，Color 类是抽象类 Paint 的子类，Paint 类用于绘制节点。

与 Font 类类似，Color 类的对象可以通过构造方法或其静态方法创建。另外，Color 类中利用静态常量定义存储了多个标准的颜色对象，使用起来更加方便，如 BLACK、BLUE、WHITE、RED、GREEN、GRAY、GOLD、ORANGE、PINK、YELLOW 等。

（1） Color 类的构造方法。

public Color(double red,double green,double blue,double opacity)：用指定的红、绿、蓝三原色值和透明度 opacity 创建颜色对象。其中，红、绿、蓝三原色值的取值范围均为 0.0~1.0，表明该种颜色的参与度；透明度 opacity 的取值范围为 0.0~1.0，0.0 表示完全透明。如果给定的参数值超出 0.0~1.0 范围，会抛出 IllegalArgumentException 异常。

（2） Color 类的常用方法。

public static Color color(double red,double green,double blue)　返回一个给定三原色值，默认不透明的 Color 对象。

public static Color color(double red,double green,double blue,double opacity)　返回一个给定三

原色值，指定透明度的 Color 对象。

public static Color rgb(int red,int green,int blue) 返回一个给定三原色值，默认不透明的 Color 对象。三原色值取值范围为 0~255。

public static Color rgb(int red,int green,int blue,double opacity) 返回一个给定三原色值，指定透明度的 Color 对象。

public Color brighter() 该实例方法返回一个比当前 Color 对象更亮的 Color 对象。

public Color darker() 该实例方法返回一个比当前 Color 对象更暗的 Color 对象。

更多信息请读者参阅 JavaFX 的 API 类库文档。

3. Image 类和 ImageView 类

一些控件节点可能需要用图标来修饰，JavaFX 使用 javafx. scene. image. Image 和 javafx. scene. image. ImageView 两个类来设置控件节点的图标属性。

Image 类表示图像，JavaFX 支持 BMP、GIF、JPEG、PNG 格式的图像，其他格式的图像可以通过图像处理工具转换为以上格式后，再在程序中使用。

(1) Image 类的构造方法。

public Image(InputStream is) 指定图像文件的输入流，创建图像对象。

public Image(InputStream is,double requestedWidth,double requestedHeight,boolean preserveRatio,boolean smooth) 创建图像对象，指定图像文件的输入流，并指定图像的宽和高像素值，参数 preserveRatio 设置是否保持图像的宽高比，smooth 设置是否使用平滑算法显示图像。

public Image(String url) 指定图像的 URL 地址字符串，创建图像对象。

public Image(String url,boolean backgroundLoading) 创建图像对象。参数 url 指定图像的 URL 地址，backgroundLoading 用来设置是否在后台异步加载图像。

public Image(String url,double requestedWidth,double requestedHeight,boolean preserveRatio,boolean smooth) 创建图像对象，除第一个参数外，其余参数意义与第二个构造方法相同。

public Image(String url,double requestedWidth,double requestedHeight,boolean preserveRatio,boolean smooth,boolean backgroundLoading) 创建图像对象，最后一个参数的意义与第四个构造方法相同。

(2) Image 类的常用方法。

public final double getWidth() 获取源图像的宽度像素值返回。

public final double getHeight() 获取源图像的高度像素值返回。

Image 图像加载成功后，需要使用 ImageView 对象显示出图像，作为节点的图标。

(3) ImageView 类的构造方法。

public ImageView() 创建图像视图对象，还未包含图像。

public ImageView(String url) 指定图像对象的 URL 地址，创建图像视图对象。

public ImageView(Image image) 指定图像对象，创建图像视图对象。

(4) ImageView 类的常用方法。

public final void setImage(Image value) 设置显示的图像。

public final void setFitWidth(double value) 设置图像显示的宽度像素值。

public final void setFitHeight(double value) 设置图像显示的高度像素值。

public final void setPreserveRatio(boolean value) 设置图像是否保持宽高比例。

public final void setSmooth(boolean value) 设置显示图像是否使用平滑算法。

例 11.2 标签和按钮的属性配置。主舞台的场景内容如图 11.4：根节点为单行面板（HBox)，上面放置两个控件节点（一个标签和一个按钮）；标签上有“年年有余”的图标和文字，按钮上也有“中国结”的图标和文字。程序利用辅助类，设置了标签和按钮的字体、颜色和图标属性。程序 Example11. 2. java 如下：

```
import javafx. application. Application;
import javafx. stage. Stage;
import javafx. scene. Scene;
import javafx. scene. control. Button;
import javafx. scene. control. Label;
import javafx. scene. text. Font;
import javafx. scene. paint. Color;
import javafx. scene. image. Image;
import javafx. scene. image. ImageView;
import javafx. scene. layout. HBox;
import javafx. geometry. Pos;
public class Example11_2 extends Application{
  Button bt;                                          //定义按钮
  @Override
  public void start( Stage primaryStage) {
    Image imb = new Image( "image/中国结.jpg");        //创建图像对象 imb
    ImageView iv1 = new ImageView( imb);              //创建图像视图对象 iv1
    bt = new Button( "中国结", iv1);                   //创建有文字和图标的按钮 bt
    bt. setFont( Font. font( "方正粗黑宋简体", 20));    //为按钮的文字设置字体
    bt. setTextFill( Color. rgb( 200, 100, 100));     //为按钮的文字设置颜色
    Label lab = new Label( "年年有余", new ImageView( "image/年年有余.jpg"));
                                                      //创建有文字和图标的标签 lab
    lab. setFont( new Font( "方正粗黑宋简体", 20));     //为标签的文字设置字体
    lab. setTextFill( Color. BROWN);                  //为标签的文字设置颜色
    HBox box = new HBox( 20);                         //创建单行面板 box，其上控件间距 20 像素
    box. getChildren( ). addAll( lab, bt);            //单行面板上添加标签和按钮
    box. setAlignment( Pos. CENTER);                  //设置控件节点在单行面板上居中对齐
    Scene scene = new Scene( box, 400, 250);         //以 box 为根节点创建场景对象 scene
    primaryStage. setTitle( "控件的属性配置");
    primaryStage. setScene( scene);
    primaryStage. show( );
  }
}
```

图 11. 4 所示是例 11. 2 的运行结果。

图 11. 4　标签与按钮的属性设置

注意：ImageView 类是 Node 类的子类，因此 ImageView 对象还可以作为节点放在面板上显示，详见第 13 章 13.2 节。

例 11.2 中出现的 Button 类和 Label 类都是控件节点类，HBox 类是一种布局面板类。具体请读者分别参阅本章 11.3.1 小节和 11.2.2 小节。

11.1.6　JavaFX CSS

JavaFX 中，节点属性更多地通过 JavaFX CSS（样式属性）来设置。类似于 Web 页面中指定 HTML 元素样式的叠层样式表（Cascading Style Sheet，CSS），JavaFX 的样式属性称为 JavaFX CSS。

在 Node 类中定义了通用的 setStyle(String value) 方法，通过字符串 value 设置节点的外观样式。value 设置语法是"-fx-属性名 1:属性值 1;-fx-属性名 2:属性值 2;……"，可以为同一个节点一次性设置多个样式属性，每一个样式属性都要使用前缀-fx-。

例如，通过 CSS 为面板节点对象 pane 设置背景色为灰色，边框为红色的语句：

```
pane.setStyle("-fx-background-color:gray;-fx-border-color:red");
```

为按钮节点对象 bt 设置文字颜色为红色、字体大小为 20 的语句：

```
bt.setStyle("-fx-text-fill:red;-fx-font-size:20");
```

如果设置样式属性的字符串的语法有错，程序编译运行都可通过，但样式被忽略。

更多样式属性可访问网站 https://docs.oracle.com/javafx/2/api/index.html，选择 javafx.scene 包，从对该包的 Description 信息中查找 CSS，之后点击链接 CSS Reference Guide 查询。

11.1.7　Node 类的常用方法

Node 类是面板类、控件类、形状类、图像视图类、媒体视图类、Web 视图类的父类，Node 类定义的方法是通用的。

public final void setStyle(String value)　设置节点的样式属性。

public final void setTranslateX(double value)　将节点位置沿 x 轴平移 value 像素。

public final void setTranslateY(double value)　将节点位置沿 y 轴平移 value 像素。

public final void setTranslateZ(double value)　将节点位置沿 z 轴平移 value 像素。

public final void setRotate(double value)　将节点围绕其中心旋转 value 度，正值表示顺时针旋转，负值表示逆时针旋转。

public final void setDisable(boolean value)　设置节点是否处于禁用状态。

Node 类定义的通用方法有很多，这里不一一列出。读者如需要可以查阅 API 文档。

11.2　JavaFX 布局面板

在 11.1.1 小节中讲过可以把控件节点或面板节点作为根节点放入场景。在例 11.1 中，主舞台场景用面板作为根节点，面板上放置有两个形状节点；第二个舞台场景用按钮作为根节点，除了一个按钮外不能再有其他节点。因此，一般情况下，将面板作为舞台场景的根节点是较好的

选择。

例 11.1 中主舞台场景的根节点面板是 Pane 类的对象，例 11.2 中主舞台场景的根节点面板是 HBox 类的对象。通过实际操作可以发现，如果改变主舞台窗口大小，例 11.1 面板上的文本和圆形形状位置还停留在相对窗口左上角固定的坐标位置；例 11.2 面板上的两个控件（标签和按钮）的位置却能自动调整，始终保持在窗口中间位置。HBox 是一种布局面板，自动将节点摆放成一行并自动调整大小；Pane 不是布局面板，节点在其上的绝对坐标位置需要在程序中设置。

面板根类与各种布局面板子类如图 11.5 所示。Pane 类是所有布局面板类的父类，Pane 类与各种布局面板类都定义在 javafx. scene. layout 包中。

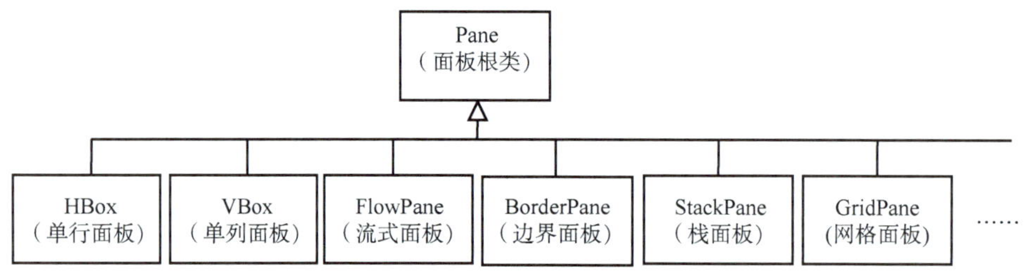

图 11.5　面板根类与各种布局面板子类

Pane 面板或各种布局面板，都可以作为场景的根节点，也可以作为其他面板的子节点使用。这样可以实现有层次的、较为复杂的场景，而且方便程序的修改和调试。

11.2.1　面板类 Pane

Pane 类用于需要节点在面板上绝对定位的场景。通常，Pane 对象用作显示形状的画布，而其布局面板子类对象常用作摆放控件节点。

每个面板都有一个集合对象，用于存放面板中的子节点元素，当需要在面板中添加子节点时，先调用 Pane 类定义的方法 getChildren( ) 返回面板的子节点集合，再在该集合中添加子节点元素。面板的子节点集合的类型为 ObservableList<Node>接口，该接口被定义在 javafx. colletions 包中，是 List<E>接口的子接口。

1. 子节点在 Pane 面板上的定位

以 Pane 面板的左上角为平面直角坐标系的原点（0,0），向右的方向横坐标的值大于 0，向下的方向纵坐标 y 的值大于 0。

2. Pane 类的构造方法

public Pane( )　创建一个没有子节点的空面板对象，该对象可调用 getChildren( ) 方法添加节点。

public Pane(Node... children)　创建一个面板，利用可变参数添加多个子节点。

3. Pane 类及其父类定义的常用方法

public ObservableList<Node> getChildren( )　返回面板存放子节点的集合。

以下两个方法是由 Pane 类的直接父类 Region 定义的。

public final void setPrefSize(double prefWidth, double prefHeight)　以给定的宽、高值优先设置面板的大小，来替代系统自动对面板计算出的默认尺寸。

public final void setPadding(Insets value) 利用 Insets 参数值设置面板四周内侧边缘空白空间的像素值如图 11.6。

javafx. geometry. Insets 类的构造方法如下。

public Insets(double topRightBottomLeft) 创建 Insets 对象，用参数 topRightBottomLeft 的值设置 4 个边缘相同的像素值。

public Insets(double top, double right, double bottom, double left) 以 4 个边缘不同的像素值创建 Insets 对象。

图 11.6 Insets 参数示意图

此外，Pane 类是 Node 类的间接子类（参见图 11.3），Node 类定义的通用方法，Pane 对象都能调用（参见本章 11.7 节）。

例 11.3 Pane 面板充当画布。主舞台的场景内容（如图 11.7）：根节点变量为 canvas（Pane 面板），上面有两个形状节点（一个圆形和一个矩形）。程序 Example11_3. java 如下：

```
import javafx. application. Application;
import javafx. stage. Stage;
import javafx. scene. Scene;
import javafx. scene. shape. Circle;
import javafx. scene. shape. Rectangle;
import javafx. scene. layout. Pane;
import javafx. scene. paint. Color;
public class Example11_3 extends Application{
  @ Override
  public void start(Stage primaryStage){
    Pane canvas = new Pane();  //创建空的 Pane 面板
    canvas. setStyle("-fx-background-color:black;");        //利用 CSS 为画布设置背景色为黑色
    canvas. setPrefSize(200, 200); //优先设置面板的大小，替代系统自动计算出的默认大小
    Circle circle = new Circle(50, Color. BLUE);  //创建半径为 50 像素，填充颜色为蓝色的圆形形状
    circle. relocate(20, 20);     //设置圆形形状外切矩形轮廓左上角在容器上的位置坐标 (20, 20)
    Rectangle rectangle = new Rectangle(100, 100, Color. RED);
                                  //创建宽、高均为 100 像素，填充颜色为红色的矩形形状
    rectangle. relocate(70, 70);  //设置矩形形状轮廓左上角在容器上的位置坐标 (70, 70)
    canvas. getChildren(). addAll(circle,rectangle);     //将圆形和矩形两个形状节点添加至画布面板
    Scene scene = new Scene(canvas);
    //创建根节点为画布面板的场景对象，系统自动计算大小，或者已被优先设置的大小取代
    primaryStage. setTitle("画布");
    primaryStage. setScene(scene);
    primaryStage. show();
  }
}
```

图 11.7 所示是例 11.3 的运行结果。

图 11.7　Pane 面板充当画布

注意：本例用到的 Circle 类、Rectangle 类，请读者参阅第 13 章 13.1 节或查阅 API 文档。

11.2.2　单行面板类 HBox 与单列面板类 VBox

单行面板又称水平面板，是在一行中沿水平方向排列子节点的布局面板，由 javafx.scene.layout.HBox 类定义，在例 11.2 中用到了单行面板。

单列面板又称垂直面板，是在一列中沿垂直方向排列子节点的布局面板，由 javafx.scene.layout.VBox 类定义。

两者除了布局方向不同，其他用法均相似。下面以单列面板为例进行介绍。

1. VBox 类的构造方法

public VBox()　创建一个空的单列面板，其上节点（过后添加）的间距默认为 0 像素。

public VBox(double spacing)　创建空的单列面板，其上节点的间距为 spacing 像素。

public VBox(Node... children)　创建一个单列面板，将可变参数指定的多个子节点添加在面板中，节点的间距为 0 像素。

public VBox(double spacing,Node... children)　创建一个单列面板，将可变参数指定的多个子节点添加在面板中，其上节点的间距为 spacing 像素。

2. VBox 类及其父类的常用方法

public ObservableList<Node> getChildren()　返回单列面板存放子节点的集合，该方法是由父类 Pane 定义的。

public final void setSpacing(double value)　设置面板中子节点间的间距为 value。

public static void setMargin(Node child,Insets value)　用 Insets 类型的参数 value 为面板中的子节点 child 设置四周外边距。

public final void setAlignment(Pos value)　用 Pos 类型的参数 value 设置面板中所有子节点的对齐方式，javafx. geometry. Pos 是枚举类型，具体枚举值请读者参阅 API 文档。

11.2.3　流式面板类 FlowPane

javafx. scene. layout. FlowPane 类定义的布局面板在面板边界区域内，根据设置的 Orientation 枚举类型参数值，水平（枚举值为 HORIZONTAL）的流式面板对其上子节点的排列方式为：一行中从左到右排满后，自动转到下一行继续从左到右排列；垂直（枚举值为 VERTICAL）的流式面板对其上子节点的排列方式为：一列中从上到下排满后，自动转到下一列继续从上到下排列。

1. FlowPane 类的构造方法

public FlowPane(Orientation orientation,double hgap,double vgap,Node... children) 创建子节点排列方式为 orientation，节点间水平间距和垂直间距分别为 hgap 和 vgap 的流式面板，并将可变参数 children 指定的多个子节点添加到面板中。

以下构造方法中，没有用参数指定的属性值为默认值，其中排列方向的默认值为水平方向，间距的默认值为 0 像素。

public FlowPane()

public FlowPane(double hgap,double vgap)

public FlowPane(Orientation orientation)

public FlowPane(Node... children)

public FlowPane(Orientation orientation,double hgap,double vgap)

public FlowPane(Orientation orientation,Node... children)。

public FlowPane(double hgap,double vgap,Node... children)

2. FlowPane 类的常用方法

public final void setHgap(double value)

public final void setVgap(double value)

public final void setOrientation(Orientation value)

public final void setAlignment(Pos value) 设置流式面板中所有子节点排列的对齐方式。

图 11.8 所示为水平流式面板示例，当手动改变窗口大小时，子节点自动被重新排列。

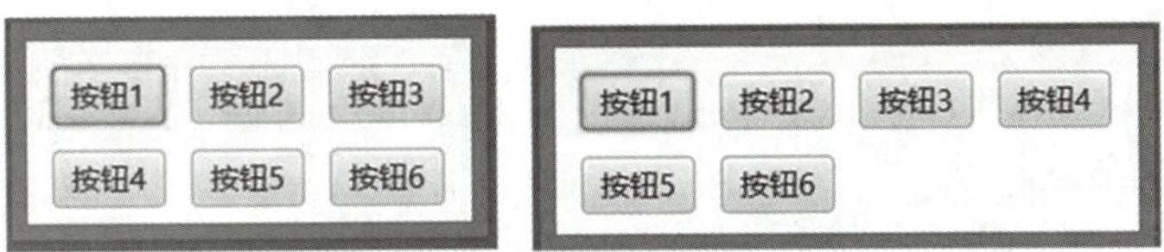

图 11.8 水平流式面板示例

实现的关键代码如下：

```
Button buttons[] = new Button[6];                    //创建按钮数组
FlowPane flow = new FlowPane();                      //创建流式面板，子节点默认水平方向排列
flow.setPadding(new Insets(10));                     //设置面板四周内侧空白大小均为 10 像素
flow.setVgap(10);                                    //设置子节点之间垂直间距 10 像素
flow.setHgap(10);                                    //设置子节点之间水平间距 10 像素
for (int i = 0; i < buttons.length; i++) {
    buttons[i] = new Button("按钮" + (i+1));         //创建按钮对象
    flow.getChildren().add(buttons[i]);              //将按钮添加至流式面板
}
```

图 11.9 所示为垂直流式面板示例，当手动改变窗口大小时，子节点自动被重新排列。

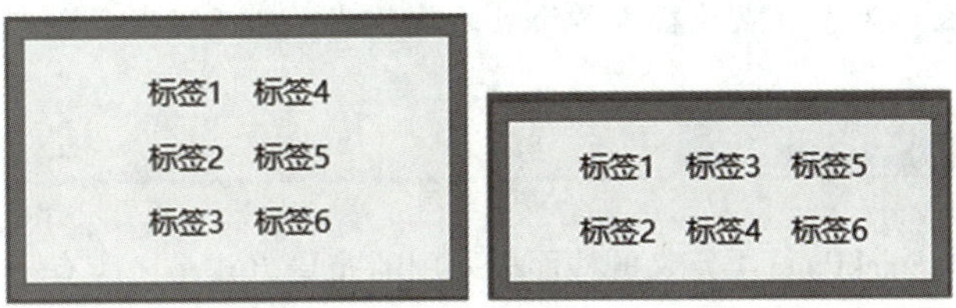

图 11.9 垂直流式面板示例

实现的关键代码如下：

```
FlowPane flow = new FlowPane(Orientation.VERTICAL);        //创建垂直流式面板
flow.setAlignment(Pos.CENTER);                             //设置流式面板子节点居中对齐
flow.setPadding(new Insets(10, 11, 12, 13));               //设置面板四周内侧空白大小
flow.setHgap(12);
flow.setVgap(10);
String titles[] = {"标签1", "标签2", "标签3", "标签4", "标签5", "标签6"};
for (String title: titles) {
    flow.getChildren().add(new Label(title));              //创建标签对象，将标签添加至流式面板
}
```

11.2.4 边界面板类 BorderPane

javafx.scene.layout.BorderPane 类定义的边界面板将显示空间分成顶部（Top）、左边（Left）、右边（Right）、底部（Bottom）、中间（Center）5 个区域，每个区域可以放置一个子节点如图 11.10。

图 11.10　边界面板的 5 个区域

1. BorderPane 类的构造方法

public BorderPane()　创建边界面板。

public BorderPane(Node center)　创建边界面板，将节点 center 放在面板的中间区域。

public BorderPane(Node center, Node top, Node right, Node bottom, Node left)　创建边界面板，指定每个区域放置的节点。

2. BorderPane 类的常用方法

public static void setAlignment(Node child, Pos value)　为子节点 child 设置对齐方式。

public final void setTop(Node value)　将节点 value 放置在边界面板的顶部区域。

以下 4 个方法作用类同。

public final void setBottom(Node value)

public final void setLeft(Node value)

public final void setRight(Node value)

public final void setCenter(Node value)

注意：如果边界面板的某个区域没有放置子节点，则该区域空间会被其他区域的节点占据，不会是空白。

一般应用程序的界面中，若采用边界布局面板，则顶部区域会放置菜单或工具栏，中间区域会用作工作区，其他区域安排放置其他控件。

注意：边界面板上最多只能放置 5 个子节点，如果超出 5 个，可以先将多个节点放在另外的面板上，再将这个面板作为子节点放在边界面板的某区域，从而实现复合布局。

11.2.5 栈面板类 StackPane

javafx.scene.layout.StackPane 类定义的栈面板采用的布局方式是，所有子节点以叠加形式叠起来放在栈面板中央（默认的对齐方式），后加入的子节点叠在先加入的子节点上面，比如将一些基

本形状叠加，制作一个复杂形状；或者将图像视图（也是节点，参见第 13 章 13.2 节）和文本形状叠加，以实现给图像添加说明的效果。

前面 Pane 类定义的不是布局面板，其上子节点的位置需要给出绝对坐标，如果在 Pane 面板中间放置一个圆形形状，当窗口大小被手动改变后圆形就不能待在面板中间位置；但如果用栈面板放置圆形形状，无论窗口大小如何改变，都可以保证圆形一直待在面板中间位置（读者可以自行编程实现）。当然，也可以通过属性绑定的办法，来实现圆形位置随着 Pane 面板大小的改变而保持在中间位置，具体请参见第 12 章 12.3.2 小节。

1. StackPane 类的构造方法

public StackPane( )　创建栈面板对象，其子节点默认中心对齐。

public StackPane(Node... children)　创建栈面板对象，并将可变参数指定的多个子节点按照先后顺序添加至栈面板，子节点默认中心对齐。

2. StackPane 类的常用方法

public final void setAlignment(Pos value)　设置栈面板上所有子节点的对齐方式。

public static void setAlignment(Node child,Pos value)　设置栈面板上 child 子节点的对齐方式。

public static void setMargin(Node child,Insets value)　设置栈面板上 child 子节点的外侧空白空间大小。

public static void clearConstrains(Node child)　删除栈面板上的 child 子节点。

11.2.6　网格面板类 GridPane

javafx.scene.layout.GridPane 类定义的网格面板采用类似于二维表格的布局方式，一个子节点可以被摆放在某行某列的单元格中，也可以根据需要占用多行或多列的位置。面板左上角的单元格为第 0 行第 0 列。

1. GridPane 类的构造方法

public GridPane( )　创建网格面板对象。

2. GridPane 类的常用方法

public void add(Node child,int columnIndex,int rowIndex)　将节点 child 添加至当前网格面板的第 columnIndex 列、第 rowIndex 行的单元格中。

public void add(Node child,int columnIndex,int rowIndex,int colspan,int rowspan)　在当前网格面板的指定单元格中添加指定的节点，共占用 colspan 列 rowspan 行。

public void addColumn(int columnIndex,Node... children)　在当前网格面板的指定列添加指定的多个节点。

public void addRow(int rowIndex,Node... children)　在当前网格面板的指定行添加指定的多个节点。

public void setHgap(double value)、public void setVgap(double value)　分别设置当前网格面板上节点之间的水平间距或垂直间距。

public final void setAlignment(Pos value)　设置当前网格面板上节点的对齐方式。

public final void setGridLinesVisible(boolean value)　设置当前网格面板是否显示网格线，默认为 false。

public static Integer getColumnIndex(Node child)　返回 child 节点的列序号。

public static Integer getRowIndex(Node child)　返回 child 节点的行序号。

11.3 JavaFX 常用控件

JavaFX 中，控件属于节点，控件节点的作用是与用户进行交互。这些类都被定义在 javafx. scene. control 包中，控件类的父类是 javafx. scene. control. Control。

常用的 JavaFX 控件类及其继承结构如图 11. 11、图 11. 12 所示。

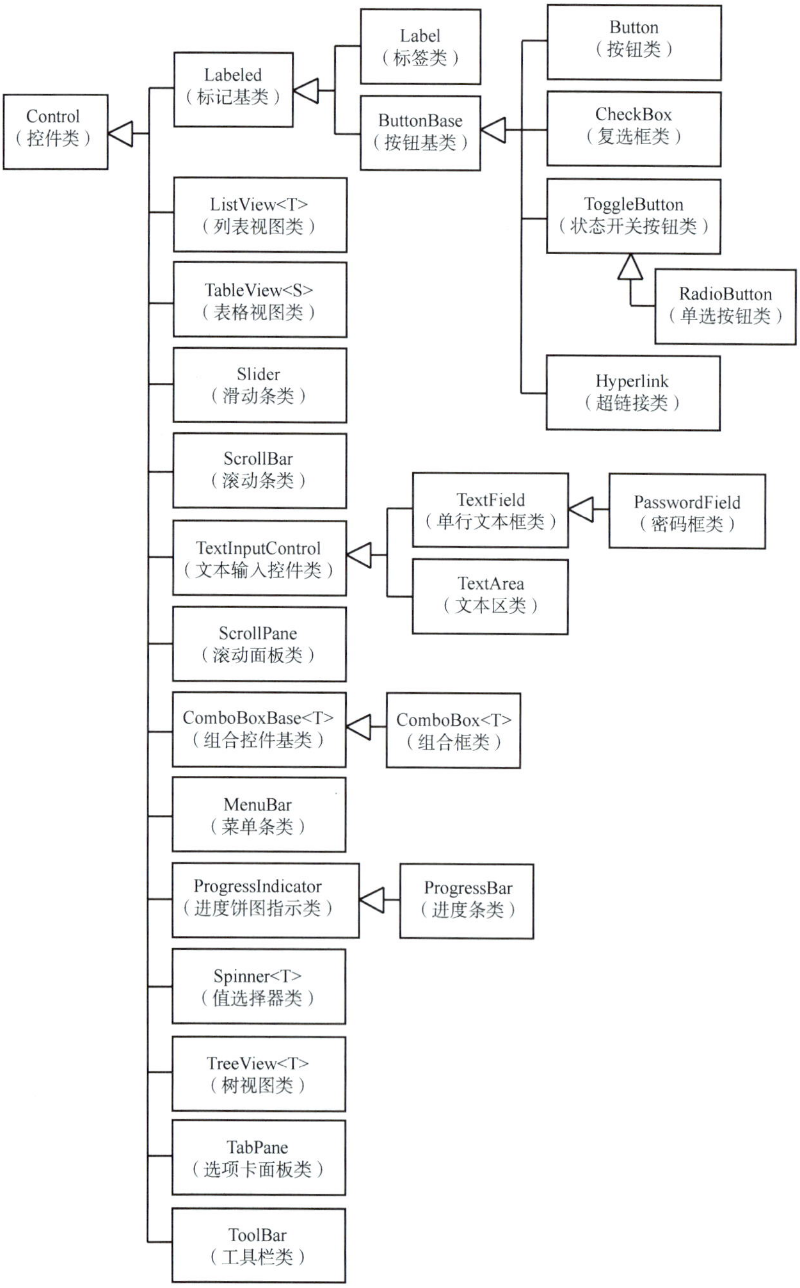

Control（控件类）
Labeled（标记基类）
Label（标签类）
ButtonBase（按钮基类）
Button（按钮类）
CheckBox（复选框类）
ToggleButton（状态开关按钮类）
RadioButton（单选按钮类）
Hyperlink（超链接类）
ListView<T>（列表视图类）
TableView<S>（表格视图类）
Slider（滑动条类）
ScrollBar（滚动条类）
TextInputControl（文本输入控件类）
TextField（单行文本框类）
PasswordField（密码框类）
TextArea（文本区类）
ScrollPane（滚动面板类）
ComboBoxBase<T>（组合控件基类）
ComboBox<T>（组合框类）
MenuBar（菜单条类）
ProgressIndicator（进度饼图指示类）
ProgressBar（进度条类）
Spinner<T>（值选择器类）
TreeView<T>（树视图类）
TabPane（选项卡面板类）
ToolBar（工具栏类）

图 11. 11　常用的 JavaFX 控件类及其继承结构 1

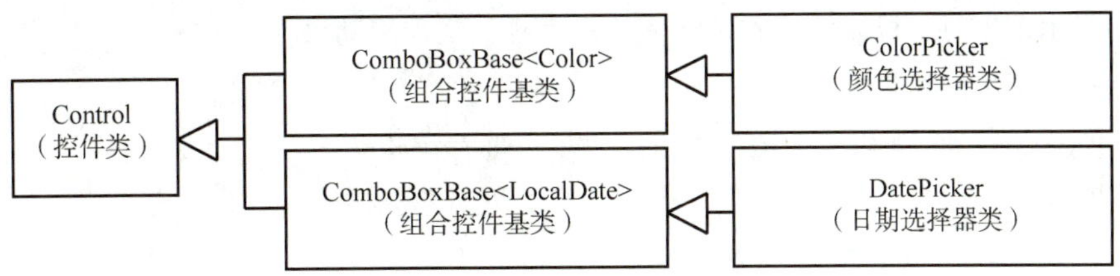

图 11.12 常用的 JavaFX 控件类及其继承结构 2

11.3.1 按钮 Button 和标签 Label

按钮是用户与界面交互时使用最多的控件节点。用户单击按钮，可以提交输入信息，并触发软件进行一定的操作，完成特定任务。本章前两个例子给出的界面中均涉及按钮。

标签控件用来显示文字、图片（参见例 11.6），只有文字的标签适合为其他控件（如文本输入、组合框等）设置提示（参见例 11.4、例 12.7）。标签本身不能被编辑其内容。

1. Button 类的构造方法

public Button() 创建没有文字和图标的按钮对象。

public Button(String text) 创建文字为 text 的按钮对象。

public Button(String text,Node graphic) 创建既有文字又有图标的按钮对象，图标为 graphic。

2. Label 类的构造方法

Label 类的构造方法参数与 Button 类相同，此处不再赘述。

3. 父类 Labeled 为按钮和标签定义的常用方法

public final void setText(String value) 设置控件上的文字为 value。

public final String getText() 返回控件上的文本。

public final void setGraphic(Node value) 设置控件上的图标为 value。

public final void setFont(Font value) 设置控件上文本的字体为 value。

public final void setTextFill(Paint value) 设置控件上文本的颜色为 value。

public final void setAlignment(Pos value) 设置控件上文本与图标的对齐方式。

public final void setWrapText(boolean value) 设置当文本超出宽度时，是否自动换行。

public final void setUnderline(boolean value) 设置控件的文本是否加下划线。

public final void setContentDisplay(ContentDisplay value) 使用 ContentDisplay 枚举类型的常量值 value（TOP、BOTTOM、LEFT、RIGHT 等）设置控件的图标相对于文本的位置。ContentDisplay 定义在 javafx.scene.control 包中，具体请读者查阅 API 文档。

4. 父类 Region 为按钮和标签定义的常用方法

public void setPrefSize(double prefWidth,double prefHeight) 设置控件的优先宽、高像素值，取代系统自动计算出的大小。

11.3.2 文本编辑控件 TextField、PasswordField、TextArea 和滚动面板 ScrollPane

单行文本框 TextField 与密码框 PasswordField 允许输入一行文本，PasswordField 是 TextField 的子类，用来输入密码。文本区 TextArea 允许输入和编辑多行文本，当编辑文本的行数和列数超出文本区的显示范围时，可以将文本区放入滚动面板，实现滚动操作。

1. TextField 类的构造方法

public TextField( ) 创建一个单行文本框对象，没有初始文本。

public TextField(String text) 创建一个单行文本框对象，初始文本为 text。

2. PasswordField 类的构造方法

public PasswordField( ) 创建密码框对象。

3. TextArea 类的构造方法

TextArea 类的构造方法参数与 TextField 类相同，此处不再赘述。

4. 父类 TextInputControl 为文本输入控件提供的常用方法

public final void setFont(Font value) 设置文本控件中文本的字体。

public final Font getFont( ) 返回文本控件中文本的字体。

public final void setEditable(boolean value) 设置文本控件是否可编辑。

public final boolean isEditable( ) 判断文本控件是否可编辑。

public final void setText(String value) 设置文本控件的文本为 value。

public final String getText( ) 返回文本控件的全部文本。

public String getText(int start,int end) 返回文本控件索引位置 start 至 end 之间的文本。

public final void setPromptText(String value) 设置文本控件中的提示信息。

public void selectAll( ) 选中文本控件中的全部文本。

public final String getSelectedText( ) 返回选中的文本。

public void cut( ) 将选中的文本放入剪贴板，文本控件中的选中文本被删除。

public void copy( ) 将选中的文本放入剪贴板，文本控件中的选中文本保留。

public void paste( ) 将剪贴板中的内容粘贴至文本控件中，替换当前选中的文本。

public void clear( ) 清除文本控件中的所有文本。

public void deleteText(int start,int end) 从文本控件中删除索引位置 start 至 end 之间的文本。

public void appendText(String text) 添加文本 text 至文本控件中已有文本之后。

public void insertText(int index,String text) 将文本 text 插入文本控件中的 index 位置。

5. TextField 类的常用方法

public final void setAlignment(Pos value) 设置单行文本框的对齐方式为 value。

public final void setPrefColumnCount(int value) 设置文本框可显示出 value 列。

6. TextArea 类的常用方法

public final void setPrefColumnCount(int value) 设置文本区可显示出 value 列。

public final void setPrefRowCount(int value) 设置文本区可显示出 value 行。

public final void setWrapText(boolean value) 设置文本区中文本内容超出可显示列数时，是否自动换行。value 的默认值是 false。

7. ScrollPane 类的构造方法和常用方法

public ScrollPane( ) 创建一个滚动面板。

public ScrollPane(Node content) 创建一个滚动面板，显示节点为 content。

public final void setContent(Node value) 设置当前滚动面板的显示节点为 value。

public final Node getContent( ) 返回当前滚动面板的显示节点。

常用的需要利用滚动面板显示的节点包括文本区 TextArea、列表视图 ListView 等。

例 11.4 在网格面板中创建标签、按钮与文本控件。主舞台的场景内容（如图 11.3）：根节点为网格面板，面板第 0 列放置两个标签，第 1 列放置单行文本框、密码框和单行面板（其上排列两个按钮），第 2 列放置文本区（共占据 4 行 4 列），第 6 列放置 4 个按钮（剪切、复制、粘贴、保存）。当鼠标指针移动至“编辑”按钮时，界面会出现提示信息“点击编辑文本区”，这个效果通过 javafx. scene. control. Tooltip 类实现。一般地，创建 Tooltip 对象后，将其绑定至一个节点，当鼠标指针移至该节点时，就会浮现出 Tooltip 的提示信息。Tooltip 类不是 Control 类的子类，在继承结构中的位置请读者参见二维码 12-5 中的图 3。程序 Example11_4. java 的关键代码如下：

```
public class Example11_4 extends Application{
  final Label lab1 = new Label("用户名：");
  final Label lab2 = new Label("密 码：");                    //创建两个标签对象
  final TextField tf = new TextField();                       //创建单行文本框接收用户名
  final PasswordField pf = new PasswordField();               //创建密码框
  final TextArea ta = new TextArea("你好,我是文本区");         //创建文本区对象
  final Button bt1 = new Button("登录");
  final Button bt2 = new Button("编辑");
  final Button bt3 = new Button("剪切");
  final Button bt4 = new Button("复制");
  final Button bt5 = new Button("粘贴");
  final Button bt6 = new Button("保存");                       //创建 6 个按钮对象
  @Override
  public void start(Stage primaryStage) {
    GridPane rootGP = new GridPane();                          //创建网格面板
    rootGP.setPadding(new Insets(10, 8, 10, 8));               //设置网格面板四周空白区域的像素值
    rootGP.setHgap(5); rootGP.setVgap(5);  //设置网格面板上节点之间的水平间距和垂直间距
    tf.setPromptText("输入用户名");                             //设置单行文本框的提示信息
    rootGP.add(lab1, 0, 0);  //将标签 1 放置在网格面板的第 0 行第 0 列，作为文本框输入的提示信息
    rootGP.add(tf, 1, 0);  //将单行文本框放置在网格面板的第 0 行第 1 列，用来接收输入用户名
    pf.setPromptText("输入密码");                               //为密码框设置输入提示信息
    rootGP.add(lab2, 0, 1);  //将标签 2 放置在网格面板的第 1 行第 0 列，作为密码框输入的提示信息
    rootGP.add(pf, 1, 1);  //将密码框放置在网格面板的第 1 行第 1 列，用来接收输入的密码
    HBox hb = new HBox(); hb.setSpacing(10);                   //创建单行面板，设置面板上节点之间的间距
    hb.getChildren().addAll(bt1, bt2);                        //将“登录”和“编辑”按钮放在单行面板上
    Tooltip t = new Tooltip("点击编辑文本区");                   //创建工具提示对象
    t.setStyle("-fx-background-color:blue");                   //设置工具提示的背景色为蓝色
    Tooltip.install(bt2, t);  //将工具提示与按钮 2 绑定，当鼠标指针移至按钮 2 时，工具提示出现
    rootGP.add(hb, 1, 3);                                      //将单行面板放置在网格面板的第 3 行第 1 列
    final ScrollPane scro = new ScrollPane(ta);                //创建滚动面板，显示节点为文本区对象 ta
    ta.setPrefColumnCount(12);                                 //设置文本区的显示宽度为 12 列
    ta.setEditable(false);                                     //设置文本区不可编辑
    rootGP.add(scro, 2, 0, 4, 4);  //将滚动面板放置在网格面板的第 0 行第 2 列，共占据 4 行 4 列
    Image img = new Image("cut.jpg");
    ImageView iv1 = new ImageView(img);
    ImageView iv2 = new ImageView(new Image("copy.jpg"));
    ImageView iv3 = new ImageView(new Image("paste.jpg"));
```

```
        ImageView iv4 = new ImageView( new Image( "save. jpg" ) );              //创建 4 个图像视图
        iv1. setFitWidth( 15);         iv1. setPreserveRatio( true);
        iv2. setFitWidth( 15);         iv2. setPreserveRatio( true);
        iv3. setFitWidth( 15);         iv3. setPreserveRatio( true);
        iv4. setFitWidth( 15);         iv4. setPreserveRatio( true);
        //以上 4 行代码设置的 4 个图像视图的宽度相同，均为 15 像素，且都保持缩放时的宽高比不变
        bt3. setGraphic( iv1);         bt4. setGraphic( iv2);
        bt5. setGraphic( iv3);         bt6. setGraphic( iv4);      //分别将 4 个图像视图设置为 4 个按钮的图标
        rootGP. addColumn( 6, bt3, bt4, bt5, bt6);                 //将 4 个按钮放置在网格面板的第 6 列
        Scene scene = new Scene( rootGP, 480, 160);
        primaryStage. setTitle( "网格面板与标签、按钮、文本控件");
        primaryStage. setScene( scene);
        primaryStage. show( );
    }
}
```

例 11.4 的运行结果如图 11.3 所示。

图 11.13　标签、按钮与文本控件

11.3.3　复选框 CheckBox 和单选按钮 RadioButton

复选框和单选按钮也是用户与界面交互时使用较多的控件节点。软件通过复选框和单选按钮，可以接收用户输入的选择性信息。其中，复选框为用户提供多项选择，单选按钮为用户提供一组中的单项选择。每个复选框或单选按钮都有两个状态（选中或未选中），由用户通过单击切换状态。

1. CheckBox 类的构造方法

public CheckBox( )　创建复选框对象，没有文本说明，初始状态为“未选中”。

public CheckBox(String text)　创建指定说明文本的复选框对象，初始状态为“未选中”。

2. RadioButton 类的构造方法

RadioButton 类的构造方法参数与 CheckBox 类相同，此处不再赘述。

3. CheckBox 类定义的常用方法

public final boolean isSelected( )　判断复选框是否被选中。

public final void setSelected(boolean value)　设置复选框是否被选中的状态。

4. 父类 Labeled 为 CheckBox 类和 RidioButton 类定义的方法

public final void setText(String value)　设置控件名字。

5. 接口 Toggle 定义、RadioButton 类实现的方法

public final boolean isSelected( )　判断单选按钮是否被选中。

public final void setSelected(boolean value) 设置单选按钮是否被选中的状态。

public void setToggleGroup(ToggleGroup toggleGroup) 设置使当前单选按钮加入 toggleGroup 切换组，实现同一切换组中的单项选择。

其中，javafx. scene. control. ToggleGroup 类是 RadioButton 类的辅助类，是 Object 的直接子类。ToggleGroup 类的构造方法如下：

public ToggleGroup() 创建一个切换组对象。

11.3.4 组合框 ComboBox<T>和列表视图 ListView<T>

通过组合框和列表视图，可以给出多个可选项，用户从这些选项中做出选择。两种控件的不同之处主要在于选项的显示形式，组合框是以下拉形式显示（如果没有单击下拉箭头，则只能在显示栏看到当前选中的选项，其他选项被折叠），列表视图则可以显示出多项。列表视图的选项数目如果超出了控件本身的可显示项数，可以将列表视图放入滚动面板，实现滚动操作。此外，组合框只能进行单选，列表视图可以进行多选或单选。

组合框和列表视图都可以被设置为可编辑状态。组合框处于可编辑状态时，用户不仅可以在下拉列表中选择其中的一项，还可在显示栏输入下拉列表中不存在的内容；列表视图处于可编辑模式时，用户可以修改列出的选项内容。两种控件的默认状态都为不可编辑。

JavaFX 使用泛型类表示这两种控件，类型参数 T 表示组合框或列表视图中选项元素的数据类型。

1. ComboBox<T>类的构造方法

public ComboBox() 创建没有选项的空组合框对象。

public ComboBox(ObservableList<T> items) 创建指定选项 items 的组合框对象。

类似于面板的子节点集合（参见 11.2 节），组合框与列表视图、表格视图这些选择类控件的选项元素集合的类型也使用 javafx. collections. ObservableList<T>接口（T 是选项元素的类型），如前所述，该接口是 List<E>接口的子接口。

javafx. collections. FXCollections 类提供了以下静态方法，可以得到一个可观察元素集合 ObservableList 的对象：

```
public static <T> ObservableList<T> observableArrayList(T... items)
```

2. ListView<T>类的构造方法

ListView<T>类的构造方法、参数与 ComboBox<T>类相同，此处不再赘述。

3. ComboBox<T>类及其父类定义的常用方法

public final void setItems(ObservableList<T> value) 用 value 设置组合框的选项。

public final ObservableList<T> getItems() 返回存储组合框选项元素的集合。

public final void setValue(T value) 设置将组合框的 value 选项值被选中。

public final T getValue() 返回被选中的选项元素值。

public final void setEditable(boolean value) 设置是否可在显示栏输入新选项。

4. ListView<T>类的常用方法

public final void setItems(ObservableList<T> value) 为列表视图设置选项。

public final ObservableList<T> getItems() 返回存储列表视图选项元素的集合。

public final void setOrientation(Orientation value)　设置列表视图的方向，该方向指示列表视图是垂直滚动还是水平滚动。

public void setPrefSize(double prefWidth,double prefHeight)　设置列表视图的优先宽度和高度。

public final void setPrefWidth(double value)　设置列表视图的优先宽度。

public final void setPrefHeight(double value)　设置列表视图的优先高度。

public final void setSelectionModel(MultipleSelectionModel<T> value)　设置列表视图的多选模型。

public final MultipleSelectionModel<T> getSelectionModel()　返回当前列表视图的多选模型对象。

以上 ListView<T>类定义的两个方法涉及 MultipleSelectionModel<T>类，即多选模型类。javafx. scene. control. MultipleSelectionModel<T>类及其父类 SelectionModel<T>定义的方法可以为列表视图控件设置单项或多项选择模式、从列表视图中获取用户选中的选项等。MultipleSelectionModel<T>类的构造方法及常用方法如下。

public MultipleSelectionModel()　创建一个多选模型对象。

public final void setSelectionMode(SelectionMode value)　设置多选模型的选择模式。SelectionMode 为枚举类型，有两个枚举常量值 MULTIPLE 和 SINGLE，分别表示多选模式和单选模式。

public final SelectionMode getSelectionMode()　返回多选模型的选择模式。

public abstract ObservableList<T> getSelectedItems()　返回选中项元素的集合。

public abstract ObservableList<Integer> getSelectedIndices()　返回选中项元素下标的集合，下标从 0 开始。

public final int getSelectedIndex()　返回选中项元素的下标，如果有多个选项被选中，则返回最后被选中项元素的下标。

public final T getSelectedItem()　返回选中项元素，如果有多个选项被选中，则返回最后被选中的选项元素。

例 11.5　选择性控件与边界面板。主舞台的场景内容如图 11.4：根节点为边界面板，面板顶部放置组合框，底部放置单行面板（其上放置 3 个复选框），右边区域放置单列面板（其上放置两个单选按钮），中间放置列表视图（被设置为可多选）。程序 Example11_5. java 的关键代码如下：

```
public class Example11_5 extends Application{
  private final CheckBox cb1 = new CheckBox("喜欢运动");
  private final CheckBox cb2 = new CheckBox("喜欢旅游");
  private final CheckBox cb3 = new CheckBox("喜欢音乐");        //创建 3 个复选框
  private final RadioButton rb1 = new RadioButton("男");
  private final RadioButton rb2 = new RadioButton("女");        //创建两个单选按钮
  private final ComboBox<String> combo = new ComboBox<String>();  //创建组合框
  private static ListView<String> lv;                          //定义列表视图 lv 为静态成员变量
  @Override
  public void start(Stage primaryStage)  {
    final String[] my = {"足球","篮球","排球","羽毛球","乒乓球"};
    ObservableList<String> ol = FXCollections. observableArrayList(my);
                                    //以数组 my 为参数，得到一个可观察元素集合 ol
    lv = new ListView<String>(ol);  //创建列表视图，指定 ol 集合为选项
```

```
        lv.getSelectionModel().setSelectionMode(SelectionMode.MULTIPLE);  //设置选择模式为多选
        final ScrollPane scro = new ScrollPane(lv);      //创建滚动面板,显示节点为列表视图对象 lv
        BorderPane rootBP = new BorderPane(scro);        //创建边界面板,将滚动面板放置在中间区域
        rootBP.setPadding(new Insets(5, 6, 5, 6));       //设置边界面板四周空白区域的像素值
        combo.getItems().addAll("体育天地","旅游天地","音乐天地");
        //为组合框添加选项,也可以调用 combo 的 setItems()方法设置选项,想想看怎么做?
        combo.setValue("体育天地");                      //为组合框设置选中的选项
        rootBP.setAlignment(combo, javafx.geometry.Pos.CENTER);
        //为边界面板上放置的子节点 combo 设置对齐方式为居中
        rootBP.setTop(combo);                            //将组合框放置在边界面板的顶部
        final ToggleGroup group = new ToggleGroup();     //创建切换组对象
        rb1.setToggleGroup(group);                       //设置两个单选按钮加入 group 切换组
        rb2.setToggleGroup(group);                       //实现同一切换组中的单项选择
        rb1.setSelected(true);                           //设置切换组中的 rb1 初始被选中
        VBox vb = new VBox();                            //创建单列面板
        vb.setSpacing(20);                               //设置单列面板上子节点之间的间距
        vb.getChildren().addAll(rb1, rb2);               //将两个单选按钮放置在单列面板
        rootBP.setRight(vb);                             //将单列面板放置在边界面板的右边区域
        HBox hb = new HBox();                            //创建单行面板
        hb.setSpacing(5);
        hb.getChildren().addAll(cb1, cb2, cb3);          //将3个复选框放置在单行面板
        cb1.setSelected(true);                           //设置复选框 cb1 初始被选中
        rootBP.setBottom(hb);                            //将单行面板放置在边界面板的底部区域
        Scene scene = new Scene(rootBP, 310, 150);
        primaryStage.setTitle("边界面板与选择类控件");
        primaryStage.setScene(scene);
        primaryStage.show();
    }
    public static void main(String a[]){
        Application.launch(a);
        ObservableList<String> ol = lv.getSelectionModel().getSelectedItems();
                                                         //从列表视图的多选模型中获取被选中的选项集合
        for(String str : ol)
            System.out.println(str);                     //输出列表视图中被选中的所有选项
    }
}
```

例 11.5 的运行结果如图 11.4 所示。

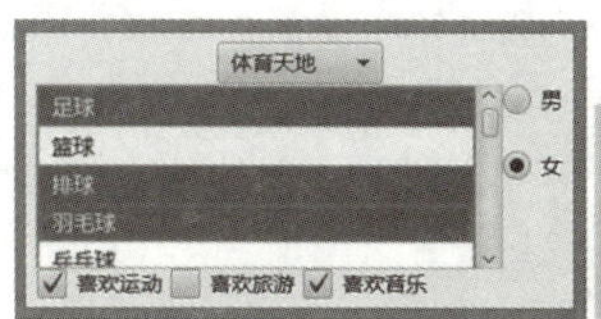

图 11.14 选择性控件与边界面板

11.3.5 选项卡面板 TabPane

JavaFX 中，选项卡面板包含多个选项卡 Tab，选项卡必须被放入选项卡面板。每个选项卡都可以有一个标题和一个节点，如果选项卡中放入的节点是 Pane 类或布局面板，则可以组织多个其他节点。

用户通过单击选项卡标题，可以在不同的选项卡之间切换，看到不同的场景效果。

需要注意的是，javafx. scene. control. Tab 类不是 Control 类的子类，而是 Object 类的子类，所以选项卡不是节点，只能被放入选项卡面板，不能以其他方式加入场景。

1. TabPane 类的构造方法

public TabPane( )　创建一个空的选项卡面板对象，不含选项卡。

public TabPane(Tab... tabs)　创建一个选项卡面板对象，包含参数指定的多个选项卡。

2. TabPane 类的常用方法

public final ObservableList<Tab> getTabs( )　返回选项卡面板中的选项卡集合。

3. Tab 类的构造方法

public Tab( )　创建一个没有标题的选项卡对象。

public Tab(String text)　创建一个标题为 text 的选项卡对象。

public Tab(String text,Node content)　创建指定标题且放置节点 content 的选项卡对象。

4. Tab 类的常用方法

public final void setText(String value)　设置选项卡的标题为 value。

public final void setContent(Node value)　设置选项卡上放置节点为 value。

public final void setStyle(String value)　设置选项卡的 CSS 样式。

public final void setTooltip(Tooltip value)　设置当鼠标指针移至选项卡时，悬浮出的提示信息。

public final void setClosable(boolean value)　设置选项卡是否可以被关闭。

例 11.6　选项面板与选项卡。主舞台的场景如图 11.5：根节点为选项卡面板，包含两个选项卡，第一个选项卡的标题为“控件”，放入的节点是单行面板（上面排列有标签和按钮两个控件），第二个选项卡的标题为“形状”，放入的节点是 Pane 类型的画布（画有圆形和矩形两个形状）。程序 Example11_6. java 的关键代码如下：

```
public void start(Stage stage) {
    TabPane tabPane = new TabPane();              //创建选项卡面板
    Tab tab1 = new Tab();                         //创建第一个选项卡
    tab1.setText("控件        ");                 //设置选项卡标题
    tab1.setStyle("-fx-font-size:16");            //设置选项卡标题的字体大小
    tab1.setClosable(false);                      //设置第一个选项卡不可关闭
    tab1.setContent(getHBox());                   //将（调用 getHBox()方法返回的）单行面板放入选项卡
    Tab tab2 = new Tab("形状        ");           //创建第二个选项卡
    tab2.setStyle("-fx-font-size:16");            //设置选项卡标题的字体大小
    tab2.setContent(getPane());                   //将（调用 getPane()方法返回的）Pane 画布放入选项卡
```

```
        tabPane.getTabs().addAll(tab1, tab2);           //将两个选项卡添加至选项卡面板
        Scene scene = new Scene(tabPane);
        stage.setTitle("选项卡面板与选项卡");
        stage.setScene(scene);
        stage.show();
    }                                                   // start()方法定义结束
    private HBox getHBox(){                             //定义返回单行面板的 getHBox()方法
        Image imb = new Image("image/中国结.jpg");      //创建图像对象 imb
        ImageView iv1 = new ImageView(imb);             //创建图像视图对象 iv1
        Button bt = new Button("中国结", iv1);          //创建有文字和图标的按钮 bt
        bt.setFont(Font.font("方正粗黑宋简体", 20));    //为按钮的文字设置字体
        bt.setTextFill(Color.rgb(200, 100, 100));       //为按钮的文字设置颜色
        Label lab = new Label("年年有余", new ImageView("image/年年有余.jpg"));
                                                        //创建有文字和图标的标签 lab
        lab.setContentDisplay(ContentDisplay.BOTTOM);   //设置标签上的图标位置在文字的下方
        lab.setFont(new Font("方正粗黑宋简体", 20));    //为标签的文字设置字体
        lab.setTextFill(Color.BROWN);                   //为标签的文字设置颜色
        HBox box = new HBox(20);                        //创建单行面板 box,其上节点间距 20 像素
        box.getChildren().addAll(lab, bt);              //单行面板上添加标签和按钮
        box.setAlignment(Pos.CENTER);                   //设置控件节点在单行面板上居中对齐
        return box;                                     //返回放置了标签和按钮的单行面板对象
    }                                                   // getHBox()方法定义结束
    private Pane getPane(){                             //定义返回 Pane 画布的 getPane()方法
        Pane canvas = new Pane();                       //创建空的 Pane 面板充当画布
        canvas.setStyle("-fx-background-color:black;");  //利用 CSS 为画布设置背景色为黑色
        Circle circle = new Circle(75, Color.BLUE);     //创建半径为 75 像素、填充颜色为蓝色的圆形形状
        circle.relocate(10, 10);           //设置圆形的外切矩形轮廓左上角在容器上的位置坐标 (10, 10)
        Rectangle rect = new Rectangle(120, 120, Color.RED);   //创建矩形，宽高均 120 像素、红色
        rect.relocate(150, 30);            //设置矩形形状轮廓左上角在容器上的位置坐标 (150, 30)
        rect.setRotate(-30);                            //设置矩形围绕中心点逆时针旋转 30 度
        canvas.getChildren().addAll(circle, rect);      //将圆形和矩形两个形状节点添加至画布面板
        return canvas;                                  //返回画有圆形和矩形的 Pane 画布对象
    }                                                   //getPane()方法定义结束
```

例 11.6 的运行结果如图 11.15 所示。

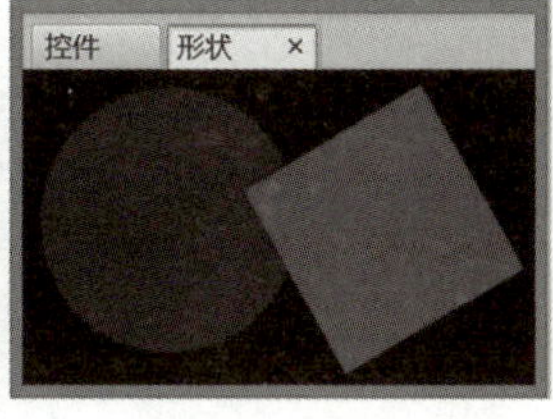

图 11.15　选项面板与选项卡

本章小结

（1）JavaFX 窗口结构。舞台是顶层窗口，舞台中有场景，场景是树形结构，首先是根节点，根节点限制为面板或控件。根节点若为面板，则可以有子节点；根节点若为控件，则不能再有子节点，此时根节点也是叶子节点，即场景中只有根节点。子节点若为面板，则还可以再有子节点；子节点若为除面板外的其他节点（控件、形状、图像视图、媒体视图等），则成为叶子节点。

（2）每个 JavaFX 应用程序都必须是 Application 类的子类，且必须重写父类的 start( )方法。系统自动创建主舞台对象并将其引用传递给 start( )方法的参数。

（3）Node 类是所有节点的根类，其子类包括面板、控件、形状、图像视图、媒体视图、Web 视图等。

（4）节点的颜色、字体、图标等属性可以使用 JavaFX 定义的辅助类设置，或者使用 JavaFX CSS 设置。

（5）面板既是节点，又是容器。作为容器，面板上可以添加子节点；作为节点，面板可以被添加至父面板或场景中。

（6）Pane 面板用于需要节点在面板上绝对定位的场景，Pane 面板通常用作显示形状的画布。Pane 类又是所有布局面板类的父类，布局面板会根据其子节点自动布局，无须给出子节点的具体坐标，布局面板常用作摆放控件节点。

（7）JavaFX 的每一块面板都有一个 ObservableList<Node>类型的集合，用于存放面板上的子节点，面板类定义的 getChildren( )方法返回这个集合，通过给集合添加节点元素，能为面板添加节点。

（8）Control 类是控件节点类的基类，11.3 节学习一些常用的控件。

习题 11

简答题

11.1　JavaFX 的应用程序如何创建？简述其运行流程。

11.2　JavaFX 的主舞台如何生成？其他舞台如何生成？舞台的场景如何显示出来？

11.3　舞台的场景中，根节点可以是什么类型？

11.4　JavaFX 的节点是可视化的组件，可被加入场景。节点主要包含哪些类型？

11.5　如何设置节点的属性？

11.6　简述 Pane 面板的特点和主要用途。简述各种常用布局面板的特点和用法。

11.7　简述常用控件的特点。

11.8　选项卡类 Tab 是 Control 类的子类吗？选项卡是否可以被直接添加至场景中？

程序设计题

11.9　理解并调试本章例 11.1～例 11.6 的程序代码，显示出结果。在此基础上，鼓励根据个人思路对例中代码进行改进或功能扩展。

探究题

11.10 创建一个栈面板对象，先后将一幅图像和一个文本形状放置于栈面板（文本形状作为图像的说明）并显示场景。可以将栈面板逆时针旋转 45 度，看一下效果。

11.11 编写 JavaFX 程序，利用网格面板和正方形形状（参见 13.1 节），显示出国际象棋棋盘。

团队项目

11.12 3~5 人为一组，设计学生管理系统的多个图形界面，包括查询学生信息界面、输入学生信息界面、修改学生信息界面、删除学生信息界面等，可以选择使用标签、单行文本框、文本区、复选框、单选按钮、组合框、列表视图、按钮等控件，并根据需要选择使用布局面板或进行多层次复合布局，最后利用 JavaFX 实现这些界面。

扩展阅读

请读者查阅并学习 API 文档中 Control 类的其他常用子类。

扩展练习

定义文本形状或标签。设计利用滑动条实现对文本字号的控制，利用颜色选择器实现对文本颜色的控制，利用日期选择器选择日期后，将其添加到文本形状或标签中。本练习只实现场景的显示，实际控制待学习第 12 章后完成。

实验 11

实验 11.1 JavaFX 程序场景设计 1

实验 11.2 JavaFX 程序场景设计 2

实验 11.3 JavaFX 程序场景设计 3——几何图形计算器

第 12 章 JavaFX 事件处理

【本章导读】

在应用程序中，用户利用图形界面与程序进行交互。用户通过鼠标或键盘操作相关控件，给程序发送指令，输入程序需要处理的数据。程序处理后，将结果显示于图形界面。

当用户操作控件等节点时，会产生相应的事件，程序如果对事件进行响应并处理，就会得到相应的事件处理效果，从而完成一定的工作。

通过第 11 章已经学习了如何利用 JavaFX 建立图形界面场景，本章将学习对用户事件进行响应和处理的方法。

JavaFX 不仅将组件（节点）级别的各种事件监听接口统一定义、进一步简化了编程，而且支持 JavaFX 属性级别的事件处理。

【本章思维导图】

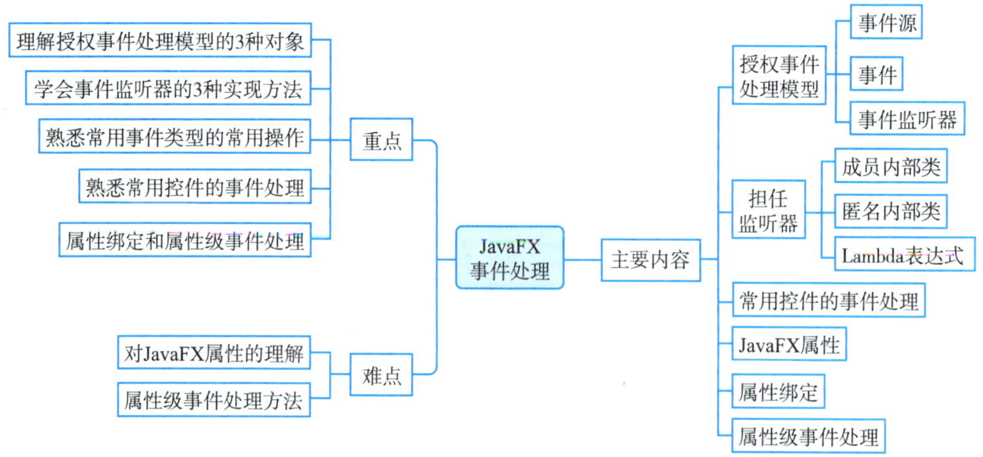

12.1　授权事件处理模型

12.1.1　授权事件处理模型原理

Java 中，程序对事件的响应和处理采用授权事件处理模型。该模型包含 3 种对象，分别是事件源、事件和事件监听器。

1. 事件源

指用户触发事件时需要操作的控件等节点，如按钮、单行文本框、复选框、单选按钮、组合框、列表视图、菜单项、形状等。

2. 事件

当用户使用键盘或鼠标操作事件源时，会触发事件，生成事件对象。

3. 事件监听器

事件监听器是对事件源进行监视的对象。当事件源上发生了事件时，会被事件监听器监听到，事件监听器就会调用相应的方法对事件进行处理。

事件源上发生了事件后，不自行处理，而是授权事件监听器去处理。这种事件源不处理自身事件，而是授权或委托外部实体对象处理，将事件源与处理事件的对象分离开来的事件处理模型，就是授权事件处理模型，也称为委托事件处理模型。

JavaFX 对授权事件处理模型中的事件和事件监听器两种对象的抽象定义放在 javafx. event 包中。事件类的父类是 javafx. event. Event，事件监听器则统一使用 javafx. event. EventHandler<T extends Event>接口来定义。

授权事件处理模型中，程序要实现对事件源上产生事件的响应和处理，需要对事件源注册事件监听器。具体办法是，事件源调用自己的注册方法，事件监听器作为注册方法的参数被授权给事件源。

以按钮事件源为例，使用授权事件处理模型，程序响应处理事件的过程示意图如图 12.1 所示。

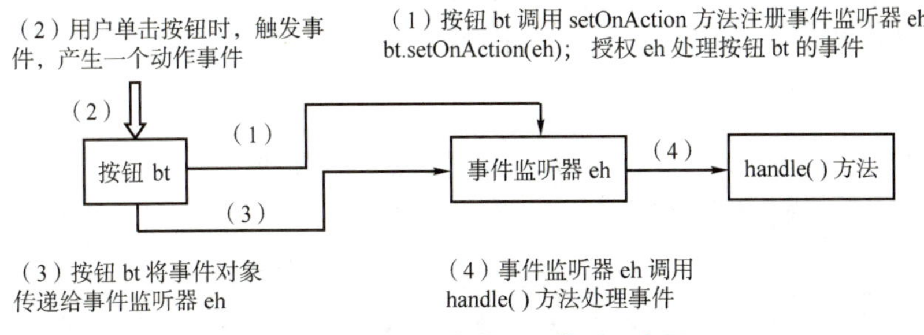

图 12.1　授权事件处理模型示意图

12.1.2　JavaFX 事件监听器

授权事件处理模型中，要对事件源触发的事件进行响应，就需要对事件源注册事件监听器。

为此，需要先创建事件监听器。

前面已经讲过，JavaFX 的事件监听器统一使用 javafx. event. EventHandler<T extends Event>接口定义。因此，需要先定义实现该接口的事件监听器类，再创建其对象。

本小节将介绍 3 种创建事件监听器的方法：使用内部类对象；使用匿名类对象；使用 Lambda 表达式。

读者在掌握面向对象编程的基础上，扫描右侧二维码学习内部类、匿名类与 Lambda 表达式的相关知识。

二维码 12-1　内部类、匿名类与 Lambda 表达式

1. 使用内部类对象担任事件监听器

例 12. 1　针对第 11 章 11. 3. 2 小节例 11. 4 给出的主舞台场景如图 11. 3,本例面对场景中的“登录”按钮触发的事件进行响应和处理。其中有关提示对话框的部分，请读者参见本章 12. 2. 6 小节。程序 Example12_1. java 的关键代码（主舞台的场景代码略，请读者参见第 11 章例 11. 4）如下：

```
import javafx.event.EventHandler;
import javafx.event.ActionEvent;
public class Example12_1 extends Application{
  public void start(Stage primaryStage){
    ...                                           //主舞台的场景代码,参见例 11.4
    Handler listener = new Handler();             //创建事件监听器(内部类)对象
    bt1.setOnAction(listener);                    //为“登录”按钮 bt1 注册事件监听器
    bt2.setDisable(true);                         //初始设置禁用“编辑”按钮 bt2
    ...                                           //其他场景代码,参见例 11.4
  }                                               // start()方法定义结束
  class Handler implements EventHandler<ActionEvent>{ //定义内部类，实现事件监听器接口
    @Override
    public void handle(ActionEvent e){     //实现监听器接口的方法，处理 ActionEvent 类型的事件
      if(e.getSource() == bt1){    //判断事件源是否为“登录”按钮，若是则执行以下 7 行代码
        Alert alert;                       //定义提示对话框
        if(tf.getText().equals("admin") && pf.getText().equals("123456")){
                            //判断界面上输入的用户名和密码是否正确，若正确则执行以下两行代码
          bt2.setDisable(false);           //对“编辑”按钮 bt2 取消禁用
          alert = new Alert(Alert.AlertType.CONFIRMATION, "登录成功！点击“编辑”开始...",
ButtonType.OK);                            //创建提示对话框，给出登录成功以及下一步操作提示信息
        }else                              //用户名或密码不正确，执行下一行代码
          alert = new Alert(Alert.AlertType.WARNING,"用户名或密码不正确", ButtonType.OK);
                                           //创建提示对话框，给出登录失败提示信息
        alert.showAndWait();               //显示提示对话框
      }                                    //判断事件源的 if 块结束
    }                                      //handle()方法定义结束
  }                                        //内部类 Handler 定义结束
}                                          //Example12_1 类定义结束
```

运行结果如图 12. 2 和图 12. 3 所示。

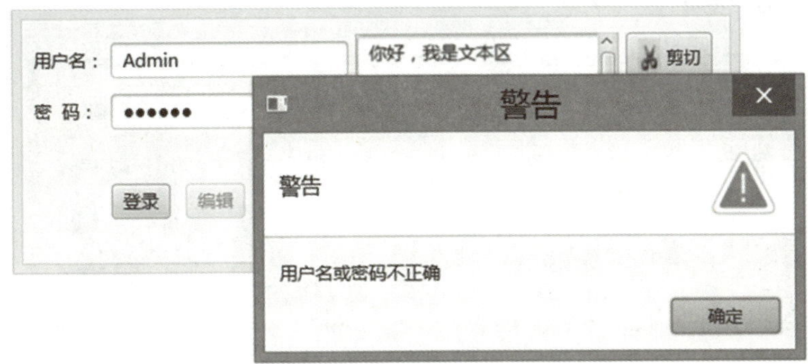

图 12.2 例 12.1 的运行结果——登录失败

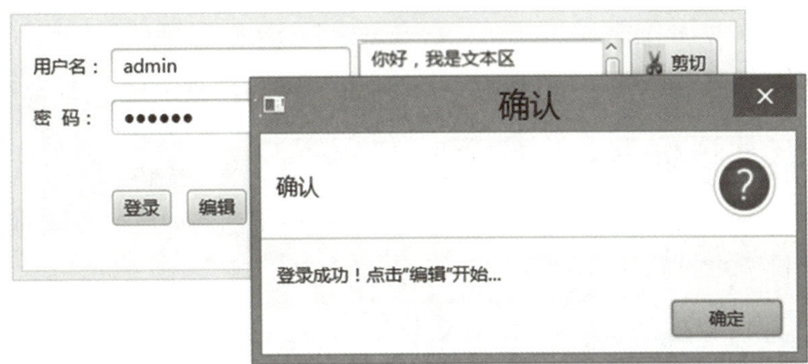

图 12.3 例 12.1 的运行结果——登录成功

2. 使用匿名类对象担任事件监听器

例 12.2 在例 12.1 的基础上，对场景中的“编辑”按钮 bt2 触发的事件进行处理。程序 Example12_2. java 的关键代码（主舞台的场景代码、与例 12.1 相同的代码略）如下：

```
public class Example12_2 extends Application{
  public void start(Stage primaryStage){
    ...                                       //主舞台的场景代码,与例 12.1 相同的代码略去
    bt2. setOnAction(new EventHandler<ActionEvent>(){
//定义实现监听器接口的匿名类, 并创建该匿名类对象作为事件监听器,为“编辑”按钮 bt2 注册
      public void handle(ActionEvent e){  //匿名类实现接口的 handle()方法, 处理 ActionEvent 事件
          ta. setEditable(true);              //设置文本区 ta 可编辑, 例 11.4 场景中初始为不能编辑
          ta. setText("你好! 我可以被编辑了");      //设置文本区 ta 的新文本
          ta. setStyle("-fx-text-fill:red"); //设置文本区 ta 中的文本颜色为红色
      }                   //handle()方法定义结束
    });                   //匿名类定义结束, bt2 调用 setOnAction()方法注册监听器的语句行结束
    ...                                       //其他场景代码
  }                       // start()方法定义结束
}                         // Example12_2 类定义结束
```

例 12.2 运行结果如图 12.4 所示。

图 12.4　例 12.2 的运行结果

3. 使用 Lambda 表达式担任事件监听器

二维码 12-2　例 12.3 关键代码和运行结果

因为 javafx.event.EventHandler<T extends Event>接口是函数式接口，定义匿名类和创建匿名类对象还可以使用更为精简的语法——Lambda 表达式。

在例 12.1 的基础上，例 12.3 对场景中的“剪切”（bt3）、“复制”（bt4）、“粘贴”（bt5）和“编辑”（bt2）4 个按钮触发的事件进行响应和处理，读者可扫描二维码 12-2 查看。

12.1.3　JavaFX 事件类

在授权事件处理模型中，为了处理各种用户操作所产生的事件，还需要使用 JavaFX API 中定义的一些事件类。在 Java 中，Java 事件类的根类是 java.util.EventObject，JavaFX 事件类的根类是 javafx.event.Event。

JavaFX 常用事件类及其继承关系如图 12.5 所示。

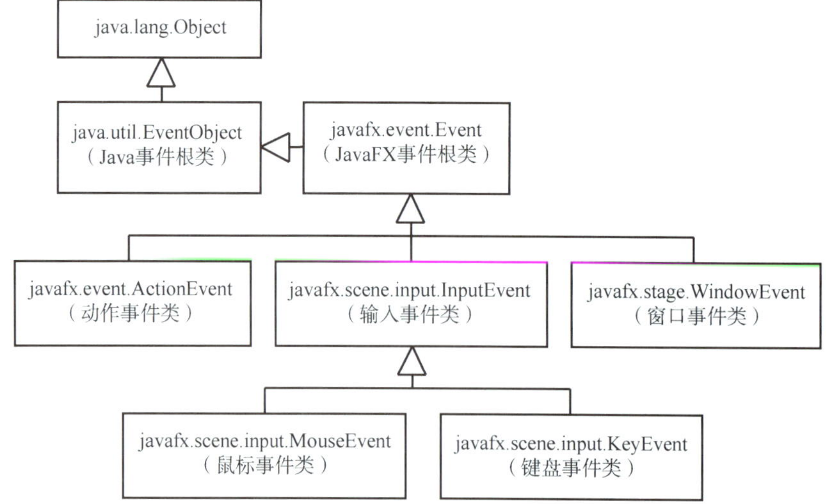

图 12.5　JavaFX 常用事件类及其继承关系

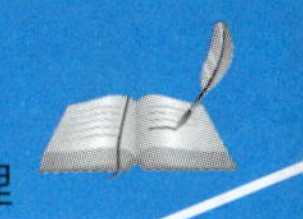

java. util. EventObject 类中定义的方法如下。

public Object getSource( )　功能是从事件对象中获取触发事件的事件源。

表 12. 1～表 12. 4 给出一些常用类型事件的事件源、用户操作、事件源注册事件监听器的方法对应一览表，包括 ActionEvent （动作事件）、MouseEvent （鼠标事件）、KeyEvent （键盘事件）和 WindowEvent （窗口事件）。

表 12. 1　ActionEvent 的事件源、用户操作、事件源注册事件监听器的方法对应

事件源	用户操作	事件源注册事件监听器的方法
Button	单击按钮	setOnAction(EventHandler<ActionEvent> h)
MenuItem	选择菜单项	
TextField	在文本框输回车	
CheckBox	选中或取消选中	
RadioButton	选中或取消选中	
ComboBox	切换选项	
ColorPicker	选择颜色	
DatePicker	选择日期	

表 12. 1 中，事件源注册动作事件监听器的方法 setOnAction( )是由事件源类或其父类定义的，如 Button、CheckBox、RadioButton 都是 ButtonBase 的直接或间接子类，ButtonBase 定义了 setOnAction( )方法；ComboBox、ColorPicker、DatePicker 都是 ComboBoxBase 的子类，ComboBoxBase 定义了 setOnAction( ) 方法；TextField 类为自己和其子类 PasswordField 定义了 setOnAction( ) 方法；MenuItem 也为自己定义了 setOnAction( )方法。

表 12. 2 和表 12. 3 中，Node 类和 Scene 类都定义了注册鼠标事件监听器或键盘事件监听器的方法，Node 类的子类对象都可以调用。

表 12. 2　MouseEvent 的事件源、用户操作、事件源注册事件监听器的方法对应

事件源	用户操作	事件源注册事件监听器的方法
Node、Scene	单击鼠标	setOnMouseClicked(EventHandler<MouseEvent> h)
	按下鼠标	setOnMousePressed(EventHandler<MouseEvent> h)
	释放鼠标	setOnMouseReleased(EventHandler<MouseEvent> h)
	鼠标进入	setOnMouseEntered(EventHandler<MouseEvent> h)
	鼠标离开	setOnMouseExited(EventHandler<MouseEvent> h)
	移动鼠标	setOnMouseMoved(EventHandler<MouseEvent> h)
	拖动鼠标	setOnMouseDragged(EventHandler<MouseEvent> h)

表 12.3　KeyEvent 的事件源、用户操作、事件源注册事件监听器的方法对应

事件源	用户操作	事件源注册事件监听器的方法
Node、Scene	按下键	setOnKeyPressed(EventHandler<KeyEvent> h)
	释放键	setOnKeyReleased(EventHandler<KeyEvent> h)
	单击键	setOnKeyTyped(EventHandler<KeyEvent> h)

表 12.4　WindowEvent 的事件源、用户操作、事件源注册事件监听器的方法对应

事件源	用户操作	事件源注册事件监听器的方法
Stage	打开窗口	setOnShowing(EventHandler<WindowEvent> h)
	已打开窗口	setOnShown(EventHandler<WindowEvent> h)
	隐藏窗口	setOnHiding(EventHandler<WindowEvent> h)
	已隐藏窗口	setOnHidden(EventHandler<WindowEvent> h)
	关闭窗口	setOnCloseRequest(EventHandler<WindowEvent> h)

在表 12.4 中，Stage 类的父类 Window 定义了所有注册窗口事件监听器的方法。

1. 动作事件 ActionEvent

从表 12.1 中可以看到，按钮、菜单项、单行文本框、组合框、复选框、单选按钮、颜色选择器、日期选择器等控件都可以触发动作事件。如果事件源调用 setOnAction( )方法注册了事件监听器，当用户操作控件时，控件会把产生的动作事件对象传递给事件监听器，事件监听器会调用 handle( )方法处理动作事件。

2. 鼠标事件 MouseEvent

从表 12.2 中可以看到，所有的节点以及场景都可以触发鼠标事件。如果需要处理鼠标事件，根据用户的不同操作（包括用鼠标单击事件源、移动或拖动事件源、鼠标进入或离开事件源、按下或释放鼠标），事件源需要调用不同的方法注册事件监听器。例如，对节点调用 setOnMouse-Pressed( )方法注册事件监听器后，当在节点上按下鼠标时，节点会把产生的鼠标事件对象传递给事件监听器，事件监听器会调用 handle( )方法处理鼠标事件。

MouseEvent 类定义的常用方法如下。

public final MouseButton getButton( )　返回触发事件的鼠标按钮，MouseButton 是枚举类型，包含 PRIMARY（鼠标左按钮）、MIDDLE（鼠标中按钮）、SECONDARY（鼠标右按钮）、NONE（没有鼠标按钮）4 个枚举值。

public final double getX( )

public final double getY( )

当鼠标指针移至事件源节点范围时，以上两个方法分别返回鼠标指针相对于节点所在容器原点的横坐标或纵坐标。

public final double getSceneX( )

public final double getSceneY( )

当鼠标指针移至事件源节点范围时，以上两个方法分别返回鼠标指针相对于场景原点的横坐标或纵坐标。

public final double getScreenX( )

public final double getScreenY( )

当鼠标指针移至事件源节点范围时，以上两个方法分别返回鼠标指针相对于屏幕（显示器）原点的横坐标或纵坐标。

例 12.4 用鼠标拖动矩形形状，实现移动矩形块的操作。主舞台的场景如图 12.6：根节点为 Pane 面板，面板上有一红色矩形形状；对矩形节点注册“按下鼠标”和“拖动鼠标”两个操作的事件监听器。关于矩形对象调用方法，请读者参见 13.1 节。程序 Example12_4. java 的代码如下：

```
import javafx. application. Application;
import javafx. stage. Stage;
import javafx. scene. Scene;
import javafx. scene. input. MouseEvent;
import javafx. scene. shape. Rectangle;
import javafx. scene. paint. Color;
import javafx. scene. layout. Pane;
public class Example12_4 extends Application{
  double rectOffX, rectOffY;
  @Override
  public void start( Stage stage) {
    Rectangle rect = new Rectangle( 100, 100, Color. RED);
                                       //创建宽、高均为 100 像素，填充颜色为红色的矩形形状
    rect. relocate( 30, 30);           //设置矩形形状轮廓左上角在容器上的位置坐标 (30, 30)
    Pane pane = new Pane( );           //创建面板容器
    pane. getChildren( ). add( rect);  //将矩形形状放置在面板上，在面板上的坐标 (30, 30)
    Scene scene = new Scene( pane,500, 300); //面板成为场景的根节点
    rect. setOnMousePressed( e->{      //为矩形 rect 注册 “按下鼠标” 操作的事件监听器
    //大括号里是 handle( )方法的方法体，当用户在矩形形状节点（事件源）范围按下鼠标时，被执行
      rectOffX = e. getX( ) - rect. getX( );
      //用鼠标点在面板中的 x 坐标减去矩形在面板中的 x 坐标，得出鼠标点相对矩形原点的 x 坐标
      rectOffY = e. getY( ) - rect. getY( );
    }); //handle( )方法定义结束，Lambda 表达式结束，rect 调用 setOnMousePressed()方法的语句行结束
    rect. setOnMouseDragged( e->{      //为矩形 rect 注册“拖动鼠标”操作的事件监听器
    //大括号里是 handle( )方法的方法体，当用户用鼠标拖动矩形形状节点（事件源）时，不断地被执行
      double newRectX = e. getX( ) - rectOffX;
    //用鼠标点在面板中的新 x 坐标减去鼠标点相对矩形原点的 x 坐标，得出矩形在面板中的新 x 坐标
      rect. setX( newRectX);           //为矩形设置在容器中的新 x 轴坐标
      rect. setY( e. getY( ) - rectOffY); //为矩形设置在容器中的新 y 轴坐标
    }); //handle( )方法定义结束，Lambda 表达式结束，rect 调用 setOnMouseDragged( )方法的语句行结束
    stage. setTitle( "鼠标事件");
    stage. setScene( scene);
    stage. show( );
  }
}
```

例 12.4 的运行结果如图 12.6 所示。

图 12.6　移动矩形块

3. 键盘事件 KeyEvent

当用户在一个节点或一个场景上获得焦点并操作键盘（包括按下键、释放键、单击键）时，会触发键盘事件。如果需要处理键盘事件，根据用户的不同操作，事件源需要调用不同的方法注册事件监听器。例如，对节点调用 setOnKeyPressed 方法注册事件监听器后，当在节点上按下任意键时，节点会把产生的相应键盘事件对象传递给事件监听器，事件监听器会调用 handle 方法处理键盘事件。

KeyEvent 类定义的常用方法如下。

public final KeyCode getCode( ) 返回按下字符的键码值，键码值由枚举 KeyCode 定义，常用键码的枚举常量值包括 A ~ Z、0 ~ 9、F1 ~ F12、HOME、END、CONTROL、SHIFT、ALT、ESCAPE、ENTER、DELETE、INSERT、UP、DOWN、LEFT、RIGHT 等，更多键码值请读者查阅枚举 KeyCode 的 API 文档。

public final String getText( )　返回键码值对应的字符串。

public final boolean isAltDown( )　判断是否按下〈Alt〉键。

public final boolean isControlDown( )　判断是否按下〈Ctrl〉键。

public final boolean isShiftDown( )　判断是否按下〈Shift〉键。

例 12.5　实现用键盘移动矩形块的操作。主舞台场景与例 12.4 相同，对矩形形状节点注册“按下键”操作的事件监听器。在主舞台场景显示出来后，对矩形对象获得焦点，可以响应“按下键”键盘事件。当按下上、下、左、右箭头键时，根据按键的键码值，设置矩形上移、下移、左移、右移的新位置。关于矩形对象调用方法，请读者参见 13.1 节。程序 Example12_5. java 的关键代码如下：

```
public void start(Stage stage){
    Rectangle rect = new Rectangle(100, 100, Color.RED);
    rect.relocate(30, 30);
    Pane pane = new Pane();
    pane.getChildren().add(rect);
    Scene scene = new Scene(pane, 500, 300);
    rect.setOnKeyPressed(e->{                    //为矩形 rect 注册“按下键”操作的事件监听器
    //大括号里是 handle()方法的方法体,当用户按下键盘时，执行下面的 switch 语句块
        switch(e.getCode()){                     //获取按键的键码值，判断
          case UP:                               //上箭头键
          case KP_UP:                            //数字键盘上的上箭头键
            rect.setY(rect.getY() - 5);          //设置矩形位置，在面板中上移 5 个像素
```

```
            break;
        case DOWN:                              //下箭头键
        case KP_DOWN:                           //数字键盘上的下箭头键
            rect.setY(rect.getY() + 5);         //设置矩形位置，在面板中下移5个像素
            break;
        case LEFT:                              //左箭头键
        case KP_LEFT:                           //数字键盘上的左箭头键
            rect.setX(rect.getX() - 5);         //设置矩形位置，在面板中左移5个像素
            break;
        case RIGHT:                             //右箭头键
        case KP_RIGHT:                          //数字键盘上的右箭头键
            rect.setX(rect.getX() + 5);         //设置矩形位置，在面板中右移5个像素
            break;
      }                                         //switch 语句块结束
  }); //handle()方法定义结束,Lambda 表达式结束，rect 调用 setOnKeyPressed()方法的语句行结束
  stage.setTitle("键盘事件");
  stage.setScene(scene);
  stage.show();                                 //显示窗口
  rect.requestFocus();                          //设置矩形对象获得焦点，接收键盘输入
}
```

注意：设置矩形对象获得焦点的方法，必须在窗口显示后方可调用。

4. 窗口事件 WindowEvent

表 12.4 列出了对舞台进行操作后触发的窗口事件。当需要对窗口事件进行响应时，可以使舞台对象调用与操作相对应的注册方法来注册事件监听器。比较典型的操作是关闭舞台，这时需要完成一些清除资源的工作。

例 12.6 用窗口事件处理实现电子表的功能。主舞台的场景如图 12.7：根节点为栈面板，栈面板上放置一个文本形状，该文本被用来动态显示时间。要实现此功能，可以利用一个线程来动态获取当前时间，并动态设置修改文本内容，显示出最新时间。为主舞台的“显示窗口”操作注册事件监听器，在 handle()方法里创建线程；再为主舞台的“关闭窗口”操作注册事件监听器，在 handle()方法里中断线程，否则线程一直在运行，会出现“窗口已经被关闭了，时钟还在不断更新显示，人们根本看不见显示的时间”这样的奇怪现象，严重耗费系统资源。关于文本形状类，请读者参见第 13 章 13.1 节；关于线程相关知识，请读者参阅第 14 章。程序 Example12_6.java 的关键代码如下：

```
public class Example12_6 extends Application implements Runnable {
//定义 JavaFX 程序类，同时实现 Runnable 接口，Example12_6 是线程体类，需要实现接口的 run()方法
  Thread clockThread;                           //定义线程引用变量 clockThread
  Text text = new Text("电子表");               //定义文本对象 text
  public void start(Stage primaryStage) {
    StackPane sPane = new StackPane(text);      //创建栈面板 sPane，面板上放置文本对象 text
    primaryStage.setOnShowing(e -> {            //为主舞台注册“显示窗口”操作的事件监听器
    //大括号里是 handle()方法的方法体，当主舞台场景显示时，执行下面的 if 语句块,处理窗口事件
      if (clockThread == null) {                //没有线程时，需要创建线程并使其进入就绪状态
        clockThread = new Thread(Example12_6.this,"Clock");
        //创建线程，指定线程体为 Example12_6 类的当前对象；目前所在位置是 Example12_6 的内部类
```

```
            clockThread. start( );                  //使其进入就绪状态,可运行
          }                                         //if 语句块结束
    }); //handle( )方法定义结束, Lambda 表达式结束, 主舞台调用 setOnShowing( )方法的语句行结束
    primaryStage. setOnCloseRequest( e->{           //为主舞台注册"关闭窗口"操作的事件监听器
    //大括号里是 handle( )方法的方法体, 当主舞台被用户关闭时, 执行下面的 if 语句块, 处理窗口事件
      if (clockThread != null) {                    //有线程时, 需要中断线程并使其引用为空
        clockThread. interrupt( );                  //中断线程
        clockThread = null;                         //使线程变量引用为空
      }                                             //if 语句块结束
    }); //handle( )方法定义结束, Lambda 表达式结束, 主舞台调用 setOnCloseRequest( )方法语句行结束
    Scene scene = new Scene( sPane,250,50);
    primaryStage. setScene( scene);
    primaryStage. setTitle("电子表");
    primaryStage. show( );
  }                                                 //start( )方法定义结束
  public void run( ) {                              //构造线程体
    while (clockThread != null) {                   //线程引用变量不为 null 时, 循环执行以下循环体
      Date now = new Date( );                       //获取当前时间对象 now
      SimpleDateFormat sdf = new SimpleDateFormat("yyyy 年 MM 月 dd 日 hh 时 mm 分 ss 秒");
      String time = sdf. format( now);              //按上一行语句给出的格式, 将 now 转换为字符串 time
      text. setText( time);                         //设置文本对象显示时间
      try {
        clockThread. sleep( 1000);                  //线程睡眠 1000 毫秒
      } catch (InterruptedException e) { }
    }                                               // while 循环块结束
  }                                                 // run( )方法定义结束
}                                                   // Example12_6 类定义结束
```

例 12. 6 的运行结果如图 12. 7 所示。

图 12. 7　窗口事件

12. 2　常用控件的事件处理

12. 2. 1　文本编辑控件的事件处理

从表 12. 1~表 12. 4 可以看出，在单行文本框或密码框（Password 是 TextField 的子类）中输入回车符可以触发动作事件；另外，作为节点，文本编辑控件也可以触发鼠标事件或键盘

事件。

针对例 11.4、例 12.1 程序的场景，可以对其中的单行文本框 tf 和密码框 pf 注册事件监听器，当用户在文本框或密码框中输入回车时响应和处理动作事件，从而完成登录功能，其运行效果参见图 12.2 和图 12.3。

注册监听器的关键代码如下：

```
Handler listener = new Handler();              //创建事件监听器(内部类)对象
bt1.setOnAction(listener);                     //为“登录”按钮 bt1 注册事件监听器
tf.setOnAction(listener);                      //为单行文本框 tf 注册事件监听器
pf.setOnAction(listener);                      //为密码框 pf 注册事件监听器
```

定义事件监听器的关键代码如下：

```
class Handler implements EventHandler<ActionEvent>{          //定义内部类，实现事件监听器接口
  @Override
  public void handle(ActionEvent e){      //实现事件监听器接口的方法，处理 ActionEvent 类型的事件
    Object source = e.getSource();
    if(source == bt1 || source == tf || source == pf){
    //判断事件源是否为“登录”按钮、单行文本框 tf 或密码框 pf，若是则执行以下登录操作代码
      ……                                                   //后续代码请参见本章例 12.1
```

12.2.2 复选框、单选按钮与组合框的事件处理

从表 12.1~表 12.4 可以看出，复选框、单选按钮、组合框都能触发动作事件，也能触发鼠标事件和键盘事件。具体内容请读者参见二维码 12-3 中的例 12.7。

二维码 12-3　例 12.7 场景说明、关键代码和运行结果

12.2.3 颜色选择器与日期选择器的事件处理

颜色选择器与日期选择器具体内容请读者参见二维码 12-4，其中包括例 12.8 关键代码和运行结果。

二维码 12-4　颜色选择器与日期选择器的事件处理

12.2.4 菜单设计

菜单设计具体内容请读者参见二维码 12-5，其中包括例 12.9 关键代码和运行结果。

二维码 12-5 菜单设计

12.2.5 工具栏设计

工具栏设计具体内容请读者参见二维码 12-6，其中包括例 12.10 关键代码和运行结果。

二维码 12-6 工具栏设计

12.2.6 提示对话框和文件选择对话框

提示对话框和文件选择对话框具体内容请读者参见二维码 12-7，其中包括例 12.11 关键代码和运行结果。

二维码 12-7 提示对话框和文件选择对话框

12.3 JavaFX 属性、属性绑定和属性级事件处理

12.3.1 JavaBean 与 JavaFX 属性

JavaBean 是一种可复用的 Java 组件，可以被 Java 应用程序调用。简单来说，JavaBean 是由无

参构造方法、私有成员变量、公有的符合规范的读写访问方法（getter、setter）构成的类。例如，将 Student 类写成一个 JavaBean：

```
public class Student{
  private String no;                              //定义学生的学号
  private String name;                            //定义学生的姓名
  public String getNo(){                          //定义学号的读访问方法
    return no;
  }
  public void setNo(String no){                   //定义学号的写访问方法
    this.no = no;
  }
  public String getName(){                        //定义姓名的读访问方法
    return name;
  }
  public void setName(String name){               //定义姓名的写访问方法
    this.name = name;
  }
}
```

有关 JavaBean 的更多细节请读者参见 JavaBeans API 规范。

JavaBean 的私有成员变量又被称为 Java 的属性，为属性提供的 getter 访问方法代表此属性是可读的，提供的 setter 访问方法则代表此属性是可写的，两者搭配就可以产生只读、只写、读写的属性。

以上简单说明了 Java 的属性，那么 JavaFX 的属性是什么呢？

JavaFX 的属性是由 javafx.beans.property.Property<T>接口定义的，泛型 T 取决于属性值的类型。实际使用时，根据 T 的具体类型，有很多实现了 Property 接口的属性类。例如，学生的学号和姓名属性在 JavaBean 中使用 String 类，而在 JavaFX 中使用 StringProperty 类（实现了 Property<String>接口）；圆的圆心坐标与半径属性在 JavaBean 中使用双精度浮点型，而在 JavaFX 中使用 DoubleProperty 类（实现了 Property<Number>接口）；类似地，int 类型在 JavaFX 中使用 IntegerProperty 类，long 类型在 JavaFX 中使用 LongProperty 类，float 类型在 JavaFX 中使用 FloatProperty 类，boolean 类型在 JavaFX 中使用 BooleanProperty 类，List 类型在 JavaFX 中使用 ListProperty 类型，Map 类型在 JavaFX 中使用 MapProperty 类，Set 类型在 JavaFX 中使用 SetProperty 类，Object 类型在 JavaFX 中使用 ObjectProperty 类等（其他类型请查阅 Property 接口的 API）。但所有这些 JavaFX 属性类都是抽象类，它们各自都有两种实现子类，一种表示完整读写的属性，另一种表示只读属性的包装，例如抽象类 DoubleProperty 的两个实现子类分别是 SimpleDoubleProperty 和 ReadOnlyDoubleWrapper。如创建圆的半径属性 radius 对象的代码如下：

```
DoubleProperty radiusProperty = new SimpleDoubleProperty(6.6);
```

与 Java 的成员变量或属性类似，JavaFX 属性可以是单个值，也可以是一个集合。例如，ListProperty 类、SetProperty 类、MapProperty 类表示的 JavaFX 属性都是集合。

以下实例中，使用 JavaFX 属性定义 User 类：

```
import javafx.beans.property.*;
public class User{
  private StringProperty nameProperty = new SimpleStringProperty();       //定义姓名为可读写属性
  private ReadOnlyIntegerWrapper ageProperty = new ReadOnlyIntegerWrapper();
```

```
                                              //定义年龄为只读属性
    public StringProperty nameProperty() {    //返回姓名属性
      return nameProperty;
    }
    public String getName(){                  //定义姓名的读访问方法
      return nameProperty.get();
    }
    public void setName(String name) {        //定义姓名的写访问方法
      this.nameProperty.set(name);
    }
    public ReadOnlyIntegerProperty ageProperty(){   //返回年龄属性
      return ageProperty.getReadOnlyProperty();
    }
    public int getAge() {                     //定义年龄的读访问方法
      return ageProperty.get();
    }
}
```

注意：

（1）定义返回属性的方法时，方法名的命名规范与属性名一致。

（2）从属性中读取属性值的方法是 T get()，该方法是由各属性类实现的接口的父接口 WritableObjectValue<T>定义的。

（3）向属性中写入值的方法是 void set(T value)，该方法是由各属性类实现的接口的父接口 WritableObjectValue<T>定义的。

JavaFX 的属性都是可观察的，可以观察它们的可用状态以及值的变化。Property<T>接口继承了 javafx.beans.Observable 和 javafx.beans.value.ObservableValue<T>两个父接口，后者是一个包装了值的实体。

前面介绍的 JavaFX 的 Stage、Scene、Node 及其子类都是采用 JavaFX 属性规范定义的，请读者查阅 JavaFX API 文档。

JavaFX 属性的主要用途是属性绑定和属性级事件处理，具体请读者参见 12.3.2 与 12.3.3 小节。

12.3.2　JavaFX 属性绑定

JavaFX 中，可以将一个目标属性与源属性绑定，当源属性的值发生变化时，目标属性的值会自动改变。源属性是可观察对象，目标属性是绑定对象。

目标属性对象调用 Property<T>接口定义的

void bind(ObservableValue<? extends T> observable)

方法，与指定的源属性对象 observable 进行绑定，或者调用 Property<T>接口定义的

void unbind()

方法与源属性解绑，或者调用

boolean isBound()

方法判断当前目标属性对象是否有绑定的源属性。

另外，带有数值性质的 JavaFX 属性类（如 DoubleProperty 等、IntegerProperty）都实现了 NumberExpression 接口，该接口为属性类定义了属性值参与加减乘除运算的方法：

NumberBinding add(float other)、NumberBinding add(double other)

NumberBinding add(long other)、NumberBinding add(int other)

NumberBinding subtract(float other)、NumberBinding subtract(double other)

NumberBinding subtract(long other)、NumberBinding subtract(int other)

NumberBinding multiply(float other)、NumberBinding multiply(double other)

NumberBinding multiply(long other)、NumberBinding multiply(int other。

NumberBinding divide(double other)、NumberBinding divide(float other)

NumberBinding divide(long other)、NumberBinding divide(int other)

这些方法的返回类型 NumberBinding 接口是 NumberExpression 的子接口，它们二者也都是 Observable 接口和 ObservableValue<Number>接口的子接口。

例 12.12 定义源属性 sp 和目标属性 dp。绑定后，dp 的值与 sp 的值一致；解绑后，dp 可以有自己的属性值。程序 Example12_12. java 的代码如下：

```
import javafx.beans.property.IntegerProperty;
import javafx.beans.property.SimpleIntegerProperty;
public class Example12_12 {
  public static void main(String[] args) {
    IntegerProperty sp = new SimpleIntegerProperty(6);
    IntegerProperty dp = new SimpleIntegerProperty(5);
    System.out.println("绑定前：sp 值 = " + sp.get() + ", dp 值 = " + dp.get());
    dp.bind(sp);
    System.out.println("绑定后：sp 值 = " + sp.get() + ", dp 值 = " + dp.get());
    sp.set(9);
    System.out.println("修改 sp 后：sp 值 = " + sp.get() + ", dp 值 = " + dp.get());
    System.out.println("目前 dp 处于" + (dp.isBound() ? "绑定状态":"无绑定状态"));
    dp.unbind();
    System.out.println("解除绑定后：sp 值 = " + sp.get() + ", dp 值 = " + dp.get());
    sp.set(6);
    System.out.println("修改 sp 后：sp 值 = " + sp.get() + ", dp 值 = " + dp.get());
    System.out.println("目前 dp 处于" + (dp.isBound() ? "绑定状态":"无绑定状态"));
  }
}
```

程序运行结果如下：

```
绑定前：sp 值 = 6, dp 值 = 5
绑定后：sp 值 = 6, dp 值 = 6
修改 sp 后：sp 值 = 9, dp 值 = 9
目前 dp 处于绑定状态
解除绑定后：sp 值 = 9, dp 值 = 9
修改 sp 后：sp 值 = 6, dp 值 = 9
目前 dp 处于无绑定状态
```

第 11 章 11.2.5 小节中曾提到，由于 Pane 不是布局面板，所以其上子节点的位置需要给出绝对坐标，如果在 Pane 面板中间放置一个圆形形状，当窗口大小被手动改变后，圆形就不能保持在面板中间位置。JavaFX 的 Stage、Scene、Node 及其子类等都采用 JavaFX 属性规范定义，因此如果将圆心在面板上的横坐标、纵坐标两个属性分别与面板的宽度属性值的一半、高度属性值的一半绑定，就可以解决此问题。

例 12.13 属性绑定。主舞台的场景如图 12.8，根节点是 Pane 面板，面板中夹显示一椭圆形状。程序将椭圆中心在面板上的横坐标、纵坐标两个属性分别与面板的宽度属性值的一半、高度属性值的一半绑定；当用户拖动鼠标改变窗口大小时，根节点面板的大小发生改变，与之绑定的椭圆位置始终可以保持在面板中间位置。关于椭圆形状类，请读者参见第 13 章 13.1 节，或者查阅 API 文档。程序 Example12_13.java 的关键代码如下：

```
@Override
public void start(Stage primaryStage){
    Pane pane = new Pane();
    Ellipse ellipse = new Ellipse();
    ellipse.setCenterX(50.0f);
    ellipse.setCenterY(50.0f);
    ellipse.setRadiusX(35.0f);
    ellipse.setRadiusY(50.0f);
    ellipse.centerXProperty().bind(pane.widthProperty().divide(2));
                    //将椭圆中心在面板上的横坐标属性 centerX 与面板的宽度属性 width 值的一半绑定
    ellipse.centerYProperty().bind(pane.heightProperty().divide(2));
                    //将椭圆中心在面板上的纵坐标属性 centerY 与面板的高度属性 height 值的一半绑定
    ellipse.setStroke(Color.BLUE);
    ellipse.setFill(Color.PINK);
    pane.getChildren().add(ellipse);
    Scene scene = new Scene(pane, 150, 150);
    primaryStage.setTitle("属性绑定");
    primaryStage.setScene(scene);
    primaryStage.show();
}
```

运行结果如图 12.8 所示。

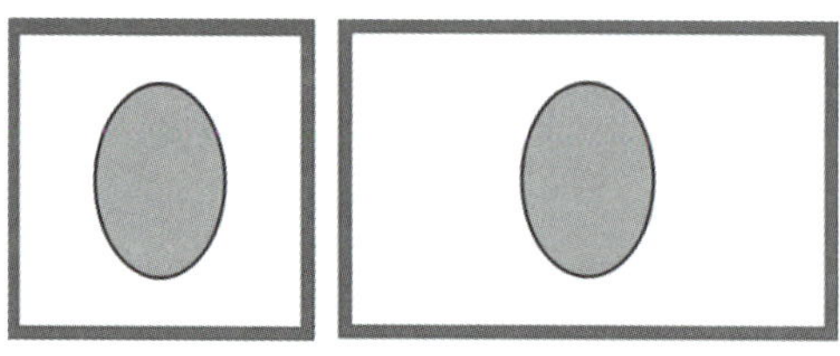

图 12.8　属性绑定

例 12.12 和例 12.13 中的目标属性调用 bind() 方法，目标属性值随着源属性值的变化而变化，这种绑定为单向绑定。有时候需要同步两个属性，双方都既是可观察对象又是绑定对象，这时让其中一个属性对象调用

void bindBidirectional(Property<T> other)

方法可实现与指定属性 other 的双向绑定，或者调用

void unbindBidirectional(Property<T> other)

方法与指定属性 other 解除双向绑定。

双向绑定后，两者中任何一个属性值发生变化，另一个属性值都会同步更新。

12.3.3 JavaFX 属性级事件处理

除了属性绑定，JavaFX 属性的另一个重要功能是实现属性级事件处理。Property<T>的两个父接口 javafx.beans.Observable 和 javafx.beans.value.ObservableValue<T>都为 JavaFX 属性定义了注册监听器的方法。

1. Observable 接口定义的方法

void addListener(InvalidationListener listener) 为当前属性注册监听器 listener。当前属性是事件源，当其属性值发生变化时，监听器 listener 得到通知，调用接口 javafx.beans.InvalidationListener 定义的方法 void invalidated(Observable observable)进行事件处理，observable 参数是监听器 listener 接收的事件源传递的属性。

监听器 listener 的类必须实现 InvalidationListener 接口，且需要实现接口的 invalidated() 方法。

2. ObservableValue<T>接口定义的方法（泛型 T 为属性值的类型）

void addListener(ChangeListener<? super T> listener) 为当前属性注册监听器 listener。当前属性是事件源，当其属性值发生变化时，监听器 listener 得到通知，调用接口 javafx.beans.value.ChangeListener <T>定义的方法 void changed(ObservableValue<? extends T> observable, T oldValue, T newValue) 进行事件处理，observable 参数是监听器 listener 接收的事件源传递的属性，oldValue 参数是属性变化前的值，newValue 参数是属性变化后的值。

监听器 listener 的类必须实现 ChangeListener<T>接口，且需要实现接口的 changed()方法。

12.3.4 滑动条 Slider 与滚动条 ScrollBar 属性事件处理

滑动条和滚动条都允许用户在一个有边界的区域范围选取一个值，用来控制其他节点。从形状上看，滑动条有一个让用户拖动的滑块套在细长的轨道外面滑行，而滚动条有一个让用户拖动的滑块在轨道里面滑行；滑动条可显示出刻度线与刻度值，滚动条不显示。具体形状示例参见图 12.9，该图中，边界面板的底部控件是水平方向的滑动条，右边控件是垂直方向的滚动条。

这两个控件类都是 Control 类的子类，都在 javafx.scene.control 包中。

1. Slider 类的构造方法

public Slider() 创建一个滑动条对象。

public Slider(double min, double max, double value) 创建一个指定最小值、最大值、初始值 value（滑块的初始位置）的滑动条对象。

2. ScrollBar 类的构造方法

public ScrollBar() 创建一个滚动条对象。

3. Slider 类和 ScrollBar 类的重要属性（更多属性请查阅 API 文档）

public final DoubleProperty valueProperty 滑块所在位置的值(value) 属性。

public final DoubleProperty maxProperty 区间范围的最大值(max) 属性。

public final DoubleProperty minProperty　区间范围的最小值(min) 属性。

4. 两个类都有定义的常用方法

public final double getValue()　返回滑块当前所在位置的值（value 属性的值）。
public final void setValue(double value)　设置滑块位置（value 属性的值）。
public final DoubleProperty valueProperty()　返回 value 属性。
public final void setOrientation(Orientation value)　设置滑动条或滚动条的方向。
public final void setMax(double value)　设置区间范围的最大值（max 属性的值）。
public final void setMin(double value)　设置区间范围的最小值（min 属性的值）。
public final void setBlockIncrement(double value)　设置滑块滑行时的增量值。

5. Slider 类的其他常用方法

public final void setMajorTickUnit(double value)　设置主刻度线间隔的像素值。
public final void setMinorTickCount(int value)　设置两个主刻度线之间次刻度线间隔的像素值。
public final void setShowTickLabels(boolean value)　设置是否显示刻度值。
public final void setShowTickMarks(boolean value)　设置是否显示刻度线。

例 12.14　利用滑动条和滚动条控制图像的缩放。主舞台的场景如图 12.9：在边界面板的中部放置了栈面板（其上放置一个图像视图），底部放置一水平滑动条，右边放置一垂直滚动条。程序对滑动条的 value 属性注册 InvalidationListener 监听器，对滚动条的 value 属性注册 ChangeListener 监听器，滑动条与滚动条都用来控制图像视图的缩放。关于图像视图节点的详细内容，请读者参见 13.2 节，或者参阅 API 文档。程序 Example12_14.java 的关键代码如下：

```
    BorderPane bp = new BorderPane();                          //创建边界面板
    ImageView iv = new ImageView(new Image("icon/flower.jpg")); //创建图像视图
    iv.setFitWidth(120);                                       //设置图像视图的初始显示宽度
    iv.setFitHeight(100);                                      //设置图像视图的初始显示高度
    double ivWidth = iv.getFitWidth();                         //保存初始宽度值
    double ivHeight = iv.getFitHeight();                       //保存初始高度值
    StackPane sp = new StackPane(iv);                          //创建放置图像视图的栈面板
    bp.setCenter(sp);                                          //将栈面板放置在边界面板中部
    Slider sl = new Slider(0.1, 5, 1);          //创建水平滑动条，最大值 5，最小值 0.1，滑块初始位置 1
    sl.setShowTickMarks(true); sl.setShowTickLabels(true);       //设置滑动条显示刻度线和刻度值
    sl.setMajorTickUnit(0.5);                                    //设置主刻度线间隔的像素值 0.5
    sl.setBlockIncrement(0.1);                                   //设置滑块滑行时的增量值 0.1
    sl.valueProperty().addListener(o->{
  //返回滑动条的 value 属性，为该属性注册 InvalidationListener 监听器，以下为 invalidated()方法体
      iv.setFitWidth(sl.getValue() * ivWidth);   //以滑动条滑块的当前位置值为比例，缩放显示图像
      iv.setFitHeight(sl.getValue() * ivHeight);
    });              //invalidated()方法结束，Lambda 表达式结束，注册监听器语句结束
    bp.setBottom(sl);                                //将水平滑动条 sl 放置在边界面板 bp 的底部
    ScrollBar sb = new ScrollBar();                  //创建滚动条 sb
    sb.setMin(0.1);  sb.setMax(5);                   //设置滚动条的区间范围，最大值为 5，最小值为 0.1
    sb.setValue(1);  sb.setBlockIncrement(0.1);      //设置滚动条的滑块初始位置值为 1，增量为 0.1
    sb.setOrientation(Orientation.VERTICAL);         //设置滚动条的方向为垂直滚动条
    sb.valueProperty().addListener((ObservableValue<? extends Number> o, Number oldValue, Number ne-
wValue)->{
```

```
    //返回滚动条的 value 属性，为该属性注册 ChangeListener 监听器，以下为 changed()方法体
    iv.setFitWidth((double)newValue * ivWidth);
    iv.setFitHeight((double)newValue * ivHeight);
                                //以滚动条滑块变化后的新位置值为比例，缩放显示图像
});                             //changed()方法结束，Lambda 表达式结束，注册监听器语句结束
bp.setRight(sb);                //将垂直滚动条 sb 放置在边界面板 bp 的右面区域
```

运行结果如图 12.9 所示。

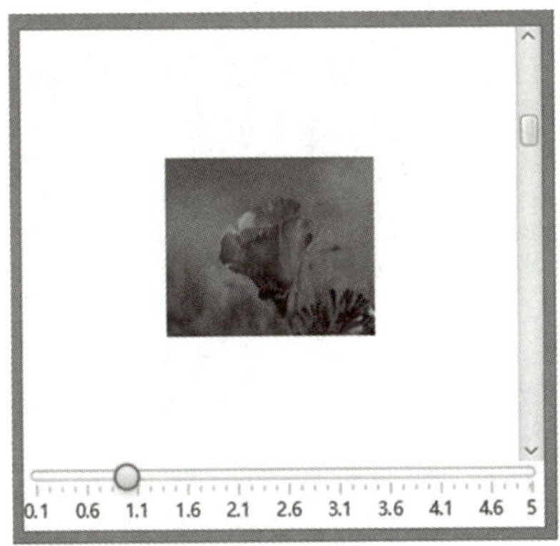

图 12.9　利用滑动条和滚动条控制缩放图像

12.3.5　舞台 Stage 属性事件处理

Stage 类的父类 Window 定义的 focused 属性如下。

public final ReadOnlyBooleanProperty focusedProperty　定义 focused 属性。

父类 Window 定义的与 focused 属性有关的主要方法如下。

public final ReadOnlyBooleanProperty focusedProperty()　返回 focused 属性。

public final boolean isFocused()　返回 focused 属性值。

由于 focused 是一个 JavaFX 属性，因此可以被当作可观察对象，为其注册监听器，当其值发生变化时，委托监听器进行事件处理。

当舞台窗口被图标化时，相当于舞台失去焦点，focused 属性值变为 false；当舞台从图标化恢复时，舞台又获得焦点，focused 属性值变为 true。这两种情况都会通知监听器处理事件。

在例 12.6 完成的“电子表”程序中，构造了一个专门的子线程循环完成“获取当前时间——显示时间”的操作，程序为主舞台的“显示窗口”操作和“关闭窗口”操作分别调用 setOnShowing()方法和 setOnCloseRequest()方法注册了窗口事件监听器，分别用于创建启动线程和中断线程。

例 12.6 的程序仍有不足之处：当主舞台窗口被图标化时，用户看不到显示的时间，但线程还在不停循环运行，浪费 CPU 资源。例 12.15 对例 12.6 的程序进行优化。

例 12.15　Example12_15.java 增加的关键代码如下：

```
    ...                         //代码参见例 12.6
    primaryStage.focusedProperty().addListener(o->{    /* 得到主舞台的 focused 属性，对该属性注册
InvalidationListener 监听器，o 为监听器的 invalidated()方法的 Observerable 类型参数，以下为 invalidated()
方法体，当 focused 属性值变化时执行   */
```

```
    if( primaryStage. isFocused( ) && clockThread == null) {          //获得焦点并且没有线程时
      clockThread = new Thread( Example12_15. this, "Clock");         //创建线程，指定线程体
      //线程体为 Example12_15 类的当前对象；目前所在位置是 Example12_15 的内部类
      clockThread. start( );                                          //使线程进入就绪状态，可运行
    }
    if( !primaryStage. isFocused( ) && clockThread != null) {         //失去焦点并且线程还在运行时
       clockThread. interrupt( );                                     //中断线程
       clockThread = null;                                            //使线程变量引用为空
    }
    System. out. println( primaryStage. isFocused( ) + "  " + (clockThread != null ? clockThread. getName( ) : null));
                                   //调试时，输出 focused 属性值和线程名（没有线程时输出 null）
});                                //invalidated( )方法定义结束，Lambda 表达式结束，注册方法调用结束
...                                //其他代码参见例 12. 6
```

增加这些代码后，例 12. 15 运行和调试结果如下：

```
true Clock
false null
true Clock
false null
```

从结果可以看出：当 focused 属性值为 true，舞台获得焦点时，Clock 线程正常运行；当 focused 属性值为 false，舞台失去焦点时，线程引用为 null。程序得到优化。

12. 3. 6　列表视图 ListView<T>与表格视图 TableView<S>属性事件处理

列表视图 ListView<T>与表格视图 TableView<S>属性事件处理具体内容请读者参见二维码 12-8，其中包括例 12. 16 和例 12. 17 关键代码和运行结果。

二维码 12-8　列表视图 ListView<T>与表格视图 TableView<S>属性事件处理

本章小结

（1）授权事件处理模型。当事件被触发后，产生事件的事件源不自行处理，而是把事件传递给事件监听器，授权事件监听器去处理事件的一种工作方式。该模型包含 3 种对象，分别是事件源、事件和事件监听器。

(2) 事件处理的一般方法或步骤：创建事件监听器，将监听器注册给事件源。

(3) 创建事件监听器的常用方法：定义内部类实现监听器接口，创建其对象；定义实现监听器接口的匿名类，并创建对象；使用 Lambda 表达式（监听器接口为函数式接口）。

(4) JavaFX 常用的事件类型包括 ActionEvent、MouseEvent、KeyEvent、WindowEvent。请注意，能触发各种不同事件的事件源以及为事件源注册监听器调用的方法与用户操作的关系。

(5) 关于 JavaFX 属性。JavaFX 属性是由 javafx. beans. property. Property<T>接口定义的，泛型 T 取决于属性值的类型；JavaFX 的 Stage、Scene、Node 及其子类等都采用 JavaFX 属性规范定义；JavaFX 属性的主要用途是属性绑定和属性级别的事件处理。

(6) 属性绑定。将一个目标属性与源属性绑定，当源属性的值发生变化时，目标属性的值会自动改变。源属性是可观察对象，目标属性是绑定对象。

(7) 可以为 JavaFX 属性注册的两种监听器类型为 InvalidationListener 和 ChangeListener。

习题 12

简答题

12.1 简述授权事件处理模型的工作原理。模型涉及的 3 种对象分别是什么？简述事件处理的过程。

12.2 首先需要创建监听器，然后将其注册给事件源。简述创建事件监听器的常用方法。

12.3 常用的事件类如 ActionEvent、MouseEvent、KeyEvent、WindowEvent 等，触发这几种事件的事件源都有哪些？针对用户对事件源的具体操作，该如何为事件源注册监听器？

12.4 什么是 JavaFX 属性？联系 12.3.1 小节，理解并调试该小节中给出的 Student 类和 User 类代码。JavaFX 属性的主要用途有哪些？

12.5 为 JavaFX 属性注册的监听器有哪几种类型？

程序设计题

12.6 针对例 11.4 给出的场景，本章例 12.1、例 12.2、例 12.3 分别对场景中的不同按钮进行事件处理，以对文本区内容进行编辑。请将各例给出的关键代码整合，完成程序设计，调试出正确结果并测试。

12.7 理解并调试本章例 12.4（处理鼠标事件）、例 12.5（处理键盘事件）的程序，进行效果测试。

12.8 理解并调试本章例 12.7、例 12.8 的程序，进行效果测试。

12.9 理解并调试本章例 12.9 的简易记事本（利用菜单导航）程序，在例 12.9 的基础上，实现“文件”菜单全部功能，最后进行效果测试。

12.10 将本章例 12.10 和例 12.11 给出的关键代码整合，完成简易记事本（利用菜单、工具栏和选项卡导航）程序的设计和调试，测试结果。

12.11 理解 JavaFX 属性绑定，调试本章例 12.12、例 12.13 的程序，进行效果测试。

12.12 理解并调试本章例 12.14 的程序，进行效果测试。掌握滑动条和滚动条的 value 属性事件处理。

12.13 理解并调试本章例 12.16、例 12.17 的程序，进行效果测试。掌握列表视图和表格视图的多选模型的 selectedItem 属性事件处理。

12.14 将本章例 12.6 和例 12.15 给出的关键代码整合，完成电子表的程序设计和调试，测试结果。掌握窗口的 focused 属性事件处理。

探究题

12.15 给出一个场景，场景中有一文本区，对场景注册鼠标监听器。当鼠标指针进入场景时，文本区显示“鼠标已进入监控区”字样；当鼠标指针离开场景时，文本区显示“鼠标已离开监控区”字样。

12.16 同第 11 章扩展练习：定义文本形状或标签。设计利用滑动条实现对文本字号的控制，利用颜色选择器实现对文本颜色的控制，利用日期选择器选择日期后将其添加到文本形状或标签中（本探究题在第 11 章显示场景的基础上，通过事件处理完成对文本形状或标签显示内容及格式的控制）。

团队项目

12.17 2~3 人为一组，合作完成计算器功能。

（1）要求在编程之前进行合理设计，具体可使用 UML 类图辅助表达；

（2）制订分工合作计划，给出每人需要实现的功能；

（3）给出合理场景布局，能进行加、减、乘、除、指数、对数、三角函数、反三角函数、倒数等运算；

（4）各自功能实现后，进行综合测试，给出正确测试结果。

12.18 3~5 人为一组，合作完成几何图形计算器功能。

（1）功能描述：①利用组合框或列表视图让用户选择需要计算的几何图形，如矩形、圆形、三角形、梯形、椭圆形等；②根据用户选择的图形，显示标签提示和文本框让用户输入图形数据；③计算并用文本区显示出图形的周长和面积；

（2）利用 UML 类图对程序进行合理设计；

（3）制订分工合作计划，给出每人需要实现的功能；

（4）编写程序，完成各自功能；

（5）综合测试，完整实现几何图形计算器功能，给出正确测试结果。

12.19 3~5 人为一组，合作完成学生管理系统。

（1）在第 11 章团队项目 11.12 所实现的各界面基础上，选择利用菜单、工具栏、选项卡等导航工具，设计出学生管理系统的入口界面；

（2）对界面的相关控件或节点属性设计出事件处理方案，可以切换至各个其他界面；

（3）对其他界面的控件或节点属性设计进行事件处理，完成学生管理系统的各个功能（涉及数据库的连接和处理，参见本书第 16 章）；

（4）经过团队成员充分交流，在设计合理的基础上，制订分工合作计划，给出每人需要实现的功能；

（5）利用 JavaFX 编程，实现各自功能；

（6）综合测试，完整实现学生管理系统程序，给出正确测试结果。

请通过阅读 JavaFX API 文档学习 TreeView 类定义的属性和方法。

扩展练习

利用树视图做导航，设计并实现公司的员工信息管理程序。

实验 12

实验 12.1　JavaFX 事件处理 1——创建事件监听器

实验 12.2　JavaFX 事件处理 2——登录并编辑文本区

实验 12.3　JavaFX 事件处理 3——用鼠标和键盘移动矩形

实验 12.4　JavaFX 事件处理 4——选择性控件的事件处理

实验 12.5　JavaFX 事件处理 5——几何图形计算器

实验 12.6　JavaFX 事件处理 6——JavaFX 属性

实验 12.7　JavaFX 事件处理 7——电子表

第 13 章　JavaFX 多媒体程序设计

【本章导读】

绘图、图像处理、动画设计、音频与视频等多媒体程序设计也是 Java 的重要功能。在 JavaFX 中，基本图形属于形状 Shape 类，而 Shape 类与图像视图类 ImageView、媒体视图类 MediaView、Web 视图类 WebView 等都是节点类 Node 的子类，它们都可以被添加至场景中显示，使编写多媒体程序更加简单方便。

【本章思维导图】

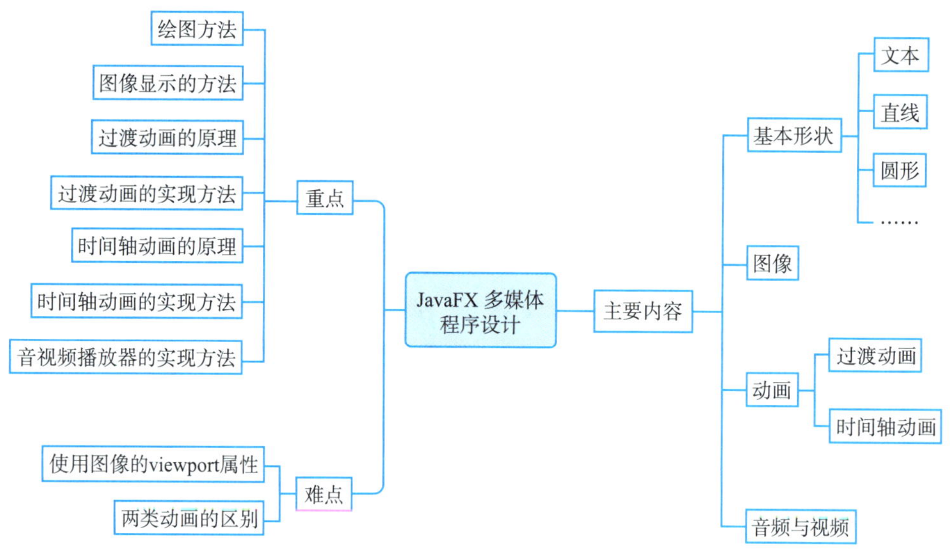

13.1　基本形状

在第 11 章 11.1.3 小节对 JavaFX 工具包的介绍中，javafx. scene. shape. Shape 类在继承结构中的位置已通过图 11.3 给出。本节利用图 13.1 给出 Shape 类的常用子类。

这些子类中，Text 类被定义在 javafx.scene. text 包中，其他子类都被定义在 javafx. scene. shape 包中。

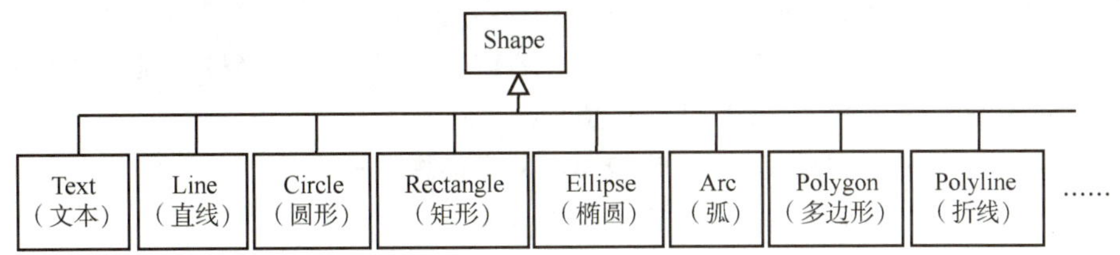

图 13.1 形状根类与各种基本图形子类

1. 图形坐标系

Pane 面板通常用作显示形状的画布，形状在 Pane 面板上的位置确定以面板的左上角为平面直角坐标系的原点（0,0），向右的方向横坐标的值大于 0，向下的方向纵坐标的值大于 0。

2. 抽象类 Shape 及其父类 Node 定义的常用方法

public final void setStroke(Paint value) 设置画笔颜色为 value。

public final void setStrokeWidth(double value) 设置方形画笔的线宽，value 值的大小决定形状线条的粗细。当 value 为 0 时，指定细线笔划；当 value 小于 0 时，将被视为 0。

public final void setSmooth(boolean value) 设置是否对形状使用平滑算法。

public final boolean isSmooth() 判断对形状是否使用了平滑算法，如果对形状使用了平滑算法，则返回 true。

public final void setFill(Paint value) 设置对形状内部区域填充颜色 value。

public void relocate(double x,double y) 设置形状外部矩形轮廓的左上角在容器（如 Pane 面板）上的位置坐标为（x,y）。

Shape 类还定义了很多其他方法，对艺术加工感兴趣的读者可以参阅 API 文档。

13.1.1 文本类 Text

1. Text 类的常用属性

public final StringProperty textProperty 定义 Text 对象的 text,默认值为空字符串" "。

public final DoubleProperty xProperty 定义文字起始点在容器上的横坐标,默认值为 0。

public final DoubleProperty yProperty 定义文字起始点在容器上的纵坐标,默认值为 0。文字起始点在文字的最左面，垂直方向点的确定请参照 setTextOrigin()方法。

2. Text 类的构造方法

public Text() 创建一个没有文字的文本对象。

public Text(String text) 创建指定文字为 text 的文本对象，text 字符串中可以包含'\n'字符，这样的文本对象显示出来有多行。

public Text(double x,double y,String text) 创建指定文字 text 和位置（x,y）的文本对象。Text 形状如放在 Pane 面板上，则需要指定 Text 对象在 Pane 面板上的位置。

3. Text 类的常用方法

public final String getText() 返回 Text 对象的文本。

public final double getWrappingWidth( ) 返回 Text 对象的宽度像素值。

public final double getX( )、public final double getY( ) 返回 Text 对象在容器上的位置。

public final void setText(String value) 设置 Text 对象的 text。

public final void setX(double value) 设置 Text 对象的横坐标。

public final void setY(double value) 设置 Text 对象的纵坐标。

public final void setFont(Font value) 设置 Text 对象的文字字体。

public final void setUnderline(boolean value) 设置 Text 是否有下划线。

public final void setTextOrigin(VPos value) 设置 Text 在垂直方向的起始点。javafx.geometry.VPos 是枚举类型，共有 4 个常量值：BASELINE、TOP、CENTER、BOTTOM。

public final void setTextAlignment(TextAlignment value) 设置 Text 的对齐方式。参数的 TextAlignment为枚举类型，共有 4 个常量值：CENTER（居中）、JUSTIFY（两端对齐）、LEFT（居左）、RIGHT（居右）。

public final StringProperty textProperty( ) 返回 Text 对象的 text 属性。

public final DoubleProperty xProperty( ) 返回 Text 对象的起始位置横坐标属性。

public final DoubleProperty yProperty( ) 返回 Text 对象的起始位置纵坐标属性。

第 12 章例 12.8 的场景中用到了 Text 形状,请读者参看。

13.1.2 直线类 Line

1. Line 类的属性

public final DoubleProperty startXProperty 定义直线段的起点在容器上的横坐标。

public final DoubleProperty startYProperty 定义直线段的起点在容器上的纵坐标。

public final DoubleProperty endXProperty 定义直线段的终点在容器上的横坐标。

public final DoubleProperty endYProperty 定义直线段的终点在容器上的纵坐标。

2. Line 类的构造方法

public Line( ) 创建一个空的 Line 对象。

public Line(double startX,double startY,double endX,double endY) 创建一个 Line 对象，起点坐标为（startX,startY），终点坐标为（endX,endY）。

3. Line 类的常用方法

public final void setStartX(double value) 设置当前直线起点的横坐标。

public final void setStartY(double value) 设置当前直线起点的纵坐标。

public final void setEndX(double value) 设置当前直线终点的横坐标。

public final void setEndY(double value) 设置当前直线终点的纵坐标。

public final DoubleProperty startXProperty( ) 返回直线段的起点位置横坐标属性。

public final DoubleProperty startYProperty( ) 返回直线段的起点位置纵坐标属性。

public final DoubleProperty endXProperty( ) 返回直线段的终点位置横坐标属性。

public final DoubleProperty endYProperty( ) 返回直线段的终点位置纵坐标属性。

13.1.3 圆形类 Circle

1. Circle 类的属性

public final DoubleProperty centerXProperty 定义圆心在容器上的横坐标。

public final DoubleProperty centerYProperty 定义圆心在容器上的纵坐标。

public final DoubleProperty radiusProperty 定义圆的半径。

2. Circle 类的构造方法

public Circle() 创建一个空的 Circle 对象。

public Circle(double radius) 创建一个半径为 radius 的 Circle 对象。

public Circle(double centerX, double centerY, double radius) 创建一个圆心坐标为 (centerX, centerY)、半径为 radius 的 Circle 对象。

public Circle(double centerX, double centerY, double radius, Paint fill) 创建一个圆心坐标为 (centerX, centerY)、半径为 radius、填充颜色为 fill 的 Circle 对象。

public Circle(double radius, Paint fill) 创建一个指定半径和填充颜色的 Circle 对象。

3. Circle 类的常用方法

public final void setCenterX(double value) 设置圆心的横坐标为 value。

public final void setCenterY(double value) 设置圆心的纵坐标为 value。

public final void setRadius(double value) 设置 Circle 对象的半径为 value。

public final DoubleProperty centerXProperty() 返回圆心的横坐标属性。

public final DoubleProperty centerYProperty() 返回圆心的纵坐标属性。

public final DoubleProperty radiusProperty() 返回圆的半径属性。

第 11 章例 11.1、例 11.3、例 11.6 都用到了 Circle 形状，请读者参看。

13.1.4 矩形类 Rectangle

1. Rectangle 类的属性

public final DoubleProperty xProperty 定义矩形左上角在容器上的横坐标。

public final DoubleProperty yProperty 定义矩形左上角在容器上的纵坐标。

public final DoubleProperty widthProperty 定义矩形的宽度。

public final DoubleProperty heightProperty 定义矩形的高度。

public final DoubleProperty arcWidthProperty 定义矩形4个角处圆弧的水平直径。

public final DoubleProperty arcHeightProperty 定义矩形4个角处圆弧的垂直直径。

2. Rectangle 类的构造方法

public Rectangle() 创建一个空的矩形形状。

public Rectangle(double width, double height) 创建一个指定大小的矩形形状。

public Rectangle(double x, double y, double width, double height) 创建一个指定大小的矩形形状，矩形左上角在容器（如 Pane 面板）上的坐标为（x,y）。

public Rectangle(double width, double height, Paint fill) 创建一个指定大小的矩形形状，矩形内部区域填充颜色为 fill。

3. Rectangle 类的常用方法

public final void setX(double value) 设置矩形左上角在容器上的横坐标。

public final void setY(double value) 设置矩形左上角在容器上的纵坐标。

public final void setWidth(double value) 设置矩形的宽度。

public final void setHeight(double value) 设置矩形的高度。

public final void setArcWidth(double value) 设置矩形 4 个圆角弧的水平直径。

public final void setArcHeight(double value) 设置矩形 4 个圆角弧的垂直直径。

public final DoubleProperty xProperty() 返回矩形左上角位置的横坐标属性。

public final DoubleProperty yProperty() 返回矩形左上角位置的纵坐标属性。

public final DoubleProperty widthProperty() 返回矩形的宽度属性。

public final DoubleProperty heightProperty() 返回矩形的高度属性。

public final DoubleProperty arcWidthProperty() 返回矩形 4 个圆角弧的水平直径属性。

public final DoubleProperty arcHeightProperty() 返回矩形 4 个圆角弧的垂直直径属性。

第 11 章的例 11.3、例 11.6，第 12 章的例 12.4、例 12.5 都用到了 Rectangle 形状，请读者参看。

13.1.5 椭圆类 Ellipse

1. Ellipse 类的属性

public final DoubleProperty centerXProperty 定义椭圆中心在容器上的横坐标。

public final DoubleProperty centerYProperty 定义椭圆中心在容器上的纵坐标。

public final DoubleProperty radiusXProperty 定义椭圆的宽度半径。

public final DoubleProperty radiusYProperty 定义椭圆的高度半径。

2. Ellipse 类的构造方法

public Ellipse() 创建一个空的椭圆形状。

public Ellipse(double radiusX,double radiusY) 创建一个宽度半径为 radiusX，高度半径为 radiusY 的椭圆形状。

public Ellipse(double centerX,double centerY,double radiusX,double radiusY) 创建一个指定中心坐标和指定尺寸的椭圆形状。

3. Ellipse 类的常用方法

public final void setCenterX(double value) 设置椭圆中心的横坐标。

public final void setCenterY(double value) 设置椭圆中心的纵坐标。

public final void setRadiusX(double value) 设置椭圆的宽度半径。

public final void setRadiusY(double value) 设置椭圆的高度半径。

public final DoubleProperty centerXProperty() 返回椭圆中心的横坐标属性。

public final DoubleProperty centerYProperty() 返回椭圆中心的纵坐标属性。

public final DoubleProperty radiusXProperty() 返回椭圆的宽度半径属性。

public final DoubleProperty radiusYProperty() 返回椭圆的高度半径属性。

二维码 13-1 例 13.1 关键代码和运行结果

第 12 章的例 12.13 的场景中用到了 Ellipse 形状，请读者参看。

例 13.1 实现随手画基本形状的程序，请读者扫描二维码 13-1 查看。

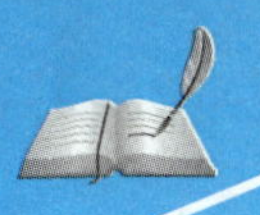

13.1.6 弧类 Arc

1. Arc 类的属性

public final DoubleProperty centerXProperty　定义弧所属椭圆中心点在容器上的横坐标。

public final DoubleProperty centerYProperty　定义弧所属椭圆中心点在容器上的纵坐标。

public final DoubleProperty radiusXProperty　定义弧所属椭圆的宽度半径。

public final DoubleProperty radiusYProperty　定义弧所属椭圆的高度半径。

public final DoubleProperty startAngleProperty　以度为单位定义弧的起始角度。

public final DoubleProperty lengthProperty　以度为单位定义弧的角度范围。

public final ObjectProperty<ArcType> typeProperty　定义弧的闭合类型。ArcType 为枚举类型，有 3 个常量值：OPEN（开弧）、CHORD（闭合弧）、ROUND（扇形弧）。

2. Arc 类的构造方法

public Arc()　创建一个空的弧。

public Arc(double centerX, double centerY, double radiusX, double radiusY, double startAngle, double length)　以指定的弧所属椭圆中心点坐标、指定的弧所属椭圆宽度半径和高度半径、指定的弧起始角度和角度范围来创建一个 Arc 对象。

3. Arc 类的常用方法

public final void setCenterX(double value)　设置弧中心点的横坐标。

public final void setCenterY(double value)　设置弧中心点的纵坐标。

public final void setRadiusX(double value)　设置弧所属椭圆的宽度半径。

public final void setRadiusY(double value)　设置弧所属椭圆的高度半径。

public final void setStartAngle(double value)　设置弧的起始角度（单位：度）。

public final void setLength(double value)　设置弧的角度范围（单位：度）。

public final void setType(ArcType value)　设置弧所属椭圆的闭合类型。

public final DoubleProperty centerXProperty()　返回弧中心点的横坐标属性。

public final DoubleProperty centerYProperty()　返回弧中心点的纵坐标属性。

public final DoubleProperty radiusXProperty()　返回弧所属椭圆的宽度半径属性。

public final DoubleProperty radiusYProperty()　返回弧所属椭圆的高度半径属性。

public final DoubleProperty startAngleProperty()　返回弧的起始角度属性。

public final DoubleProperty lengthProperty()　返回弧的角度范围属性。

public final ObjectProperty<ArcType> typeProperty()　返回弧的闭合类型属性。

例 13.2　画 3 种弧，使弧所属椭圆中心与窗口中心绑定。主舞台的场景如图 13.2：根节点为 Pane 面板（用作画布），画布上显示 3 段不同类型的弧，还显示 3 个 Text 对象分别用来说明 3 段弧的类型。3 段弧所属椭圆的中心点坐标相同，是同心弧；两个方向的半径也相同。分别将 3 段弧的中心点坐标属性与画布的宽高属性值的一半绑定，当用户手动改变窗口大小时，3 段弧的中心始终保持在画布中央。程序 Example13_2. java 的关键代码如下：

```
Pane canvas = new Pane();                                //创建 Pane 面板用作画布
Arc arc1 = new Arc(150, 100, 80, 60, 0, 110);            //创建弧 arc1，起始角 0 度，角度范围 110 度
arc1.setStrokeWidth(1);  arc1.setStroke(Color.BLACK);
arc1.setFill(Color.WHITE);  arc1.setType(ArcType.OPEN);     //arc1 是开弧
```

```
Text t1 = new Text(206, 40, "arc1:OPEN");                    //创建 Text 对象 t1
Arc arc2 = new Arc(150, 100, 80, 60, 120, 110);             //创建弧 arc2，起始 120 度，角度范围 110 度
arc2.setStrokeWidth(2);   arc2.setStroke(Color.BLACK);
arc2.setFill(Color.WHITE);   arc2.setType(ArcType.CHORD); //arc2 是闭合弧
Text t2 =new Text(5, 66, "arc2:CHORD");                      //创建 Text 对象 t2
Arc arc3 = new Arc(150, 100, 80, 60, 240, 110);             //创建弧 arc3，起始 240 度，角度范围 110 度
arc3.setFill(Color.WHITE);   arc3.setType(ArcType.ROUND); //arc3 是扇形弧
arc3.setStroke(Color.BLACK);   arc3.setStrokeWidth(3);
Text t3 = new Text(206, 170, "arc3:ROUND");                  //创建 Text 对象 t3
                                    //以下将 3 段弧的中心点坐标属性与画布的宽高属性值的一半绑定
arc1.centerXProperty().bind(canvas.widthProperty().divide(2));
arc1.centerYProperty().bind(canvas.heightProperty().divide(2));
arc2.centerXProperty().bind(canvas.widthProperty().divide(2));
arc2.centerYProperty().bind(canvas.heightProperty().divide(2));
arc3.centerXProperty().bind(canvas.widthProperty().divide(2));
arc3.centerYProperty().bind(canvas.heightProperty().divide(2);
canvas.getChildren().addAll(arc1, arc2, arc3, t1, t2, t3);   //将 3 段弧与 3 个 Text 对象显示于画布
```

例 13.2 的运行结果如图 13.2 所示。

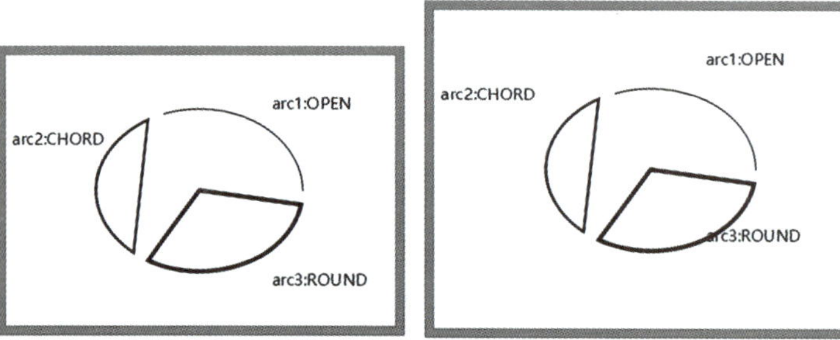

图 13.2　弧的类型与属性绑定

13.1.7　多边形类 Polygon 和折线类 Polyline

多边形与折线都包含多个连接点构成的序列，区别是多边形的首节点与尾节点是闭合的，折线不会自动闭合，如图 13.3。Polygon 类的构造方法和常用方法如下。

public Polygon()　创建一个空的多边形。

public Polygon(double... points)　以给定的多个顶点坐标（按顺序每两个数定义一个顶点）创建一个多边形。

public final ObservableList<Double> getPoints()　返回多边形的顶点坐标集合。

Polyline 类的构造方法和常用方法与 Polygon 类相似，此处不再赘述。

例 13.3　多边形和折线。主舞台场景如图 13.3：根节点为 Pane 面板（用作画布），画布上显示一个包含 5 个顶点的折线、一个包含 5 个顶点的多边形，还显示两个 Text 对象用来说明折线和多边形。程序 Example13_3 的关键代码如下：

```
Pane canvas = new Pane( );                                   //创建 Pane 面板用作画布
Polygon pg = new Polygon( );                                 //创建多边形对象 pg
pg. setFill( null);                                          //设置多边形不填充颜色
pg. setStroke( Color. RED);                                  //设置多边形画笔为红色
pg. getPoints( ). addAll( 225. 0, 10. 0,
                          275. 0, 50. 0,
                          260. 0, 105. 0,
                          190. 0, 105. 0,
                          175. 0, 50. 0 );                   //为多边形的顶点集合添加顶点坐标
Text tg = new Text(210, 125, "多边形");                      //创建 Text 对象 tg
Polyline pl = new Polyline( new double[]{ 75, 10,
                                          125, 50,
                                          110, 105,
                                          40, 105,
                                          25, 50 }); //创建折线对象 pl, 有 5 个顶点
pl. setStroke( Color. BLUE);                                 //设置折线画笔为蓝色
Text tl = new Text(60, 125, "折线");                         //创建 Text 对象 tl
canvas. getChildren( ). addAll( pg, pl, tg, tl);             //将多边形、折线和两个文本显示于画布
```

例 13. 3 的运行结果如图 13. 3 所示。

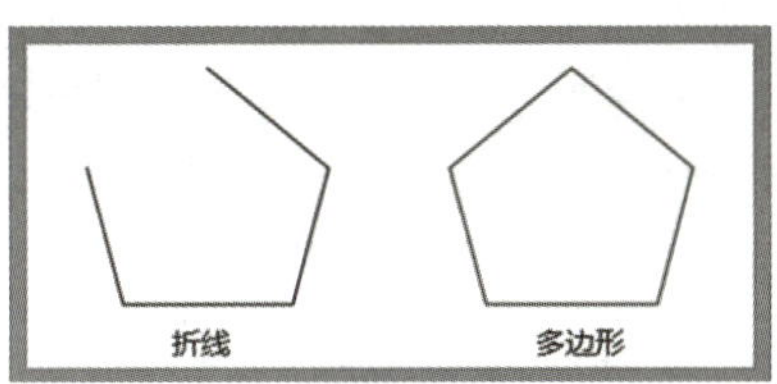

图 13. 3　多边形和折线

13. 2　图像

在 11. 1. 5 小节中，为设置节点的图标属性，学习了 javafx.scene.image.Image 和 javafx.scene.image.ImageView 两个辅助类，并得知 JavaFX 支持的图片格式包括 BMP、GIF、JPG 或 JPEG、PNG，其他格式可以先通过图像处理工具转换为以上格式后，再在程序中使用。

从第 11. 1. 3 小节的图 11. 3 中得知，图像视图类 ImageView 是节点类 Node 的子类，可以被加入 JavaFX 场景。在第 12. 3. 4 小节例 12. 14 的场景中，利用滑动条和滚动条控制对场景中的花朵图片进行放大或缩小操作。

在 11. 1. 5 小节中已学习过了 ImageView 类的构造方法和一些常用方法，通过本节再补充学习几个常用的属性和方法，以便在例 13. 4 中使用。更多的方法和属性请读者查阅 API 文档。

1. ImageView 类的常用属性

public final ObjectProperty<Image> imageProperty　定义图像视图的 image 属性。

public final DoubleProperty xProperty　定义图像视图左上角在容器上的横坐标。

public final DoubleProperty yProperty　定义图像视图左上角在容器上的纵坐标。

public final DoubleProperty fitWidthProperty　定义图像视图的显示宽度,以适应边界框的宽度。如果属性值被设置为小于或等于 0，则图像视图显示为源图像的固有宽度。

public final DoubleProperty fitHeightProperty　定义图像视图的显示高度,以适应边界框的高度。如果属性值被设置为小于或等于 0，则图像视图显示为源图像的固有高度。

public final ObjectProperty<Rectangle2D> viewportProperty　定义源图像中被显示的矩形范围。如果 viewport 属性值为 null，则会显示整个图像；如果不为 null，则仅显示源图像中位于矩形范围内的部分，源图像中不在范围内的部分将不被显示，此时如果源图像本身没有完全覆盖矩形范围，则矩形的任何剩余区域都显示为空白。viewport 属性的默认值为 null。需要注意的是，如果需要在图像的坐标中指定源图像中被显示的矩形范围，则必须在源图像被缩放或进行任何其他变换之前给出 viewport 属性的值。关于 javafx. geometry. Rectangle2D 类的使用方法，请读者查阅 API 文档，这里不再赘述。

2. ImageView 类补充的常用方法

public final void setImage(Image value)　设置图像视图的 image 属性值。

public final Image getImage()　返回图像视图的 image 属性值。

public final void setX(double value)　public final double getX()　设置或返回图像视图显示时左上角的横坐标属性值。

public final void setY(double value)、public final double getY()　设置或返回图像视图显示时左上角的纵坐标属性值。

public final void setViewport(Rectangle2D value)　设置 viewport 属性值。

public final Rectangle2D getViewport()　返回 viewport 属性值。

二维码 13-2　例 13.4
关键代码和运行结果

例 13.4 实现数字相片管理的功能，请读者扫二维码 13-2 查看。

13.3　动画

JavaFX 支持两种类型的动画：过渡动画与时间轴动画。动画类的父类是 Animation，过渡动画类 Transition 与时间轴动画类 Timeline 是 Animation 的子类。其中，Transition 依然是抽象类，有多个具体的过渡动画子类。图 13.4 列出了 JavaFX 常用动画类的层次。

13.3.1　父类 Animation 与持续时间类 Duration

1. 父类 Animation

(1) Animation 类定义的常用属性。

public final DoubleProperty rateProperty　定义播放动画的速率 rate。速率的绝对值表示播放动画的速度，而速率的符号表示方向。rate 为正值表示向前播放，为负值表示向后播放，为 0.0 表示停止正在播放的动画。例如，速率 1.0 表示正常播放，2.0 表示 2 倍速正常播放，-1.0 表示向后播放等。该属性的默认值为 1.0。

public final IntegerProperty cycleCountProperty　定义动画的循环次数 cycleCount,除了无限重复的动画，该属性值必须大于 0。无限重复时，该属性值被设置为使用该类定义的常量值

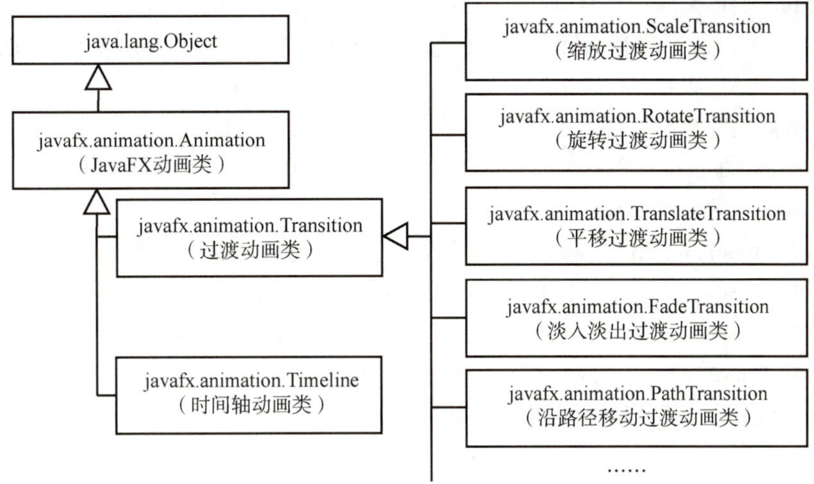

图 13.4 JavaFX 常用动画类的层次

Animation. INDEFINITE。cycleCount 属性的默认值为 1。

public final BooleanProperty autoReverseProperty　定义动画是否在交替循环中反转方向。如果该属性值为 true，则动画将在第一个循环中前进，然后在第二个循环中反转，…以此类推。该属性的默认值为 false。

public final ReadOnlyObjectProperty<Animation. Status> statusProperty　定义动画的状态。该属性值由 Animation 类内部嵌套定义的枚举类型 Animation. Status 定义，动画可以处于以下 3 种状态之一：Animation. Status. PAUSED、Animation. Status. RUNNING 和 Animation. Status. STOPPED。

public final ReadOnlyObjectProperty<Duration> totalDurationProperty　定义动画播放总的持续时间 totalDuration（值的类型为 Duration）。如果循环次数设置为 Animation. INDEFINITE，则 totalDuration 属性值不能确定。

（2） Animation 类定义的常量。

public static final int INDEFINITE　指定在调用 stop( )方法前无限重复的动画。

（3） Animation 类定义的常用方法。

public final void setRate(double value)　设置动画播放的方向/速度 rate。

public final void setCycleCount(int value)　设置动画播放的循环次数 cycleCount。

public final void setAutoReverse(boolean value)　设置是否在交替循环中反转方向。

public final Animation. Status getStatus( )　返回动画的状态值。

public void jumpTo(Duration time)　跳到此动画中的指定位置 time。位置使用从动画开始位置的持续时间偏移来表示。如果 time 小于动画的起始位置 Duration. ZERO，则将跳转到动画开头。如果 time 大于总持续时间 totalDuration，则将跳到动画末尾。

public void play( )　从当前位置播放动画。

public void playFrom(Duration time)　从指定位置 time 播放动画。

public void playFromStart( )　从初始位置 Duration. ZERO 向前播放动画。

public void stop( )　停止动画并将播放头重置为 Duration. ZERO。

public void pause( )　暂停动画。

2. 持续时间类 Duration

javafx. util. Duration 类是 Object 类的子类，表示动画或音视频播放的时间偏移。

（1） Duration 类定义的静态常量。

包括 ZERO （起始）、ONE （距离起始 1 毫秒）、INDEFINITE （无限重复）、UNKNOWN （不确定）。

（2） Duration 类的构造方法。

public Duration(double millis)　创建具有 millis 毫秒的 Duration 对象。

（3） Duration 类的常用方法。

public static Duration millis(double ms)　返回指定毫秒的 Duration 实例。

public static Duration seconds(double s)　返回指定秒的 Duration 实例。

public static Duration minutes(double m)　返回指定分钟的 Duration 实例。

public static Duration hours(double h)　返回指定小时的 Duration 实例。

以下 4 个方法用于返回当前 Duration 对象包含的时间值。

public double toMillis()

public double toSeconds()

public double toMinutes()

public double toHours()

以下 4 个方法支持当前 Duration 实例的时间值参与加减乘除运算后，返回一个新的 Duration 实例。

public Duration add(Duration other)

public Duration subtract(Duration other)

public Duration multiply(double n)

public Duration divide(double n)

13.3.2 过渡动画

过渡动画的工作原理是使节点的属性逐渐发生变化，呈现出过渡动画的效果，变化的属性可以是大小、坐标、角度、不透明度、移动路线等。

过渡动画的实现方法：首先创建特定的过渡动画实例并给出属性的变化规律，然后应用于具体节点。

以下学习 Transition 类的常用子类的实现方法。

1. 缩放过渡动画类 ScaleTransition

ScaleTransition 通过在给定的持续时间内，逐渐改变节点的尺寸与原始尺寸的比例来实现缩放的过渡动画效果。ScaleTransition 类的构造方法、常用方法和常用属性如下。

public ScaleTransition()　创建缩放过渡动画实例。

public ScaleTransition(Duration duration)　指定持续时间，创建缩放过渡动画实例。

public ScaleTransition(Duration duration,Node node)　指定持续时间和作用节点，创建缩放过渡动画实例。

public final void setDuration(Duration value)　设置动画的持续时间。

public final void setNode(Node value)　设置动画的作用节点。

fromX、fromY 两个属性分别表示动画开始时，节点在水平和垂直方向的尺寸与原始尺寸的比例；toX、toY 两个属性分别表示动画结束时，节点在水平和垂直方向的尺寸与原始尺寸的比

例；byX、byY 两个属性分别表示相对于动画开始时的比例，在动画结束时节点在水平和垂直方向的比例增量。以下 6 个方法分别对上述 6 个属性值进行设置。

```
public final void setFromX(double value)
public final void setFromY(double value)
public final void setToX(double value)
public final void setToY(double value)
public final void setByX(double value)
public final void setByY(double value)
```

2. 旋转过渡动画类 RotateTransition

RotateTransition 通过在给定的持续时间内，逐渐改变节点的角度来实现旋转的过渡动画效果。该类的构造方法、设置持续时间方法、设置作用节点方法与 ScaleTransition 类参数和含义相同，此处不再赘述，其他常用方法如下。

public final void setFromAngle(double value)　设置动画开始时节点的角度（单位：度，fromAngle 属性的默认值为节点的起始角度）。

public final void setToAngle(double value)　设置动画结束时节点的角度。

public final void setByAngle(double value)　设置相对于动画开始时，动画结束时节点的角度增量。

3. 平移过渡动画类 TranslateTransition

TranslateTransition 通过在给定的持续时间内，逐渐改变节点的位置来实现平移的过渡动画效果。该类的构造方法、设置持续时间方法、设置作用节点方法与 ScaleTransition 类参数和含义相同，此处不再赘述，其他常用属性的含义和常用方法如下。

fromX、fromY 两个属性分别表示动画开始时，节点在水平和垂直方向的位置与原始位置的偏移像素数；toX、toY 两个属性分别表示动画结束时，节点在水平和垂直方向的位置与原始位置的偏移；byX、byY 两个属性分别表示相对于动画开始时的位置，在动画结束时节点在水平和垂直方向的位置增量。以下 6 个方法分别对上述 6 个属性值进行设置。

```
public final void setFromX(double value)
public final void setFromY(double value)
public final void setToX(double value)
public final void setToY(double value)
public final void setByX(double value)
public final void setByY(double value)
```

4. 淡入淡出过渡动画类 FadeTransition

FadeTransition 通过在给定的持续时间，逐渐改变节点的不透明度来实现节点逐渐消失或逐渐清晰的过渡动画效果。该类的构造方法、设置持续时间方法、设置作用节点方法与 ScaleTransition 类参数和含义相同，此处不再赘述，其他常用方法如下。

public final void setFromValue(double value)　设置动画开始时节点的不透明度值。

public final void setToValue(double value)　设置动画结束时节点的不透明度值。

public final void setByValue(double value)　设置相对于动画开始时的不透明度，动画结束时的不透明度增量。

5. 沿路径移动过渡动画类 PathTransition

PathTransition 类使用一个形状对象作为路径，在给定的持续时间内，实现让节点沿着路径移动的动画效果。该类的设置持续时间方法、设置作用节点方法与 ScaleTransition 类参数和含义相同，此处不再赘述。该类的构造方法和其中常用方法如下。

public PathTransition( ) 创建沿路径移动过渡动画实例。

public PathTransition(Duration duration,Shape path) 创建指定持续时间、指定路线的沿路径移动过渡动画实例。

public PathTransition(Duration duration,Shape path,Node node) 创建指定持续时间、指定路线、指定作用节点的沿路径移动过渡动画实例。

public final void setPath(Shape value) 为动画设置形状路径。

public final void setOrientation(PathTransition. OrientationType value) 设置节点沿路径的移动方向。参数的类型 OrientationType 是嵌套定义在 PathTransition 类中的枚举，包含两个常量值：ORTHOGONAL_TO_TANGENT 表示节点的移动方向与形状路径的切线垂直；NONE 表示节点移动方向保持与形状路径的切线平行，NONE 为默认值。

二维码 13-3 例 13.5 关键代码和运行结果

例 13.5 实现多种过渡动画功能，请读者扫描二维码 13-3 查看。

13.3.3 时间轴动画

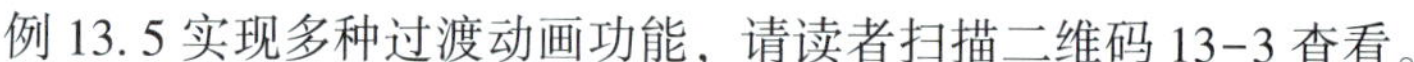

JavaFX 的时间轴动画也会随着时间的推移更新节点的属性值（大小、位置、颜色、不透明度等）。与过渡动画的实现方式不同，时间轴动画定义一些关键帧，在关键帧之间使用特定的插值算法自动插入过渡帧。

关键帧是在某个持续时间偏移点，由节点的一些关键属性构成的一帧。节点的这些关键属性统一使用关键值来表示，关键值如何定义？

关键值的定义需要指明 3 点：节点的某个 JavaFX 属性、该属性的值、使用特定算法的插值器。

另外，在时间轴运行至关键帧时，会触发动作事件，因此，还可以为关键帧配置监听器去处理事件，完成一些动作，例如变换节点属性、停止、暂停、反向等。

为实现时间轴动画，JavaFX 定义了时间轴类 javafx. animation. Timeline、关键帧类 javafx. animation. KeyFrame 和关键值类 javafx. animation. KeyValue。

实现时间轴动画的一般步骤如下：

(1) 为一个关键帧创建所需的一个或多个关键值；

(2) 根据关键帧的时间点、关键值和事件监听器（可选），创建关键帧；

(3) 如需创建其他关键帧，则重复步骤（1）和步骤（2）；

(4) 指定帧刷新速率和关键帧，创建时间轴；

(5) 播放时间轴动画。

1. Timeline 类的构造方法和常用方法

public Timeline( ) 创建一个 Timeline 对象。

public Timeline(double targetFramerate) 指定帧刷新速率，创建 Timeline 对象。

public Timeline(double targetFramerate,KeyFrame... keyFrames) 指定帧刷新速率和关键帧,创建 Timeline 对象。

public Timeline(KeyFrame... keyFrames)　指定关键帧，创建 Timeline 对象。

public final ObservableList<KeyFrame> getKeyFrames( )　返回时间轴的关键帧集合。

2. KeyFrame 类的常用构造方法和常用方法

public KeyFrame(Duration time, KeyValue... values)　指定时间点和关键值，创建 KeyFrame 对象。

public KeyFrame(Duration time, EventHandler<ActionEvent> onFinished, KeyValue... values)　指定时间点、监听器和关键值，创建 KeyFrame 对象。

public KeyFrame(Duration time, String name, KeyValue... values)　指定时间点、名称和关键值，创建 KeyFrame 对象。

public String getName( )　返回关键帧的名称。

public Duration getTime( )　返回关键帧的时间点。

public Set<KeyValue> getValues( )　返回关键帧的关键值集合。

3. KeyValue 类的构造方法和常用方法

public KeyValue (WritableValue <T> target, T endValue, Interpolator interpolator)　创建指定 JavaFX 属性 target、属性值为 endValue、插值器为 interpolator 的 KeyValue 对象。Interpolator 类有 5 个常量值表示的算法：LINEAR（线性）、DISCRETE（离散）、EASE_IN（渐快）、EASE_OUT（渐慢）、EASE_BOTH（增减速交替）。WritableValue<T>是 Property<T>接口的父接口。

public KeyValue(WritableValue<T> target, T endValue)　创建指定 JavaFX 属性 target、属性值为 endValue、插值器默认为 Interpolator. LINEAR 的 KeyValue 对象。

public WritableValue<?> getTarget( )　返回关键值的 JavaFX 属性。

public Object getEndValue( )　返回关键值的 JavaFX 属性值。

public Interpolator getInterpolator( )　返回关键值的插值器。

例 13.6　用时间轴实现矩形在画布上的平移动画。如图 13.5 一个周期持续时间共 20 秒，平移轨迹：第一个 5 秒从画布左上角移至右下角，第二个 5 秒从右下角移至右上角，第三个 5 秒从右上角移至左下角，第四个 5 秒从左下角移回到初始位置即左上角。动画设置为无限循环播放和正反方向交替移动，因此在第二个周期，矩形会沿着与第一个周期相反的方向平移。程序为时间轴定义和创建 4 个关键帧，每个关键帧使用矩形的横坐标和纵坐标两个属性作为关键值。4 个关键帧的时间点和矩形的位置分别为：第 5 秒时右下角，第 10 秒时右上角，第 15 秒时左下角，第 20 秒时左上角。程序还为矩形注册了“单击鼠标”操作的监听器，当动画在播放状态时，单击鼠标会暂停播放；反之，动画会继续播放。程序 Example13_6. java 的关键代码如下：

```
public void start( Stage stage) {
    Rectangle rec = new Rectangle(0, 0, 50, 50);  //创建矩形，起始位置坐标在左上角 (0, 0)
    rec. setStroke( Color. RED);
    rec. setFill( Color. RED);
    Pane root = new Pane( rec);                    //创建画布，矩形起始显示于画布左上角
    root. setPrefSize( 300, 300);
    Scene scene = new Scene( root);                //画布为根节点
    stage. setScene( scene);
    stage. setTitle( "时间轴动画程序");
    stage. show( );
    KeyValue xValue1 = new KeyValue( rec. xProperty( ), root. getWidth( ) - rec. getWidth( ));
    KeyValue yValue1 = new KeyValue( rec. yProperty( ), root. getHeight( ) - rec. getHeight( ));
```

```
    KeyFrame keyFrame1 = new KeyFrame(Duration.seconds(5), xValue1, yValue1);   //第一个关键帧
    KeyValue xValue2 = new KeyValue(rec.xProperty(), root.getWidth() - rec.getWidth());
    KeyValue yValue2 = new KeyValue(rec.yProperty(), 0);
    KeyFrame keyFrame2 = new KeyFrame(Duration.seconds(10), xValue2, yValue2);   //第二个关键帧
    KeyValue xValue3 = new KeyValue(rec.xProperty(), 0);
    KeyValue yValue3 = new KeyValue(rec.yProperty(), root.getHeight() - rec.getHeight());
    KeyFrame keyFrame3 = new KeyFrame(Duration.seconds(15), xValue3, yValue3);   //第三个关键帧
    KeyValue yValue4 = new KeyValue(rec.yProperty(), 0);
    KeyFrame keyFrame4 = new KeyFrame(Duration.seconds(20), yValue4);            //第四个关键帧
    Timeline timeline = new Timeline(keyFrame1, keyFrame2, keyFrame3, keyFrame4);   //创建时间轴
    timeline.setAutoReverse(true);                              //设置正反方向交替移动
    timeline.setCycleCount(Timeline.INDEFINITE);                //设置无限循环播放
    timeline.play();                                            //播放时间轴动画
    rec.setOnMouseClicked(e->{                                  //为矩形注册“单击鼠标”操作的监听器
      if(timeline.getStatus() == Animation.Status.PAUSED)
        timeline.play();                                        //动画如为暂停状态则继续播放
      else
        timeline.pause();                                       //动画如为播放状态则暂停
    });
  }
```

例 13.6 的运行结果如图 13.5 所示。

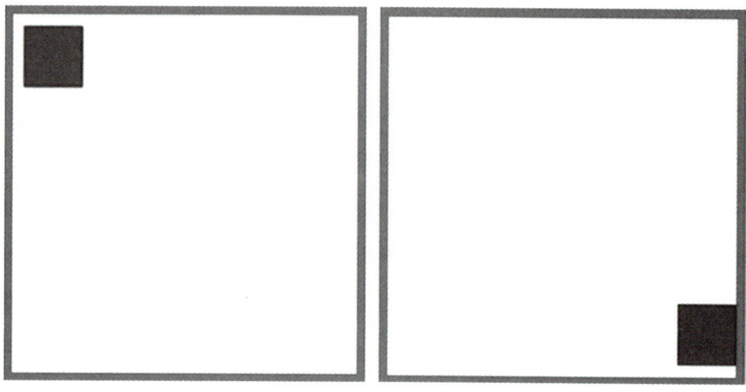

图 13.5　时间轴动画

例 13.7 利用时间轴动画为 13.2 节例 13.4 的数字相片管理器程序增加“放映幻灯片”功能，读者请扫描二维码 13-4 查看。

二维码 13-4　例 13.7 关键代码和运行结果

13.4 音频与视频

二维码 13-5 音频与视频

本章小结

(1) 本章涵盖 JavaFX 多媒体编程技术，包括绘图、图像、动画、音视频。

(2) Shape 类是基本形状的基类，也是 Node 类的子类。Shape 类和 Node 类定义的方法可以被所有基本形状对象调用。

(3) 除 Text 类被定义在 javafx. scene. text 包中外，其他基本形状类都被定义在 javafx. scene. shape 包中，各类都为相应基本形状定义了相关属性和方法。

(4) 绘图的步骤：先创建基本形状对象，然后将其添加在面板上。

(5) ImageView 类也是 Node 类的子类，图像视图对象可以被添加至面板上显示。

(6) 图像显示的步骤：根据指定图像文件的 URL 创建 Image 对象；根据 Image 对象创建 ImageView 对象；调用 ImageView 对象的 setViewport( )方法，指定需要显示源图像的矩形范围，如果需要显示整个源图像，则这一步可以省略（此时 viewport 属性值默认为 null）；将 ImageView 对象添加至面板上。

(7) JavaFX 支持两种类型的动画：过渡动画与时间轴动画。

(8) 过渡动画的原理是使节点的属性逐渐发生变化，呈现出过渡动画的效果，变化的属性可以是大小、坐标、角度、不透明度、移动路线等。

(9) 过渡动画的实现步骤：创建特定的过渡动画实例；为动画设置属性，包括持续时间、动画作用的具体节点、节点属性的变化规律等；播放动画。

(10) 时间轴动画随着时间的推移更新节点的属性值（大小、位置、颜色、不透明度等），其实现方式是定义一些关键帧，在关键帧之间使用特定的插值算法自动插入过渡帧。

(11) 时间轴动画的关键帧，是在某个持续时间偏移点，由节点的一些关键属性构成的一帧。节点的这些关键属性统一使用关键值来表示。关键值的定义需要指明 3 点：节点的某个 JavaFX 属性、该属性的值、使用特定算法的插值器。

(12) 实现时间轴动画的一般步骤：

①为一个关键帧创建所需的一个或多个关键值。

②根据关键帧的时间点、关键值和事件监听器（可选），创建关键帧。

③如需创建其他关键帧，则重复①和步骤②步骤；

④指定帧刷新速率和关键帧，创建时间轴；

⑤播放时间轴动画。

(13) 实现音视频播放器的主要步骤：根据指定音频或视频文件的 URL 创建 Media 对象；根据 Media 对象创建 MediaPlayer 对象；设置 MediaPlayer 对象的属性（如播放次数）；根据 MediaPlayer对象创建 MediaView 对象；将媒体视图添加或放置在面板上；MediaPlayer 对象调用 play( )方法播放音频或视频。

习题 13

简答题

13.1 简述 JavaFX 的绘图步骤。

13.2 简述 JavaFX 图像显示的步骤。

13.3 JavaFX 支持哪几种动画类型？简述其各自的工作原理或实现方式。

13.4 简述过渡动画的实现步骤。

13.5 简述时间轴动画的实现步骤。

13.6 简述音视频播放器的实现步骤。

程序设计题

13.7 在理解的基础上调试出例 13.1 的随手画程序，显示结果。

13.8 在理解的基础上调试出例 13.2 的画弧程序以及例 13.3 的画多边形和折线程序，分别显示结果。

13.9 请将例 13.4 的数字相片管理器程序与例 13.7 给出的关键代码整合，完成程序设计，调试出正确结果并测试。

13.10 在理解的基础上调试出例 13.5 的过渡动画程序，播放动画。

13.11 在理解的基础上调试出例 13.6 和例 13.7 的时间轴动画程序，播放动画。

13.12 在理解的基础上调试出例 13.8 的音视频播放器程序，播放音频或视频。

探究题

13.13 对例 13.1 的随手画程序进行扩展：首先实现工具栏中已给出的随手画等腰三角形功能（例中还未实现此功能）；其次可以增加随手画其他基本形状（如等腰梯形、圆角矩形等）的功能。

13.14 画一个半径为 50 像素的上半圆轮廓，再画一个半径为 50 像素的下半圆并用蓝色填充，两者的圆心坐标都放在 Pane 面板的中心位置。如何能保证当用户用鼠标改变窗口大小时，上下半圆的圆心始终能保持在 Pane 面板的中心位置？编写 JavaFX 程序实现这些功能。

13.15 上题中，将 Pane 面板改成栈面板，再次完成程序。请说出两种面板的不同之处。

13.16 利用过渡动画实现将一个 Text 对象不断从面板最左边移到最右边的功能。

13.17 利用时间轴动画实现与上题同样的功能。

13.18 在窗口中放置两个按钮并画出一个椭圆，按钮上分别显示“顺时针”和“逆时针”字样，当单击按钮时，能让椭圆围绕圆心每次顺时针旋转或逆时针旋转 15°。

13.19 利用过渡动画或时间轴动画实现一个钟摆：将一条直线的上端固定，下端连接一个小球，小球和直线来回摆动。

13.20 对例 13.8 的音视频播放器程序进行扩展：图形界面上增加“文件”菜单和音视频文件的地址栏，用户可以从打开文件选择对话框中选择本地音视频文件进行播放，也可以在地址

栏中输入互联网上音视频文件的 URL 进行流媒体播放。

团队项目

13.21 多人一组，合作设计并实现一个拼图游戏程序。

(1) 功能描述。游戏分为 3 个等级，初级、中级和高级。对于初级，将主画板上的一幅图像分成3×3 幅小图像，将最后一幅移至游戏界面的副画板上，将主画板上的各小图像顺序打乱，然后对主、副画板上各小图像注册鼠标监听器。对于中级，将完整图像分成 4×4 幅小图像，其余要求与初级相同。对于高级，将完整图像分成 5×5 幅小图像；

(2) 制订分工合作计划，给出每人需要实现的功能；

(3) 编写程序，完成各自功能；

(4) 综合测试，完整实现拼图游戏程序，给出正确测试结果。

扩展阅读

请读者通过阅读 JavaFX API 文档学习其他类型的过渡动画类。

扩展练习

利用填充过渡动画类 FillTransition 实现将一个椭圆形状的填充色从绿色渐变为红色，第二次再反向从红色渐变为绿色，以此无限重复。

实验 13

实验 13.1 画图

实验 13.2 图像

实验 13.3 动画

实验 13.4 音频与视频

第 14 章　多线程程序设计

【本章导读】

线程是应用程序执行的基本单元，多线程是指允许将一个程序分成几个并行的子任务，各个子任务相互独立并发执行。

本章主要介绍线程的概念，以及在 Java 环境下如何创建和使用线程等问题。

【本章思维导图】

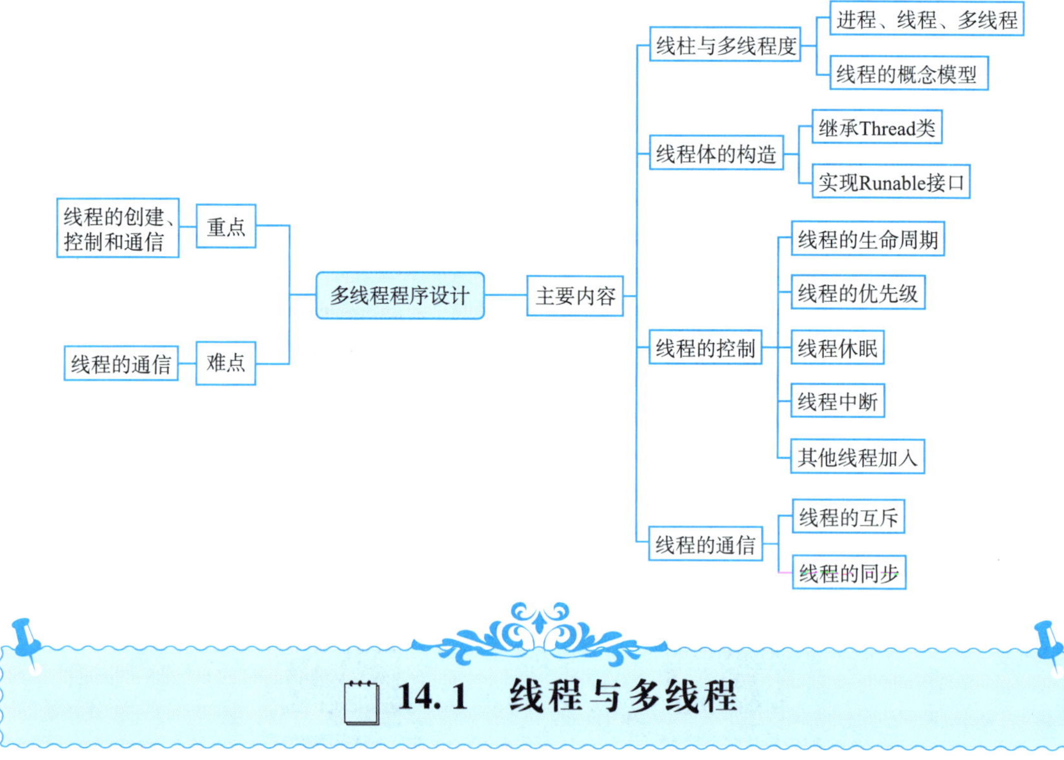

14.1　线程与多线程

14.1.1　进程、线程、多线程

一个程序可以同时被运行若干次，每运行一次就开启一个进程。例如，当我们打开 10 个浏

览器窗口时，就开启了10个进程。进程是一个程序执行的实例，也是CPU进行资源分配和调度的基本单位。

线程是比进程更小的运行单位，又称为轻量级进程，是进程中某个单一顺序的控制流。线程和进程一样拥有独立的执行控制，由操作系统负责调度。一个进程有多个线程（至少有一个主线程），每个线程完成不同的任务。进程内的多个线程同时运行的方式称为并发。例如，在微信进程中，用户可以一边聊天，一边传输文件，此时微信进程同时执行了多个线程。多个线程的使用大大提高了程序的执行效率和处理能力。

每个进程都需要操作系统为其分配独立的内存地址空间，而同一进程中的所有线程在同一内存地址空间，它们共享同一块内存空间中的资源。例如，微信进程内存和Outlook邮箱进程内存如图14.1所示。从图14.1可以看出，微信进程内存和Outlook邮箱进程内存是两块独立的内存，它们之间的线程只能访问自己的进程内存，即聊天线程和传输文件线程可以共享微信进程内存，而写邮件线程和收邮件线程可以共享Outlook邮箱进程内存。

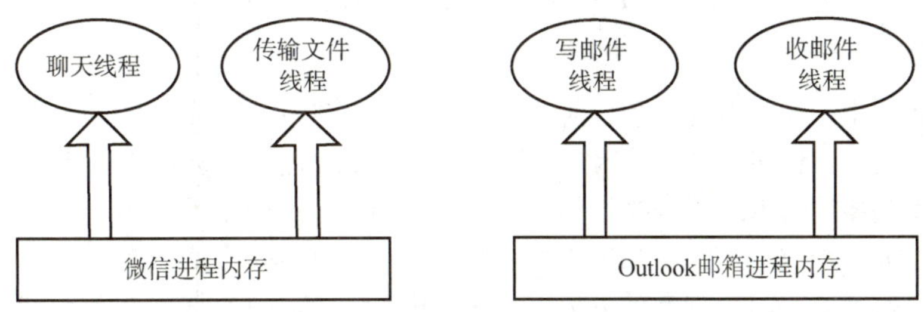

图14.1　微信进程内存和Outlook邮箱进程内存

在分时操作系统中，时间片是CPU分配给各个线程的时间，每个线程都被分配一个时间片，即该线程允许运行的时间。如果时间片结束时线程还在运行，则该线程的CPU资源将被剥夺并分配给另一个线程。如果线程在时间片结束前阻塞或结束，则CPU资源进行切换，而不会造成资源浪费。因此，多个线程的并发执行是指逻辑上的“同时”，而不是物理意义上的“同时”，但由于CPU的速度非常快，用户感觉不到各个线程运行时的先后差异，因此在理解线程执行的过程中，读者只需设想各个线程是同时执行即可。

多线程和传统的单线程在程序设计上最大的区别在于，由于各个线程的控制流彼此独立，各个线程之间的代码是乱序执行的，各个线程的运行完全以不可预料的方式和速度推进（一个程序运行了*N*次，其结果差异性很大），因此带来了线程调度、同步等问题。本章将针对线程的创建、线程的控制和线程的通信进行详细介绍。

14.1.2　线程的概念模型

线程体的基本结构包含3个主要部分：其一是虚拟CPU本身，其二是CPU执行的代码，其三是代码操作的数据。在Java程序中，虚拟CPU由java.lang.Thread类封装，CPU将执行的代码和处理的数据传递给Thread对象。图14.2所示是线程的概念模型。

当构造了一个线程后，由构造方法参数、执行代码、操作数据来初始化该线程。应注意的是，这3个方面是彼此独立的。一个线程所执行的代码与其他线程可以相同，也可以不同。一个线程访问的数据与其他线程可以相同，也可以不同。

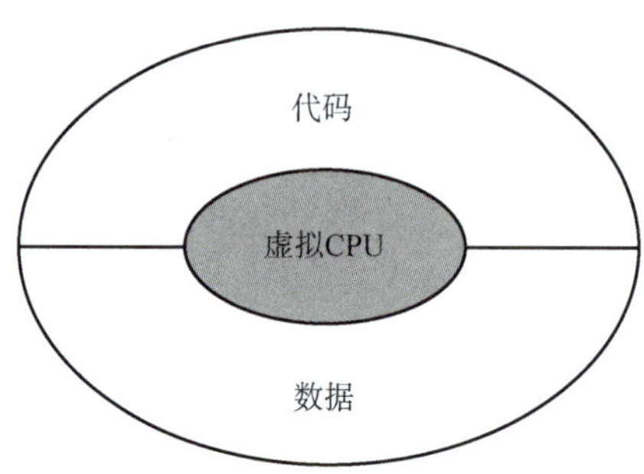

图 14.2　线程的概念模型

14.2　线程体的构造

在单线程程序中，通常声明一个公共类，并在类内实现一个 main( )方法。当 main( )方法执行结束后，线程退出，程序同时结束运行。相对而言，多线程的创建和执行就相对复杂。其中，线程体的构造就是要构造出线程的执行体。在 Java 程序中，线程的执行体原型是通过 Runnable 接口定义的（虚拟 CPU 的原型由 Thread 类定义）。由于 Thread 类实现了 Runnable 接口，因此 Thread 对象可以执行 Runnable 对象的 run( )方法，从而该 Thread 对象可以作为线程的执行体对象。本节介绍两种创建线程的方法：通过继承 Thread 类构造线程体（在该种构造方法中，同一个对象同时承担了两个角色）；直接实现 Runnable 接口创建线程。

14.2.1　继承 Thread 类

java. lang 是 Java 默认导入的包，Thread 类是其中的一个通用的线程类。本小节介绍通过继承 Thread 类创建线程的方法。表 14.1 列出了 Thread 类的常用方法。

表 14.1　Thread 类的常用方法

方法名	功能说明
public Thread( )	构造一个新的 Thread 对象，默认名为 Thread-n，n 是从 0 开始递增的整数
public Thread(String name)	构造一个新的 Thread 对象，同时指定线程名
public Thread(Runnable target)	构造一个新的 Thread 对象，以一个实现 Runnable 接口的类的对象为参数
public Thread(Runnable target,string name)	构造一个新的 Thread 对象，以一个实现 Runnable 接口的类的对象为第一个参数，参数 name 指定该 Thread 对象的名称
void run( )	线程所执行的代码，也称为线程体
void start( )	使程序开始执行，多次调用会产生异常
void sleep(long millis)	让线程休眠一段时间，此期间线程不消耗 CPU 资源

续表

方法名	功能说明
void interrupt( )	中断线程
static boolean interrupted( )	判断当前线程是否被中断（会清除中断状态标记）
boolean isInterrupted( )	判断指定线程是否被中断
boolean isAlive( )	判断线程是否处于活动状态（返回 tune 说明已调用 start( )方法，但 run( )方法还未返回）
static Thread currentThread( )	返回当前 Thread 对象的引用
void setName(String threadName)	设置线程的名字
string getName( )	获得线程的名字
void join([long millis[,int nanos]])	等待线程结束
void destroy( )	销毁线程
static void yield( )	暂停当前线程，让其他线程执行
void setPriority(int p)	设置线程的优先级

表 14.1 中所列方法将在后面各节详细介绍，本小节主要介绍如何创建并启动一个线程。

在默认情况下，Thread 类的 run( )方法并不执行实质性的操作，直接实例化 Thread 类创建 Thread 对象不能完成任何操作。因此，可以考虑通过继承 Thread 类，并重写 Thread 类中的 run( )方法，编写具体的程序代码实现具有不同的功能，然后通过调用 Thread 类的 start( )方法来启动一个线程。

例 14.1　继承 Thread 类创建线程，循环输出指定数目的 * 号程序如下：。

```
//继承 Thread 类
public class testThread1 extends Thread{
  //重写 run( )方法
  public void run( ){
    for(int count=1,row=1;row<8;row++,count++){
      for(int i=0;i<count;i++){
        System.out.print('*');
      }
      System.out.println( );
    }
  }
}
public class Example14_1{
  public static void main(String[] args){
    testThread1 thread=new testThread1( );      //创建一个线程类对象
    thread.start( );                            //调用 start( )方法启用一个新的线程，执行 run( )方法
  }
}
```

程序运行结果如下：

```
*
**
***
****
*****
******
*******
```

由例 14.1 可以得出，通过继承 Thread 类创建一个线程通常需要以下几个步骤。

（1）创建一个新的线程类，继承 Thread 类并重写 Thread 类的 run( )方法。程序如下：

```
class ThreadType extends Thread{
  public void run( ){
    …
  }
}
```

（2）创建一个线程类的对象。程序如下：

```
ThreadType thread=new ThreadType( );
```

（3）调用 start( )方法启动线程对象，该方法自动调用 run( )方法。程序如下：

```
thread. start( );
```

例 14.2 创建并启动多个线程。程序如下：

```
public class testThread2 extends Thread{
  public testThread2(String name){
    super(name);
  }
  //重写 run( )方法
  public void run( ){
    for(int i=0;i<3;i++){
      //获知当前运行的是哪个线程
      System. out. println("线程" +this. currentThread( ). getName( )+"正在运行");
      try{
        Thread. sleep((int)(Math. random( )*1000));              //获得随机休息毫秒数
      }catch(InterruptedException ex){
        System. err. println(ex. toString( ));
      }
    }
  }
}
public class Example14_2{
  public static void main(String[] args){
  //创建并命名每个线程
```

```
        testThread2 thread1 = new testThread2("线程一");
        testThread2 thread2 = new testThread2("线程二");
        testThread2 thread3 = new testThread2("线程三");
        thread1.start();                    //启动线程一
        thread2.start();                    //启动线程二
        thread3.start();                    //启动线程三
        System.out.println("main 线程结束");
    }
}
```

程序运行结果程序如下：

```
main 线程结束
线程线程一正在运行
线程线程三正在运行
线程线程二正在运行
线程线程三正在运行
线程线程三正在运行
线程线程二正在运行
线程线程一正在运行
线程线程二正在运行
线程线程一正在运行
```

例 14.2 中的程序创建了 3 个线程：thread1、thread2 和 thread3，它们分别执行自己的 run()方法。在实际运行结果中，main 线程已经结束，线程一和线程二可能还在执行，并且这两个线程并没有按照程序中调用的顺序来执行，而是产生了多个线程“赛跑”的现象。这说明在多线程编程中，Java 线程并不能按调用的顺序执行，而是并行执行单独的代码。不难想到，例 14.2 的运行结果并不唯一。事实上，由于多线程程序执行结果的不唯一性，本章之后所给出的代码的运行结果也只是其中的一种情形，读者可以尝试运行代码获得其他的运行结果。

14.2.2 实现 Runnable 接口

直接实现 Runnable 接口是创建线程的第二种方法。采用实现 Runnable 接口来创建线程的方法可以解决 Java 不支持多重继承的问题。Runnable 接口提供了 run()方法的原型，因此创建新的线程类时，只要实现此接口，即只要特定的程序代码实现 Runnable 接口中的 run()方法，就可完成新线程类的运行。

例 14.3 实现 Runnable 接口并实现 run()方法创建线程，输出指定数目的 * 号。程序如下：

```
public class testRunnable1 implements Runnable {
  //循环计算输出的*号数目
  public void run() {
    for(int count = 1,row = 1;row<8;row++,count++) {
      for(int i = 0;i<count;i++) {
        System.out.print('*');
      }
```

```
            System. out. println( );
        }
    }
}
public class Example14_3{
    public static void main( String[] args) {
        Runnable rb = new testRunnable1( );
        Thread td = new Thread( rb);
        td. start( );
    }
}
```

程序运行结果如下：

```
*
**
***
****
*****
******
*******
```

由例 14. 3 可以总结出通过实现 Runnable 接口创建线程的步骤，具体如下。

（1）创建一个实现 Runnable 接口的类 ThreadType，并且在这个类中实现 run( )方法。程序如下：

```
class ThreadType implements Runnable {
    public void run( ) {
        …
    }
}
```

（2）创建一个 ThreadType 类的实例。程序如下：

```
Runnable rb=new ThreadType ( );
```

（3）通过该 Runnable 实例创建一个线程对象（调用构造方法 new Thread(ThreadType)，该 Runnable 实例作为参数，Thread 类中有这样的构造方法），它用 ThreadType 类中实现的 run( )方法作为新线程对象的 run( )方法。程序如下：

```
Thread td=new Thread( rb);
```

（4）通过调用 ThreadType 对象的 start( )方法启动线程。程序如下：

```
td. start( );
```

例 14. 4 通过实现 Runnable 接口创建多个线程来模拟龟兔赛跑。程序如下：

```
class animalThread implements Runnable {
    private String name;
    private int speed;
    private int distance;
    private int sumdistance = 0;
```

```
    public animalThread (String name,int speed,int distance){
      this. name = name;
      this. speed = speed;
      this. distance = distance;
    }
    //实现 run()方法
    public void run(){
      while(sumdistance<distance){
        try{
          Thread. sleep((int)(Math. random() *1000)+500);          //获得随机休息毫秒数
        }catch(Exception e){
        }
        sumdistance+ = Math. random() *speed;                      //获得当前跑了多长距离
        System. out. println(name+":我已经跑了"+sumdistance);
      }
      System. out. println (name+"终于冲过终点了!");
    }
  }
  //测试类
  public class Example14_4{
    public static void main(String[] args) {
      //创建并命名每个线程
      animalThread rabbit = new animalThread("兔子",15,50);
      animalThread turtle = new animalThread("乌龟",12,50);
      Thread myThread1 = new Thread (rabbit);                       //创建兔子线程
      Thread myThread2 = new Thread (turtle);                       //创建乌龟线程
      myThread1. start();                                           //兔子线程启动
      myThread2. start();                                           //乌龟线程启动
    }
  }
```

程序运行结果如下：

```
乌龟:我已经跑了 4
兔子:我已经跑了 8
乌龟:我已经跑了 14
兔子:我已经跑了 9
兔子:我已经跑了 12
乌龟:我已经跑了 18
兔子:我已经跑了 16
乌龟:我已经跑了 20
兔子:我已经跑了 17
兔子:我已经跑了 17
乌龟:我已经跑了 30
兔子:我已经跑了 18
乌龟:我已经跑了 39
```

```
乌龟:我已经跑了45
兔子:我已经跑了31
乌龟:我已经跑了51
乌龟终于冲过终点了!
兔子:我已经跑了43
兔子:我已经跑了49
兔子:我已经跑了50
兔子终于冲过终点了!
```

14.3 线程的控制

14.2节介绍了创建线程的两种实现方式。事实上，就线程的整个生命周期而言，线程创建后的状态（新建）仅是线程整个生命周期的一个部分，其整个生命周期包括多个状态。本节将详细介绍线程的这些状态，以及如何通过调用线程提供的方法实现对线程状态的控制。

14.3.1 线程的生命周期

一个线程从创建到最终消亡，要经历若干个状态。一般来说，包括以下这几个状态：新建（new）、就绪（runnable）、运行（running）、阻塞（blocked）和死亡（dead）。

（1）新建状态。当需要新建一个线程来执行某个子任务时，就创建了一个线程。例如，以下代码使线程myThread处于新建状态：

```
Thread myThread=new Thread();
```

需要注意的是，线程创建之后，并没有立即启动进入就绪状态，这是因为线程的运行需要一些条件（如内存资源、程序计数器、Java栈、本地方法栈等），只有线程运行所需要的条件都满足了，才可以进入就绪状态。

（2）就绪状态。当线程处于新建状态时，通过调用start()方法，可以使线程处于就绪状态。例如，以下代码使线程myThread进入就绪状态：

```
myThread.start();
```

就绪状态的线程具备了运行条件，但尚未进入运行状态。处于就绪状态的线程可以有多个，这些线程将在就绪队列中排队，等待CPU资源。线程通过线程调度获得CPU资源变成运行状态。

（3）运行状态。某个就绪状态的线程获得了CPU资源，处于正在运行的状态。每个线程对象都有一个run()方法，当线程对象开始运行时，系统就调用该对象的run()方法。如果有更高优先级的线程进入就绪状态，则该线程将被迫放弃对CPU的控制权，再次进入就绪状态。使用yield()方法可以使线程主动放弃对CPU的控制权。线程也可能由于执行结束或执行stop()方法进入死亡状态。

（4）阻塞状态。线程在运行状态过程中，可能有多个原因导致当前线程不能继续运行下去。例如，用户主动让线程休眠（休眠一定的时间之后再重新执行），用户主动让线程等待，或者被

同步块阻塞，此时就对应着多个状态，即 time waiting（休眠或等待一定的时间）、waiting（等待被唤醒）、blocked（阻塞）。

（5）死亡状态。线程不再具有继续运行的能力，也不能再转到其他状态。一般有两种情况使一个线程终止，进入死亡状态：一种是线程完成了全部工作，即执行完 run( )方法的最后一条语句；另一种是线程被提前强制性终止。

图 14.3 描述了线程从新建到死亡的状态变迁情况。

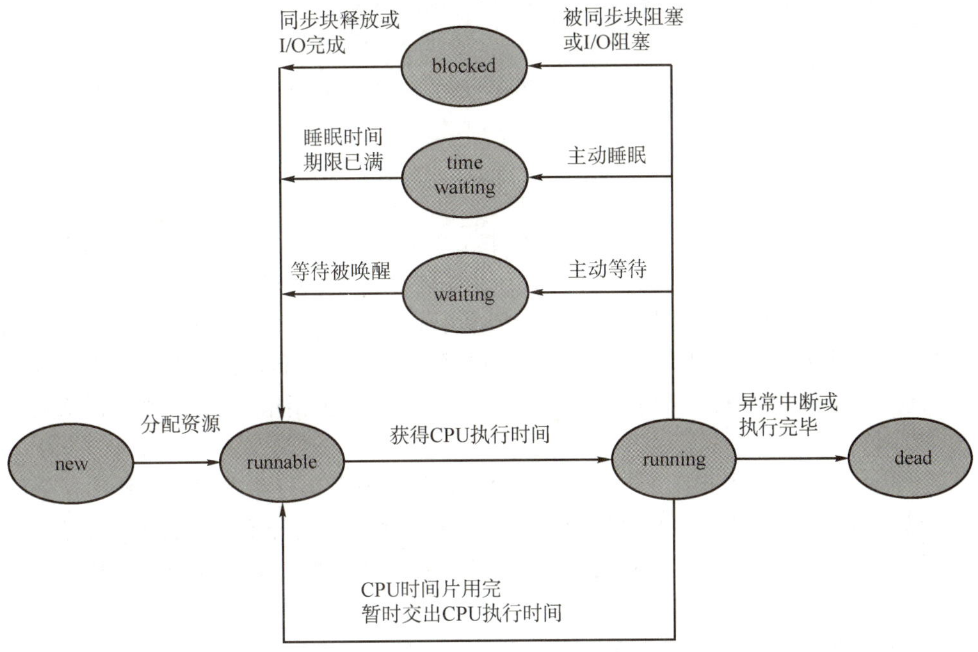

图 14.3　线程的状态变迁情况

使用 isAlive( )方法可用于判断线程当前的状态。如果返回 true，则表示线程已启动但还没有运行结束；如果返回 false，则表示线程处于新建或死亡状态。

例 14.5　使用 isAlive( )方法判断线程当前的状态。程序如下：

```
public class aliveTest implements Runnable{
  public void run( ) {
    for(int i = 0;i<3;i++) {
      System. out. println(Thread. currentThread( ). getName( ));
    }
  }
}
public class Example14_5{
  public static void main(String[] args) {
    aliveTest at = new aliveTest( );
    Thread demo = new Thread(at);
    System. out. println("线程启动之前- - ->"+demo. isAlive( ));
    demo. start( );
    System. out. println("线程启动之后- - ->"+demo. isAlive( ));
```

```
    }
}
```

程序运行结果如下：

```
线程启动之前--->false
Thread-0
Thread-0
Thread-0
线程启动之后--->true
```

14.3.2 线程的优先级

处于就绪状态的线程首先进入可运行队列排队等待 CPU 资源，此时在队列中可能有多个线程，它们各自任务的轻重缓急程度也可能不同。为了能够及时处理较紧急的线程，多线程系统会给每个线程自动分配一个线程的优先级，即线程享用 CPU 资源的先后顺序。重要的线程的优先级高，在队列中排在较前的位置，可优先享用 CPU 资源。优先级低的线程只能等待排在它前面的优先级高的线程执行完毕，才能享用 CPU 资源。对于优先级相同的线程，则遵循队列的“先进先出”原则。

当一个在可运行队列中排队的线程获得 CPU 资源而进入运行状态之后，就称这个线程被“调度”。线程调度器负责管理线程排队和 CPU 资源在线程之间的分配，一般有一个精心设计的线程调度算法。在 Java 系统中，线程的调度依据优先级基础上的“先进先出”原则。对于一个新线程，系统遵循以下原则为其指定优先级：新建线程一般将继承其父线程的优先级。父线程是执行创建新线程对象语句时的线程，它可以是程序的主线程，也可以是某一个用户自定义的线程。一般情况下，主线程具有普通优先级。用户也可以调用 Thread 类的 setPriority( ) 方法来改变系统自动设置的线程优先级，该方法的方法头如下：

```
public final void setPriority(int numble)
```

Thread 类有 3 个表示线程优先级的常量：MIN_PRIORITY、MAX_PRIORITY 和 NORM_PRIORITY。其中，MIN_PRIORITY 代表最小优先级 1，而 MAX_PRIORITY 代表最大优先级 10，NORM_PRIORITY 代表一般优先级；默认优先级为 5。用户也可以通过将 numble 设置为 1~10 来设置线程的优先级，数值越大优先级越高。

14.3.3 线程休眠

以下 3 种情况可以使线程放弃 CPU 资源。

(1) 线程调用了 sleep( ) 或 yield( ) 方法，程序员主动控制放弃。

(2) 当前线程进行 I/O 访问、等待用户输入等操作，导致线程阻塞。

(3) 有高优先级的线程参与调度，导致当前线程放弃 CPU 资源。

本小节介绍 sleep( ) 方法和 yield( ) 方法。

1. sleep(long hm)

在线程执行的过程中，调用该方法可以让线程进入阻塞状态，休眠指定的时长（休眠时间

的长短由 sleep( )方法的参数决定，参数 hm 以毫秒为单位)。待指定时间到达之后，该线程就会苏醒，并进入就绪状态等待执行。这是使正在执行的线程放弃 CPU 资源的简单方法。如果线程在休眠时被打断，则 Java 程序会抛出 InterruptedException 异常，因此在调用方法时需要用 try…catch 语句块对异常进行捕获、处理。

例 14.6　使用 sleep( )方法演示线程休眠。程序如下：

```
public class sleepTest implements Runnable {
  public void run( ) {
    for( int i = 0;i<3;i++) {
      System. out. println( "我是"+Thread. currentThread( ). getName( ) );
      try{
        Thread. sleep( 2000);                //休眠 2 秒
      }catch ( InterruptedException e) {
        e. printStackTrace( );
      }
    }
  }
}
public class Example14_6{
  public static void main( String[] args) {
    Runnable st1 = new sleepTest( );
    Runnable st2 = new sleepTest( );
    sleepTest st3 = new sleepTest( );
    Thread t1 = new Thread( st1,"线程一");
    Thread t2 = new Thread( st2,"线程二");
    Thread t3 = new Thread( st3,"线程三");
    t1. start( );
    t2. start( );
    t3. start( );
  }
}
```

程序运行结果如下：

```
我是线程二
我是线程一
我是线程三
我是线程二
我是线程三
我是线程一
我是线程二
我是线程三
我是线程一
```

从以上结果可以看出，每个线程打印完一行后休眠 2 000 毫秒，放弃 CPU 资源让其他线程执行，因此出现了 3 个线程交替执行的现象。

2. yield( )

在程序运行过程中，有时需要当前运行的线程放弃 CPU 资源，以使其他线程得以执行，通过 yield( )方法可以使当前正在运行的线程放弃 CPU 资源，回到就绪状态，进而使其他线程有进入运行状态的机会。但需要注意的是，由于回到就绪状态的线程可能会立刻被调度，从而再次进入运行状态，因此使用 yield( )方法让线程放弃 CPU 资源的操作不一定能成功。

例 14.7 使用 yield( )方法演示线程的让步。程序如下：

```
public class yieldTest implements Runnable{
  public void run( ){
    for( int i = 0;i<5;++i){
      System. out. println( Thread. currentThread( ). getName( )+"运行"+i);
        if( i == 3){
          System. out. println( "线程的礼让");
          Thread. currentThread( ). yield( );        //调用 yield( )方法使当前正在执行的线程让步
        }
      }
    }
}
public class Example14_7{
  public static void main( String[] args){          //创建两个实现 Runnable 接口的类的对象
      yieldTest yt1 = new yieldTest( );
      yieldTest yt2 = new yieldTest( );              //创建两个线程对象，并指定线程名称
      Thread t1 = new Thread( yt1,"线程 A");
      Thread t2 = new Thread( yt2,"线程 B");         //启动线程
      t1. start( );
      t2. start( );
  }
}
```

程序运行结果如下：

```
线程 B 运行 0
线程 A 运行 0
线程 B 运行 1
线程 A 运行 1
线程 B 运行 2
线程 A 运行 2
线程 B 运行 3
线程 A 运行 3
线程的礼让
线程的礼让
线程 A 运行 4
线程 B 运行 4
```

结合代码可以看出，两个线程 A 和 B 是交替执行的，它们都是在打印完数字 3 后执行

yield( )方法，放弃 CPU 资源。

14.3.4　线程中断

stop( ) 和 suspend( ) 方法是在 JDK 1.0 中定义的方法，stop( )方法用于直接终止线程，suspend( )方法会阻塞线程，直到另一个线程调用 resume( )方法恢复线程。但从 JDK 2.0 开始，这两个方法都被弃用了。原因是 suspend( )方法会经常导致死锁；而 stop( )方法是不安全的，因为该方法将终止所有未结束的方法，包括 run( )方法。当一个线程停止时，它会立即释放所有它锁住对象上的锁，这会导致对象处于不一致的状态。因此，当一个线程想终止另一个线程时，它无法知道何时调用 stop( )方法是安全的。

线程的中断可以使用 interrupt( )方法来实现。

注意：与 stop( )方法终止一个正在运行的线程不同，在 Java 中，线程的中断不是指让线程停止运行，而是指改变了线程的状态。至于状态改变后导致的结果如何，那是无法确定的——可能是使运行中的线程停止执行，也可能是让停止中的线程继续执行。线程中断后的结果是线程死亡，还是等待新的任务或是继续运行至下一步，取决于程序本身。线程会不时地检测这个中断线程的中断状态，以判断线程是否应该被中断（中断标识值是否为 true）。

例 14.8　使用 interrupt( )方法实现线程中断。程序如下：

```
public class interruptTest implements Runnable{
    public void run(){
        System.out.println("执行 run 方法");
        try{
            Thread.sleep(20000);
            System.out.println("线程完成休眠");
        }catch (InterruptedException e){
            System.out.println("休眠被打断");
            return;                    //返回到程序的调用处
        }
        System.out.println("线程正常终止");
    }
}
public class Example14_8{
    public static void main(String[] args){
        interruptTest it = new interruptTest();
        Thread demo = new Thread(it,"线程");
        demo.start();
        try{
            Thread.sleep(3000);
        }catch (InterruptedException e){
            e.printStackTrace();
        }
        demo.interrupt();              //3 秒后中断线程
    }
}
```

程序运行结果如下：

```
执行 run 方法
休眠被打断
```

14.3.5 其他线程加入

当一个线程在运行过程中需要中断，加入另一个线程，并且必须等待加入的线程执行完毕才恢复执行时，可以使用 join( )方法。使用 join( )方法可以达到将两个线程合并的效果。根据方法传递的参数不同，该方法有以下 3 种调用格式。

（1） join( )。如果当前线程执行 t. join( )，则该线程停止运行，线程 t 开始运行，直至线程 t 结束再继续运行该线程。

（2） join(long millis)。如果当前线程执行 t. join(long millis)，则当前线程将等待线程 t 结束或最多等待 millis 毫秒后再继续执行。

（3） join(long millis,int nanos)。如果当前线程调用 t. join(long millis,int nanos)，则当前线程将等待线程 t 结束或最多等待 millis 毫秒+nanos 纳秒后再继续执行。

用 join( )方法使两个线程之间进行 CPU 让步是可靠的，只有在被让步的线程执行完毕之后，让步的线程才会恢复执行。程序如下：

例 14.9 使用 join( )方法演示线程加入。程序如下：

```
class myThread extends Thread{
  public void run( ){
    for (int i = 1;i<=10;i++){
      System.out.println("线程 t1 第"+i+"次执行!");
    }
  }
}
public class Example14_9{
  public static void main(String[] args){
    myThread t1 = new myThread( );
    t1.start( );
    for(int i = 1;i<= 10;i++){
      System.out.println("主线程第"+i+"次执行!");
      if(i == 5)
        try{
          System.out.println("线程合并");
          t1.join( );      //t1 线程合并到主线程中，主线程停止执行过程，转而执行 t1 线程
        }catch (InterruptedException e){
          e.printStackTrace( );
        }
      }
  }
}
```

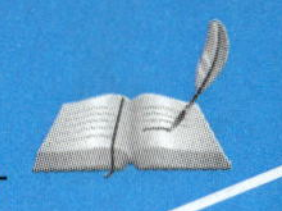

程序运行结果如下：

```
主线程第 1 次执行!
线程 t1 第 1 次执行!
主线程第 2 次执行!
线程 t1 第 2 次执行!
主线程第 3 次执行!
线程 t1 第 3 次执行!
主线程第 4 次执行!
线程 t1 第 4 次执行!
主线程第 5 次执行!
线程合并
线程 t1 第 5 次执行!
线程 t1 第 6 次执行!
线程 t1 第 7 次执行!
线程 t1 第 8 次执行!
线程 t1 第 9 次执行!
线程 t1 第 10 次执行!
主线程第 6 次执行!
主线程第 7 次执行!
主线程第 8 次执行!
主线程第 9 次执行!
主线程第 10 次执行!
```

结合代码可以看出，主线程在第 5 次执行后，子线程 t1 加入开始执行，主线程暂停执行，一直等到子线程 t1 执行完毕，主线程才恢复执行。

14.4　线程的通信

上一节中所提到的线程都是独立的，而且是异步执行的。也就是说，每个线程都包含了运行时所需要的数据或方法，而不需要外部的资源或方法，也不必关心其他线程的状态或行为。但在现实生活中，经常有一些同时运行的线程需要共享数据。此时，就需考虑线程之间的通信问题。必须实时地掌握其他线程的状态和行为，否则就不能保证程序运行结果的正确性。在多个线程通信的过程中，线程之间是相互协调和相互联系的，如果处理不好，有时会带来严重的后果，甚至引发错误。例如，一个银行账户在同一时刻只能由一个用户操作，如果两个用户同时操作这个账户，则很可能产生错误。如何避免上述这种意外情况的发生？如何保证线程在通信过程中是安全的？这时就需要解决线程的互斥和同步问题。

14.4.1　线程的互斥

线程的互斥是指多个线程对线程体执行对象或共享资源的独立的操作，并且这些线程对该对象的操作和修改是有效的。为什么线程之间需要这种互斥操作呢？不妨假设有若干线程共享

某个变量，并且都对该变量进行了修改。如果它们之间不考虑相互协调工作，就会产生混乱。例如，线程 A 和线程 B 共用变量 x，都对 x 执行加 1 操作。由于线程 A 和线程 B 没有协调，两线程对 x 的读取、修改和写入操作会相互交叉，可能两个线程读取同样的 x 值，一个线程将修改后的 x 新值写入 x 后，另一个线程也把自己对 x 修改后的新值写入 x。因此，线程 A 对 x 修改的值被线程 B 所覆盖。

例 14.10　多线程模拟火车站售票过程。程序如下：

```
public class sellTickets implements Runnable{
    private int count = 30;
    public void run(){
        while(true){
            if(count>0){
                System.out.println(Thread.currentThread().getName()+"卖第"+count--+"张票");
                try{
                    Thread.sleep(1000);            //每卖一张，休眠一秒
                }catch(InterruptedException e){
                    e.printStackTrace();
                }
            }
            else{
                break;
            }
        }
    }
}
public class Example14_10{
    public static void main(String[] args){
        //新建一个售票类对象
        sellTickets st = new sellTickets();
        //构建 3 个线程模拟 3 个售票口卖票
        Thread t1 = new Thread(st,"售票口 1");
        Thread t2 = new Thread(st,"售票口 2");
        Thread t3 = new Thread(st,"售票口 3");
        t1.start();
        t2.start();
        t3.start();
    }
}
```

程序运行结果如下：

```
售票口 3 卖第 28 张票
售票口 2 卖第 29 张票
售票口 1 卖第 30 张票
售票口 3 卖第 27 张票
售票口 2 卖第 26 张票
```

```
售票口 1 卖第 25 张票
售票口 3 卖第 24 张票
售票口 2 卖第 23 张票
售票口 1 卖第 22 张票
售票口 3 卖第 21 张票
售票口 2 卖第 21 张票
售票口 1 卖第 20 张票
售票口 2 卖第 18 张票
售票口 3 卖第 19 张票
售票口 1 卖第 17 张票
售票口 3 卖第 15 张票
售票口 1 卖第 14 张票
售票口 2 卖第 16 张票
售票口 3 卖第 13 张票
售票口 1 卖第 12 张票
售票口 2 卖第 11 张票
售票口 3 卖第 10 张票
售票口 1 卖第 9 张票
售票口 2 卖第 8 张票
售票口 3 卖第 7 张票
售票口 1 卖第 6 张票
售票口 2 卖第 5 张票
售票口 3 卖第 4 张票
售票口 1 卖第 3 张票
售票口 2 卖第 2 张票
售票口 3 卖第 1 张票
```

从以上结果可以发现，程序运行时，出现了两个售票口同时卖同一张票的错误情况（售票口 2 和售票口 3 同时卖了第 21 张票），且票的序号出现了混乱。造成这种现象的原因是多个线程取得的是同一个值（票的数量），各自修改并存入，因为线程在执行过程中不同步，所以最后一次修改记录将前面的修改值全部覆盖，导致两个售票口卖同一张票。解决此问题的办法是保证多个线程逐个使用共享变量（互斥性），即某个线程在使用共享变量时，应使其他线程先暂时等待，等待正在使用共享变量的线程使用结束后，再让正在等待的其他线程中的某一个使用共享变量，其他线程继续等待。

被多线程互斥地使用的共享资源的程序段在操作系统中被称为临界段。临界段是一种加锁机制的程序段，与多线程共享资源有关。临界段的作用是，在任何时刻，一个共享资源只能供一个线程使用。当资源未被占用时，线程可以进入处理这个资源的临界段，从而得到该资源的使用权；当线程执行完毕，便退出临界段。如果一个线程已进入某个共享资源的临界段，并且还未使用结束，则其他线程必须等待。

Java 提供了锁机制来实现线程的互斥。锁机制的原理是每个线程在进入临界段之前获得锁，否则不能进入临界段，并且在退出临界段之前必须释放该锁，这样就解决了多个线程竞争共享资源的问题，达到线程同步的目的。在 Java 中，锁机制的实现方法是在临界段之前加入 synchronized 关键字。在一个类中，使用关键字 synchronized 声明的方法为同步方法。当多个线程同时访问同一个对象时，只有取得锁的线程才能进入同步方法，其他访问共享对象的线程停留在此对象中等待。当某一个等待线程取得锁时，它将执行同步方法，而其他没有取得锁的线程仍然继续等待获得锁。

同步方法的声明格式如下：

```
访问控制符 synchronized 类型名称 方法名称(参数列表)
{
…
}
```

除了将方法声明为同步方法来保证线程同步，也可以将程序中的语句块声明为同步语句块。这样一来，在同一时间，最多只有一个线程执行该语句块。同步语句块的声明格式如下：

```
synchronized(同步对象)
{
  //需要同步的代码
}
```

此外，synchronized 关键字还可以用于定义类的属性，指出类中的所有方法都是同步的。

例 14.11 使用锁机制 synchronized 关键字，改进例 14.10 的程序，使其能正确售票。程序如下：

```
public class sellTickets1 implements Runnable{
  private int count = 30;
  public void run(){
    while(true){
      synchronized (this){          //申请当前 sellTickets 对象的锁
        if(count>0){
          System.out.println(Thread.currentThread().getName()+"卖第"+count--+"张票");
          try{
            Thread.sleep(1000); //每卖一张，休眠一秒
          }catch(InterruptedException e){
            e.printStackTrace();}
          }
        else{
          break;
        }
        }
      }
    }
}
public class Example14_11{
    public static void main(String[] args){
        //新建一个售票类对象
        sellTickets1 st = new sellTickets1();
        //构建 3 个线程模拟 3 个售票口卖票
        Thread t1 = new Thread(st,"售票口 1");
        Thread t2 = new Thread(st,"售票口 2");
        Thread t3 = new Thread(st,"售票口 3");
        t1.start();
```

```
        t2.start();
        t3.start();
    }
}
```

程序运行结果如下：

```
售票口 1 卖第 30 张票
售票口 1 卖第 29 张票
售票口 1 卖第 28 张票
售票口 1 卖第 27 张票
售票口 1 卖第 26 张票
售票口 1 卖第 25 张票
售票口 1 卖第 24 张票
售票口 1 卖第 23 张票
售票口 1 卖第 22 张票
售票口 1 卖第 21 张票
售票口 1 卖第 20 张票
售票口 1 卖第 19 张票
售票口 1 卖第 18 张票
售票口 1 卖第 17 张票
售票口 1 卖第 16 张票
售票口 1 卖第 15 张票
售票口 3 卖第 14 张票
售票口 3 卖第 13 张票
售票口 3 卖第 12 张票
售票口 3 卖第 11 张票
售票口 3 卖第 10 张票
售票口 3 卖第 9 张票
售票口 3 卖第 8 张票
售票口 3 卖第 7 张票
售票口 3 卖第 6 张票
售票口 3 卖第 5 张票
售票口 3 卖第 4 张票
售票口 3 卖第 3 张票
售票口 3 卖第 2 张票
售票口 3 卖第 1 张票
```

从以上结果可以看出，不再出现两个售票口卖同一张票的情况。在例 14.11 中，将需要互斥的语句段放入 synchronized(object){} 语句块中。此时，各售票口在售票的过程中通过给同一个对象加锁来实现对该对象的互斥操作，从而保证线程能同步执行。

14.4.2　线程的同步

多线程的执行往往需要相互之间的配合，为了能更有效地协调不同线程的工作，需要在线程间建立沟通渠道。显然，要实现这一点，仅依靠互斥机制是不够的，还需要线程之间的“对话”来解决线程间的同步问题。Object 类的 wait( )、notify( )等方法为线程间的通信提供了有效手段。表 14.2 列出了这些 Object 类的常用方法。

表 14.2　Object 类的常用方法

方法名	功能说明
public final void wait( )	如果一个正在执行同步代码的线程 A 调用了 wait( )（在对象 x 上）方法，则该线程暂停执行而进入对象 x 的等待池，并释放已获得的对象 x 的锁。线程 A 要一直等到其他线程在对象 x 上调用 notify( )或 notifyAll( )方法，才能够重新对对象加锁并继续执行线程
public final void notify( )	唤醒该资源等待池中的某一个线程，具体会唤醒哪个线程则无法确定
public final void notifyAll( )	唤醒该资源等待池中的所有线程

在线程的同步与互斥问题上，生产者与消费者是一个很好的线程通信的例子。生产者不断循环地生产资源，消费者则不断地消费生产者生产的资源。两者之间的关系可以很清楚地说明，必须先有生产者生产资源，才能有消费者消费资源。因此，程序必须保证在消费者消费之前，有资源生产出来，否则消费者必须等待产生新的资源。为了更好地刻画“生产者-消费者”模型，可以进一步将该模型细化为“生产者-消费者-仓库”模型，其中仓库是存放资源的容器。对于此模型，应该明确以下几点。

(1) 生产者仅在仓库未满时生产，仓库满则停止生产。

(2) 消费者仅在仓库里有产品时才能消费，仓库空则等待。

(3) 当消费者发现仓库里没产品可消费时，会通知生产者开始生产。

(4) 生产者在生产出可消费的产品时，应该通知等待的消费者去消费。

为了解决生产者和消费者之间的矛盾，引入了“等待/通知”(wait/notify) 机制。该机制使用wait( )方法，通知消费生产使用 notify( )或 notifyAll( )方法。

例 14.12　分别定义仓库类、生产者类、消费者类，以及测试类，模拟整个生产、存储和消费的过程。

定义仓库类程序如下：

```
public class Container {                        //储存资源的仓库类
    public static final int max_size = 100;     //最大库存量
    public int curnum;                          //当前库存量
    Container( ) {
    }
    Container( int curnum) {
        this. curnum = curnum;
    }
//生产指定数量的产品
public synchronized void produce( int neednum) {
    //测试是否需要生产
    while( neednum+curnum>max_size) {
        System. out. println( "生产产品数量"+ neednum+"超过仓库剩余空间
```

```
                        "+(max_size- curnum)+",暂不能执行生产任务!");
        try{
            wait();                                  //当前的生产线程等待
        }catch (InterruptedException e){
            e. printStackTrace();
        }
    }
    //满足生产条件，则进行生产
    curnum+= neednum;
    System. out. println("已经生产了"+neednum+"个产品,现仓储量为"+curnum);
    notify();                                        //唤醒在此对象监视器上等待的所有线程
}
//消费指定数量的产品
public synchronized void consume(int neednum){       //测试是否可消费
    while (curnum<neednum){
        System. out. println("消费量"+neednum+"多于库存量"+curnum+",暂时不能消费!");
        try{
            wait();                                  //当前的生产线程等待
        }catch(InterruptedException e){
            e. printStackTrace();
        }
    }
    //满足消费条件，则进行消费，这里简单地更改当前库存量
    curnum- = neednum;
    System. out. println("已经消费了"+neednum+"个产品,现仓储量为"+curnum);
    notify();                                        //唤醒在此对象监视器上等待的所有线程
  }
}
```

定义生产者类程序如下：

```
public class Producer extends Thread{
    private int neednum;                         //生产产品的数量
    private Container container;                 //仓库
    Producer(int neednum,Container container){
        this. neednum = neednum;
        this. container = container;
    }
    public void run(){                           //生产指定数量的产品
        container. produce(neednum);
    }
}
```

定义消费者类程序如下：

```
public class Consumer extends Thread{
    private int neednum;                    //生产产品的数量
    private Container container;            //仓库
    Consumer( int neednum,Container container) {
        this. neednum = neednum;
        this. container = container;
    }
    public void run( ) {
        container. consume( neednum);       //消费指定数量的产品
    }
}
```

定义测试类程序如下：

```
public class Example14_12{
    public static void main( String[] args) {
        Container godown = new Container( 30);
        //创建对应的生产者和消费者
        Consumer c1 = new Consumer( 60, godown);
        Consumer c2 = new Consumer( 20, godown);
        Consumer c3 = new Consumer( 10, godown);
        Producer p1 = new Producer( 10, godown);
        Producer p2 = new Producer( 10, godown);
        Producer p3 = new Producer( 20, godown);
        Producer p4 = new Producer( 10, godown);
        Producer p5 = new Producer( 10, godown);
        Producer p6 = new Producer( 40, godown);
        //启动生产者和消费者线程
        c1. start( );
        c2. start( );
        c3. start( );
        p1. start( );
        p2. start( );
        p3. start( );
        p4. start( );
        p5. start( );
        p6. start( );
    }
}
```

程序运行结果如下：

```
消费量 60 多于库存量 30,暂时不能消费!
已经生产了 40 个产品,现仓储量为 70
已经生产了 10 个产品,现仓储量为 80
```

```
已经生产了10个产品,现仓储量为90
已经生产了10个产品,现仓储量为100
生产产品数量20超过仓库剩余空间0,暂不能执行生产任务!
生产产品数量10超过仓库剩余空间0,暂不能执行生产任务!
已经消费了10个产品,现仓储量为90
已经消费了20个产品,现仓储量为70
已经生产了10个产品,现仓储量为80
已经生产了20个产品,现仓储量为100
已经消费了60个产品,现仓储量为40
```

结合程序可以看出，消费者调用消费方法时，由于库存量不满足消费需求，因此消费者处于等待状态，此时唤醒生产者线程。生产者生产产品后，消费者进行消费。当生产的产品数量小于消费者消费的产品数量时，消费者处于等待状态，生产者继续生产产品，直至可以满足消费者的消费需求。如此迭代往复，直至程序运行结束。

本章小结

（1）进程是一个正在执行的程序，是计算机中正在运行的程序实例。线程是进程的组成部分，是进程中某个单一顺序的控制流。

（2）线程的状态分为新建、就绪、运行、阻塞和死亡状态。线程的优先级共有10级，从1到10，数值越大优先级越高，获得的运行机会越多。

（3）线程的创建方法有两种：一种是创建一个线程类继承 Thread，另一种是直接实现 Runnable 接口。

（4）线程的休眠。sleep( )方法可以让线程休眠指定的时长，待指定时间到达之后，该线程就会苏醒，并进入就绪状态等待执行。yield( )方法可以使当前正在运行的线程放弃 CPU 资源，回到就绪状态，进而使其他线程有进入运行状态的机会。但是，使用该方法让线程放弃 CPU 资源的操作不一定成功。

（5）线程的中断。stop( )用于直接终止线程；suspend( )用于阻塞线程，直到另一个线程调用 resume( )方法恢复线程。但一般不建议使用两个方法，因为 suspend( )方法经常会导致死锁，而 stop( )方法是不安全的，它将终止所有未结束的方法。interrupt( )方法改变的是线程的状态，状态改变后导致的结果是无法确定的。

（6）其他线程加入。当一个线程在运行过程中需要中断，加入另一个线程，并且必须等待加入的线程执行完毕才恢复执行时，可以使用 join( )方法。使用 join( )方法可以达到将两个线程合并的效果。

（7）线程的通信解决的是一些同时运行的线程需要共享数据进行操作时产生的问题。

线程的互斥保证了多个线程对共享资源的独立操作，使各个线程对该对象的修改或操作是有效的。Java 提供了锁机制来实现线程的互斥，其原理是在临界段之前加入 synchronized 关键字。

当多个线程同时访问同一个对象时，只有取得锁的线程才能进入同步方法，其他访问共享对象的线程停留在此对象中等待。当某一个等待线程取得锁时，它将执行同步方法，而其他没有取得锁的线程仍然继续等待获得锁。

线程的同步关注的是多线程之间有效、协调的交互和通信。Object 类的 wait( )、notify( )、notifyAll( )方法为线程间的通信提供了有效手段。其中，wait( )方法用于暂停线程执行，从而进入某个对象的等待池，并释放该对象的锁，直至其他线程在对象上调用 notify( )或 notifyAll( )方法，才能够重新对对象加锁并继续执行线程。notify( )方法用于唤醒该资源等待池中的某一个线程，notifyAll( )方法用于唤醒该资源等待池中的所有线程。

习题 14

简答题

14.1　简述进程和线程的联系和区别。

14.2　线程有哪 5 个基本状态？它们之间是如何转化的？

14.3　引起线程状态改变的主要原因是什么？

14.4　简述引起线程死锁的原因以及应该如何避免死锁的发生。

探究题

14.5　创建线程的两种方式分别是什么？各有什么优缺点？

14.6　简述 sleep( )和 wait( )方法有什么区别。

程序设计题

14.7　编写 Java 程序实现以下功能：一个线程类实现大写字符输出，一个线程类实现小写字符输出。

14.8　编写 3 个 Java 线程，用 wait( )和 notify( )方法实现依次输出 a、b、c 各 10 次。

团队项目

14.9　组建 2~4 人团队，编写多线程程序，实现银行账户的存、取款过程。

扩展阅读

二维码 14　并发编程之操作系统的发展史

扩展练习

(1) 为什么要在多线程中引入同步机制?

(2) 编程实现两个独立的线程 A、线程 B 分别运行 10 次。线程 A 执行时显示“我一边听歌，一边学 Java”，线程 B 执行时显示“我一边上网，一边看电影”。线程 A、线程 B 在每次显示完后会休眠 2 秒，分别用 Runnable 接口和 Thread 类来实现。

实验 14

实验 14.1　银行存、取款业务

实验 14.2　猜数字游戏

第 15 章　网络编程

【本章导读】

网络编程是指编写运行在多个经由网络连接起来的终端上的程序。网络编程的核心是通过程序设计语言实现网络通信，具体表现为实现客户端和服务器端的通信，并且这种通信是支持多客户的。分段网络通信协议是实现网络编程的基础，其中最主要的是 TCP/IP 协议簇。在这个多层结构的协议簇中，与编程密切相关的是 TCP 和 UDP。Java 使用基于套接字（Socket）的网络通信方式实现客户端与服务器端的通信。Java 通过 java. net 包实现 3 种网络通信模式：URL 通信、TCP 套接字通信和 UDP 数据报通信。实现网络通信的基本步骤分为建立连接、实现通信、关闭连接、处理信息等。网络编程考察的是读者的程序设计综合能力，要求既要了解网络通信的基本知识，又要掌握程序设计语言中网络编程相关的知识。

【本章思维导图】

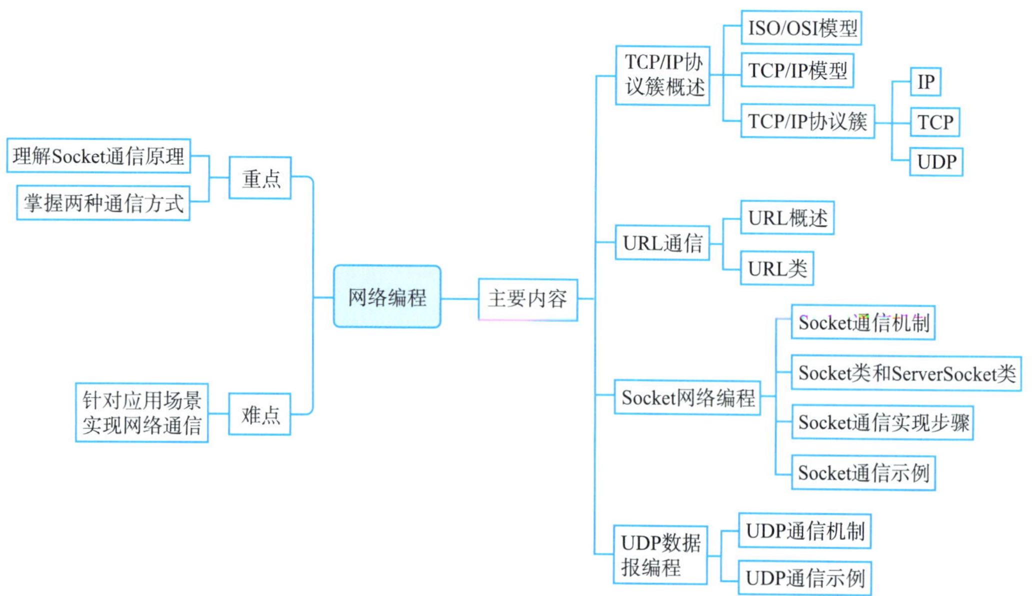

15.1 TCP/IP 协议簇概述

烽火狼烟是中国古代为实现在辽阔国土上紧急传递军事情报而采用的办法。当边疆某处有战事发生时，位于第一线的传令兵就点燃狼烟，而看到信号的相关军事单位则作出预定的应敌反应。狼烟代表战争，这种发信方和收信方的“默契”（或称“约定”），以及双方围绕信息传递而设置的机构、体系、相关规范等，都说明达成良好的通信共识与协议是必不可少的。在计算机网络通信中，各种通信模型和协议就类似于这里提到的共识与协议。

15.1.1 ISO/OSI 模型

在计算机网络诞生之初，每个计算机厂商都有一套自己的网络体系结构，它们之间互不相容。为推动计算机网络通信发展，国际标准化组织（International Organization for Standardization，ISO）在 1978 年提出了一个网络体系结构模型——开放系统互联（Open System Interconnection，OSI）参考模型，简称 OSI 模型，它定义了连接异种计算机的标准框架。OSI 模型包括 7 层结构，通过这 7 层结构，使网络中不同计算机之间信息交换的方式标准化。OSI 模型的定义和功能是网络技术的理论基础，也是评判、分析各种网络技术的依据。只要遵循 OSI 标准，一个系统可以和位于世界上任何地方的同样遵循 OSI 标准的任何系统进行连接。OSI 模型的层次结构如图 15.1 所示。

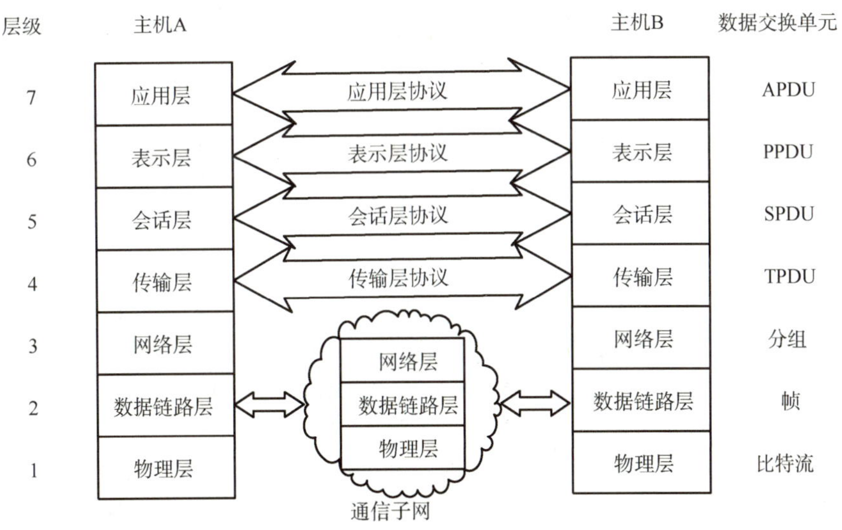

图 15.1 OSI 模型的层次结构

OSI 模型中各层的功能如下。

（1）物理层定义了网络的物理结构，即定义了网络传输中的建立、维护、断开物理链路所应具备的机械、电气以及功能特性，其工作包括线路配置、确定数据传输模式、确定信号形式、对信号进行编码、连接传输介质等。

（2）数据链路层保证传输具有可靠的信道。在这一层，数据位会组合为帧，在传输链路上进行点到点帧传输，并进行差错控制、流量控制等。

（3）网络层控制通信子网的运行，在源节点到目的节点之间进行路由选择、拥塞控制、顺序控制、传送包、保证报文正确性等工作。

（4）传输层提供端到端之间的可靠传输，同时保证报文的顺序正确性以及数据的完整性。

（5）会话层建立通信进程的逻辑名与物理名之间的联系，提供进程之间建立、维护和终止会话的方法，处理同步与恢复问题。

（6）表示层实现数据转换，主要包括格式转换、压缩和加密等功能，提供标准应用接口、公用通信服务、公共数据表示方法等。

（7）应用层提供对用户不透明的其他服务，如 E-Mail 服务。

15.1.2 TCP/IP 模型

古语有云："大道不孤，德必有邻。" OSI 模型因其理论完善、逻辑清晰而成为标准（或参照）理论网络体系模型，但它并不是唯一的，甚至不是实际使用最广的网络体系模型。1969 年，TCP/IP 模型产生，并经过 20 多年的发展而逐渐成熟。目前，TCP/IP 模型被广泛使用于局域网和广域网中，早已成为事实上的国际标准的网络体系模型。TCP/IP 模型的层次结构如图 15.2 所示。

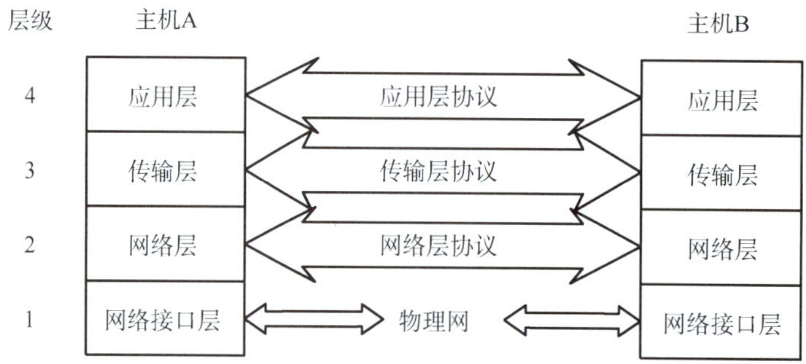

图 15.2 TCP/IP 模型的层次结构

TCP/IP 模型从高到低分为应用层、传输层、网络层和网络接口层，每一层的功能如下。

（1）应用层位于模型最高层，在这一层中，用户调用应用程序来访问 TCP/IP 网络，以享受网络上提供的各种服务。应用程序负责接收和发送数据，它们选择所需要的传输服务类型，并把数据按照传输层的要求组织好，再向下层传递。传输的数据包括独立报文序列和连续字节流两种类型。

（2）传输层主要提供各个应用程序之间的端到端通信服务。传输层提供可靠的传输服务，让接收数据方回送确认信息，并让发送方重发丢失的数据分组。传输层与网络层之间传递的对象是传输层分组。

（3）网络层又称 IP 层，负责处理机器之间的通信。网络层接收传输层的请求，传输某些有目的地址信息的分组。

（4）网络接口层又称数据链路层，负责接收 IP 数据报，并将数据报通过选定的网络发送出去。

OSI 模型与 TCP/IP 模型的对比如表 15.1 所示。

表 15.1　OSI 模型与 TCP/IP 模型的对比

相同点	(1) 都是层次结构； (2) 都是基于协议栈的概念； (3) 实现的功能大体相似，两种模型传输层以上的各层都用于实现通信进程，提供点到点的、与网络无关的传输服务
不同点	(1) TCP/IP 模型以 IP 为核心，一开始就支持异构网络连接，而 OSI 模型最初仅支持一种标准公共网连接各种系统； (2) TCP/IP 模型一开始就提供面向连接和无连接服务，而 OSI 模型最初只强调面向连接服务； (3) OSI 模型对服务和协议做了特别清晰的区别，而 TCP/IP 模型并没有这样做

综上所述，两个模型都并非完美。OSI 模型在制定时考虑的方面比较多，但是缺少了重要的 IP 和对于无连接服务的支持。另外，OSI 模型的网络管理功能过于复杂，这也影响了厂商对它的支持。TCP/IP 模型虽然不如 OSI 模型精致，但是它早早进入实践，并不断积累经验，得以完善，从而得到了广大厂商的支持，并获得了广泛的使用，成为事实上的国际标准的网络体系模型。

15.1.3　TCP/IP 协议簇

TCP/IP 协议簇是一个由多个协议组成的协议簇，这些协议对应着 TCP/IP 模型不同层次上的各种功能。TCP/IP 模型好比一个规划好布局的衣柜，规定了其中的不同隔间对应存放四季衣物、不同场合衣物等，而 TCP/IP 协议簇就相当于这些物品。OSI 模型、TCP/IP 模型和 TCP/IP 协议簇三者的对比如图 15.3 所示。

OSI模型	TCP/IP协议簇					TCP/IP模型
应用层 表示层 会话层	文件传输协议FTP	远程登录协议Telnet	电子邮件应用协议SMTP	网络文件服务协议NFS	网络管理协议SNMP	应用层
传输层	TCP			UDP		传输层
网络层	IP	ICMP	ARP	RARP		网络层
数据链路层 物理层	Ethernet IEEE 802.3	FDDI	Token-Ring/IEEE 802.5	ARCnet	PPP/SLIP	网络接口层 硬件层

图 15.3　OSI 模型、TCP/IP 模型和 TCP/IP 协议簇三者的对比

在 TCP/IP 协议簇中，与网络编程密切相关的协议主要有 IP、TCP 和 UDP。

1. IP

IP 位于网络层，它的主要功能有以下 4 点：将上层数据（如 TCP、UDP 数据）或同层数据封装到 IP 数据报中；将 IP 数据报传送到最终目的地；将数据进行分段，以便于在数据链路层进行传输；确定数据报到达其他网络中的目的地的路径。

遵循 IP 协议的软件工作流程如下。

（1）发送数据时，确认目标计算机 IP 与源计算机 IP 是否在同一网络中：如果在同一网络中，则 IP 软件启动直达通信；如果不在同一网络中，则 IP 必须通过网关（或路由器）进行通信；源计算机 IP 完成了数据报的准备工作后，将数据报传递给网络接口层，由网络接口层完成数据帧传输至目标计算机的任务。

（2）接收数据时，数据抵达目标计算机前，首先由网络接口层接收该数据，并检查数据帧有无错误。假如接收的数据帧准确无误，网络接口层便从数据帧的其余部分中提取出有效数据，而后将其传输到帧层次类型域指定的协议。

二维码 15 “3 次握手”简介

IP 下的服务通常是无连接的和不可靠的。这里的“无连接”指的是没有确定接收方做好接收准备的情况就发送数据。它的对立面是“面向连接”的传输，这种传输在源计算机和目标计算机之间建立通信时必须进行“3 次握手”。所谓不可靠的服务指的是目标计算机不对成功接收的分组进行确认，IP 只负责数据的成功传输，而不涉及数据到达后的排列整理。

2. TCP

TCP 是整个 TCP/IP 协议簇中最为重要的协议之一。它的全称是传输控制协议（Transmission Control Protocol），位于传输层。TCP 在 IP 提供服务的基础上为后续应用提供了一种可靠的、面向连接的、全双工、面向字节流的数据传输协议。

TCP 采用“3 次握手”方式实现面向连接的服务，即在源计算机需要与目标计算机通信时，目标计算机必须同意才可以开始传输。TCP 采用重发技术来实现数据传输的可靠性。具体来说，就是在 TCP 传输数据时，发送方先启动一个计时器后将数据包发出，当接收方收到数据包后，给发送方传输一个确认信息，假如在定时器到点后仍然没有接收到这个确认信息，则重新发送这个数据包。

TCP 的特点如下。

（1）面向连接。发送数据之前必须在两端建立连接，建立连接的方法是“3 次握手”，这样能建立可靠的连接。建立连接为数据的可靠传输打下了基础。

（2）仅支持单播。每条 TCP 传输连接只能有两个端点，只能进行点对点的数据传输，不支持多播和广播传输方式。

（3）面向字节流。TCP 在不保留报文边界的情况下以字节流方式进行传输，具体是从发送缓存中提取一定数量的字节，构建 TCP 报文段并发送。TCP 面向字节流是 TCP 实现可靠传输、流量控制，以及拥塞控制的基础。

（4）可靠传输。TCP 为了保证报文传输的可靠，会给每个包一个序号，序号保证了传输到接收端的包的按序接收。接收端对已成功收到的字节发回一个相应的确认（ACK），如果发送端在合理的往返时延（Round-Trip Time，RTT）内未收到确认，那么对应的数据（假设丢失了）将会被重传。

（5）支持拥塞控制。当网络出现拥塞的时候，TCP 能够降低和减少向网络注入数据的速率和数量，缓解拥塞。

3. UDP

UDP 经常拿来与 TCP 进行对比，它是一种不可靠的、无连接的协议，在 OSI 模型中位于第 4 层——传输层，在 IP 的上一层。UDP 的全称为用户数据报协议（User Datagram Protocol）。UDP 不提供数据包的分组、组装，因而无法对数据包进行排序，当报文发送之后，是无法得知其是否安全完整到达的。

按照 UDP 发送数据时，源主机在应用层将数据报文传递给传输层的 UDP，UDP 直接给这个报文添加一个 UDP 首部，使之成为 UDP 用户数据报，然后传递给网络层。在接收端，网络层将数据传递给传输层，UDP 只去除其首部就传递给应用层，不会进行任何拼接操作。

UDP 的特点如下。

（1）面向无连接。UDP 不需要和 TCP 一样在发送数据前进行“3 次握手”建立连接，可以直接开始发送数据。协议也仅负责传输数据报文，并不会对数据报文进行任何拆分和拼接操作。

（2）支持单播、多播、广播传输。区别于 TCP 仅支持一对一的单播传输方式，UDP 还支持一对多、多对多、多对一的传播方式，即 UDP 提供单播、多播、广播的功能。

（3）面向报文。发送方的 UDP 对应用层交下来的报文，在添加首部后就向下交付给网络层。UDP 对应用层交下来的报文不做其他操作，保留这些报文的边界。

（4）不可靠传输。UDP 通信不需要确认建立连接，也不关心对方是否正确收到数据。此外，UDP 也没有拥塞控制，在网络条件不好的情况下可能会导致丢包。其优点也很明显，在某些实时性要求高的场景中就需要使用 UDP 而不是 TCP。

15.2　URL 通信

15.2.1　URL 概述

URL（Uniform Resource Locator）是统一资源定位器的简称，它标示着网络（互联网或局域网）上的资源位置，资源可以是文件、目录、对象等。URL 俗称网址，它由若干部分构成，一个完整的网址格式为“<协议>://<域名或 IP>:<端口>/<路径>”，例如：

```
http://www. example. com:80/index. html
```

一般来说，URL 通信在确定传输协议时都已经规定好了通信端口，例如 HTTP 默认端口号是 80，FTP 默认端口号是 21。URL 在使用默认端口时可以省略端口号，所以 URL 地址中的“<协议>://<域名或 IP>”是必需的，“<端口>/<路径>”有时可省略。

在网络通信中，当两个程序只有地址（Address）和端口（Port）都达成一致时，才能建立连接。两个远程程序在建立连接时，首先需要知道对方的地址或主机名，其次是端口号。地址主要用于区分计算机网络中的各台计算机，就像快递物流中通过地址确定目的地，而端口号则如同联系号码，同一个地址可以采用多个联系号码，但只有当地址和联系号码都确定时才能确保将快递传送到位。在计算机网络中，具备一个地址的计算机可以通过不同的端口来与其他计算机进行通信。在 TCP 中，端口号为 0~65 535。其中，0~1 023 被已有通信服务占用。因此，在访问其他服务（如自己开发的程序等）时，应该使用 1 024~65 535 这些端口号进行通信。

URL 通信的过程（以 HTML 文件为例）为在客户端（浏览器）中输入 URL，确定后便会在浏览器中观察到页面内容。具体过程如下。

（1）浏览器向网站所在的服务器发送了一个 Request（请求）。

（2）网站服务器接收到这个 Request 之后进行处理和解析。

（3）然后网站服务器返回对应的一个 Response（响应）给浏览器，Response 中包含了页面的源代码等内容。

（4）浏览器对其进行解析，网页便呈现了出来。

15.2.2 URL 类

Java 实现 URL 网络编程主要通过 java.net 包中的 URL 类实现。通过 URL 类可以获取 URL 的相关信息，如主机名、协议名等。此外，还可以通过 URL 类访问网上资源。

1. 创建 URL 对象

URL 类的构造方法有以下 4 种。

- public URL(String spec)：使用 URL 形式的字符串 spec 创建一个 URL 对象。如果 spec 中使用的协议是未知的，则抛出 MalformURLException 异常，在创建 URL 对象时必须捕捉这个异常。创建对象示例代码如下：

```
URL file = new URL("http://www.example.com/index.html")
```

这种以完整 URL 形式的 spec 创建的对象称为绝对 URL，这种对象已经具有访问该 URL 的全部信息。

- public URL(URL context,String spec)：用于创建相对 URL 对象。第一个参数 context 是一个 URL 对象，用作参照位置。第二个参数 spec 是描述文件的字符串。创建对象示例代码如下：

```
URL base = new URL("file:\\c:\BASE\test.txt")
URL file = new URL(base,"file.txt")
```

在上述代码中，file 是相对于 base 的 URL 对象。Java 编译器在使用 file 时会根据对象 base 查找 file.txt 文件的位置。本地主机的位置是 c:\BASE\，则对象 file 指向的资源位于 c:\BASE\file.txt。

- public URL(String protocol,String host,String file)：使用指定的 URL 协议名（参数 protocol）、主机名（参数 host）和文件名（参数 file）创建 URL 对象，端口为默认值。创建对象示例代码如下：

```
URL file = new URL("http","www.example.com","index.html")
```

- public URL(String protocol,String host,int port,String file)：该方法是对第 3 种方法的扩充，与其相比增加了一个指定端口号的参数 port。

2. 常用成员方法

创建 URL 对象后，可以使用 URL 类的成员方法对创建的对象进行处理。URL 类的常用成员方法如表 15.2 所示。

表 15.2 URL 类的常用成员方法

成员方法名	功能说明
public String getProtocol()	获取该 URL 对象的协议名
public String getHost()	获取该 URL 对象的主机名
public int getPort()	获取该 URL 对象的端口号，如果没有设置端口，则返回-1
public String getFile()	获取该 URL 对象的文件名
public String getRef()	获取该 URL 对象的参考 URL
public String getQuery()	获取该 URL 对象的查询信息

续表

成员方法名	功能说明
public String getPath( )	获取该 URL 对象的路径
public String getAuthority( )	获取该 URL 的权限信息
public String getUserInfo( )	获得使用者的信息
public URLConnection openConnection( )	返回一个 URLConnection 对象，可用于连接
public InputStream openStream( )	打开 URL，将其中信息以 InputStream 形式返回

3. 使用 URL 类访问网络资源

例 15.1 获取某个 URL 地址的相关信息。程序如下：

```
import java. net. * ;
import java. io. * ;


public class URLInformation{
    public static void main( String [] args) {
        try{
            URL url = new URL( "http://www. baidu. com/index. html? language = cn");
            System. out. println( "URL 为：" + url. toString( ) );
            System. out. println( "协议为：" + url. getProtocol( ) );
            System. out. println( "验证信息：" + url. getAuthority( ) );
            System. out. println( "文件名及请求参数：" + url. getFile( ) );
            System. out. println( "主机名：" + url. getHost( ) );
            System. out. println( "路径：" + url. getPath( ) );
            System. out. println( "端口：" + url. getPort( ) );
            System. out. println( "默认端口：" + url. getDefaultPort( ) );
            System. out. println( "请求参数：" + url. getQuery( ) );
            System. out. println( "定位位置：" + url. getRef( ) );
        }catch( IOException e) {
            e. printStackTrace( );
        }
    }
}
```

程序运行结果如下：

```
URL 为：http://www. baidu. com/index. html? language = cn
协议为：http
验证信息：www. baidu. com
文件名及请求参数：/index. html? language = cn
主机名：www. baidu. com
路径：/index. html
端口：- 1
默认端口：80
```

```
请求参数:language = cn
定位位置:null
```

例 15.2 使用成员方法 openStream( )获取网络上指定 URL 的信息。程序如下:

```
import java.net.*;
import java.io.*;

public class UrlStream1 {
public static void main(String [] args)
{
  try
  {
   URL url = new URL("http://www.baidu.com/index.html? language = cn");
   InputStream in = url.openStream();                    //打开 URL,获取数据流
   InputStreamReader ins = new InputStreamReader(in);
   BufferedReader br = new BufferedReader(ins);           //包装并处理信息
   String str = null;
   while((str = br.readLine())!= null){                  //成功获取资源并输出
     System.out.println(str);
   }
   br.close();
   }catch(IOException e)
   {
      e.printStackTrace();
   }
}
}
```

程序运行结果如图 15.4 所示。

```
<!DOCTYPE html>
<!--STATUS OK--><html> <head><meta http-equiv=content-type content=text/html;
ge><meta content=always name=referrer><link rel=stylesheet type=text/css href
le>百度一下，你就知道</title></head> <body link=#0000cc> <div id=wrapper> <di
class=s_form_wrapper> <div id=lg> <img hidefocus=true src=//www.baidu.com/img
e=f action=//www.baidu.com/s class=fm> <input type=hidden name=bdorz_come val
dden name=f value=8> <input type=hidden name=rsv_bp value=1> <input type=hidd
idu><span class="bg s_ipt_wr"><input id=kw name=wd class=s_ipt value maxlengt
n_wr"><input type=submit id=su value=百度一下 class="bg s_btn"></span> </form
me=tj_trnews class=mnav>新闻</a> <a href=http://www.hao123.com name=tj_trhao1
j_trmap class=mnav>地图</a> <a href=http://v.baidu.com name=tj_trvideo class=
 class=mnav>贴吧</a> <noscript> <a href=http://www.baidu.com/bdorz/login.gif?
_come%3d1 name=tj_login class=lb>登录</a> </noscript> <script>document.write(
u='+ encodeURIComponent(window.location.href+ (window.location.search === ""
>登录</a>');</script> <a href=//www.baidu.com/more/ name=tj_briicon class=bri
div id=ftCon> <div id=ftConw> <p id=lh> <a href=http://home.baidu.com>关于百
```

图 15.4　例 15.2 的运行结果

4. 使用 URLConnection 类访问网络资源

采用 openStream( )方法只能单向地读取远程资源，如果想要实现对远程计算机写入信息，则需要用到同样位于 java.net 包中的 URLConnection 类的对象，可以使用 URL 类中的成员方法 openConnection( )返回这样的一个对象。

URLConnection 类是一个抽象类，它的实例可以用来读或写 URL 指向的远程资源。因为服务器可以被远程写入文件是一个明显的安全隐患，所以事实上规定 Java 只能对特定 URL 进行写入操作。这类 URL 就是服务器上的 CGI 程序，其全称是公共网关接口（Common Gateway Interface），它是客户端浏览器与远程服务器之间进行连接通信的接口。

例 15.3　使用 openConnection( )方法和 URLConnection 类获取远程资料。程序如下：

```
import java. net. * ;
import java. io. * ;

public class UrlStream2 {
public static void main( String [] args) {
    try{
       URL url = new URL( "http://www. sina. com");
       URLConnection con = url. openConnection( );            //打开连接并创建 URLConnection 实例
       InputStreamReader ins = new InputStreamReader( con. getInputStream( ) );
       BufferedReader br = new BufferedReader( ins);          //包装并处理信息
       String str = null;
       while( ( str = br. readLine( ) )!= null) {             //成功获取资源并输出
          System. out. println( str);
       }
       br. close( );
    }catch( IOException e) {
          e. printStackTrace( );
    }
}
}
```

程序运行结果如图 15.5 所示。

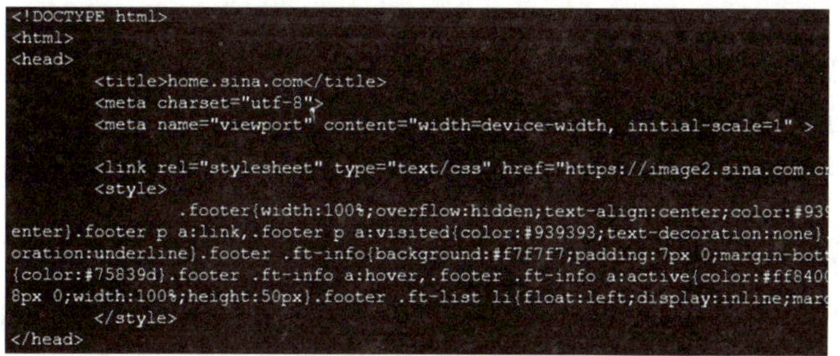

图 15.5　例 15.3 的运行结果

15.3　Socket 网络编程

Socket 指套接字，其本意是“插座”，这个词形象地表示两台计算机上运行的两个程序之间双向链路的端点。Socket 是网络通信中的重要机制。Socket 最初是由加利福尼亚大学伯克利分校为 UNIX/Linux 操作系统开发的网络通信接口。随着 UNIX/Linux 操作系统在服务器领域的广泛使用，Socket 通信成为最流行的通信接口之一。Socket 位置如图 15.6 所示。

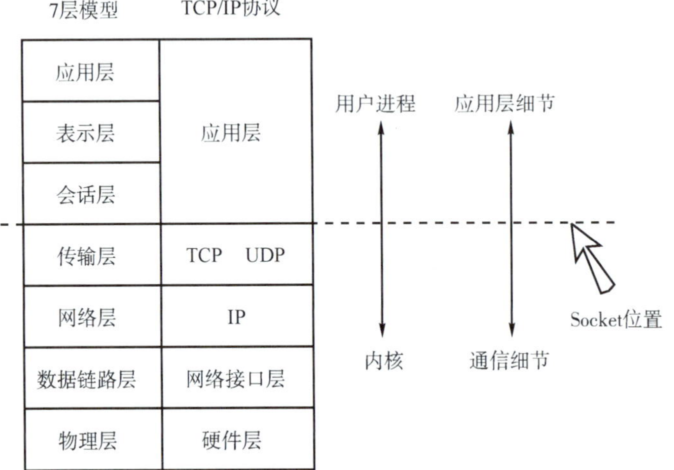

图 15.6 Socket 位置

Socket 是位于应用层和下层 TCP/IP 协议之间的接口，它把位于下层的 TCP/IP 协议封装起来，对上面的应用层开放使用接口。这样使复杂的 TCP/IP 操作对应用透明，实现协议与应用的隔离与联系。Socket 的这种设计在程序设计模式中属于外观模式。

15.3.1 Socket 通信机制

使用 Socket 通信的两个程序分别被称为客户端（Client）和服务器端（Server）。客户端负责申请连接，而服务器端时刻监听所有端口，判断是否有客户端的服务请求。当客户端发送请求之后，服务器在监听端口捕捉到该请求，然后把 Socket 连接到该端口上，这样客户端和服务器端就建立了一个专用的虚拟连接。连接建立之后客户端就可以向 Socket 发送请求，服务器端处理请求并把处理结果通过 Socket 发回客户端。在完成通信之后将建立的连接销毁。

Socket 网络通信主要分为以下 4 个步骤。

（1）建立 Socket 连接。在通信开始之前，由客户端和服务器端相互确认，建立一个专用虚拟连接。

（2）接收请求。服务器端接收监听到的客户端请求。

（3）回应数据。客户端请求经过服务器端处理后，Socket 将处理结果返回客户端。

（4）关闭连接。为避免资源浪费，在通信完成后需要关闭虚拟连接。

URL 通信与 Socket 通信的区别如下：Socket 通信的服务器端不断主动查看端口捕捉客户端请求，而 URL 通信是被动等待客户端的服务请求。在使用 Socket 通信时可以采用多个线程与多个客户端通信，也可以以服务器为中枢实现各个客户端之间的通信，因此 Socket 通信比较适用于一些相对复杂的通信任务，多采用 C/S 架构。URL 通信的服务器端单次只能与一个客户通信，比较适用于 B/S 架构。

15.3.2 Socket 类和 ServerSocket 类

在 Java 中主要通过 java. net 包中的 Socket 类和 ServerSocket 类实现 Socket 网络编程，它们分

别对应客户端和服务器端，其通信过程示意图如图 15.7 所示。

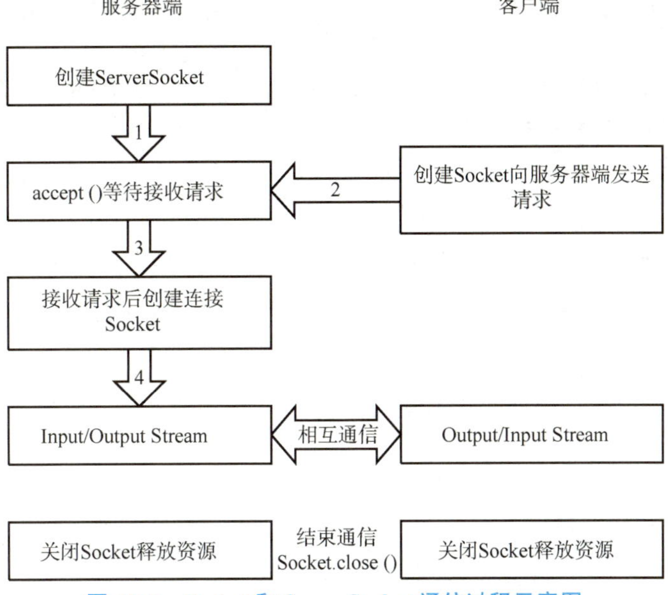

图 15.7 Socket 和 ServerSocket 通信过程示意图

15.3.3 Socket 通信实现步骤

Socket 通信实现步骤如下。

(1) 创建 ServerSocket 和 Socket 对象。ServerSocket 使用 accept( )方法对端口进行监听，客户端申请的端口号必须与服务器端监听的端口号一致。

(2) 处理连接到的 Socket 的输入/输出流。

(3) 按照协议对 Socket 进行读写操作。

(4) 关闭输入/输出流和 Socket 连接。

上述步骤具体实现如下。

1. 创建 ServerSocket 和 Socket 对象

ServerSocket 与 Socket 类的构造方法如表 15.3 所示。

表 15.3 ServerSocket 与 Socket 类的构造方法

方法名	功能说明
protected Socket(InetAddress address,int port)	创建 Socket 对象并将其连接到指定 IP 地址的指定端口号
protected Socket(String host,int port)	创建 Socket 对象并将其连接到指定主机的指定端口号
public ServerSocket(int port)	创建绑定到指定端口的 ServerSocket 对象
public ServerSocket(int port,int backlog)	创建 ServerSocket 对象并将其绑定到指定的本地端口号，并指定最大积压连接数
public ServerSocket (int port, int backlog, InetAddress bindAddr)	创建一个具有指定端口的 ServerSocket 对象，指定监听的最大积压连接数并与本地 IP 地址绑定

在服务器端，建立 ServerSocket 对象以及接收 Socket 对象时都要进行异常处理，例如：

```
ServerSocket server;
Socket socket;
try{
  server = new ServerSocket(8080);
}catch(Exception e){
  System. out. println("Error Happens ! "+ e);
}
try{
  socket = server. accept();              //接收一个被监听到客户端 socket
}catch(Exception e){
  System. out. println("Error Happens ! "+ e);
  }
```

在客户端，建立 Socket 对象时需要进行异常处理，例如：

```
Socket socket;
 try{
  socket = new socket(myhost,8080);
 }catch(Exception e){
  System. out. println("Error Happens ! "+ e);
  }
```

2. 处理连接到的 Socket 的输入输出流

建立 Socket 连接之后，可以使用 Socket 类的 getInputStream()和 getOutputStream()成员方法分别开启向 Socket 对象读和写的输入/输出流。类似于其他输入输出控制，Socket 对象打开输入/输出流也需要进行异常处理，示例代码如下：

```
try{
  InputStream ins = socket. getInputStream();          //获取来自客户端的输入流
  OutputStream outs = socket. getOutputStream();       //封装向客户端发送的输出流
}catch(Exception e){
  System. out. println("Error Happens ! "+ e);
}
```

3. 按照协议对 Socket 进行读写操作

在 Socket 输入/输出流的基础上，进一步建立更便于操作的数据流对象，如 InputStreamReader()、OutputStreamReader()和 PrintStream()等。

对 Socket 输入流进行如下操作：

```
InputStreamReader ind = new InputStreamReader(ins);         //获取来自上一步的输入流
BufferedReader br = new BufferedReader(ind);
PrintStream out = new PrintStream(outs);                    //outs 来自上一步，输出为终端显示
```

4. 关闭输入输出流和 Socket 连接

在通信结束时，必须断开服务器端和客户端两者的 Socket 连接并释放连接所占用的资源。使用 close()成员方法断开连接，示例代码如下：

```
socket.close();           //关闭 Socket 对象
server.close();           //关闭 ServerSocket 对象
```

15.3.4 Socket 通信示例

Socket 通信示例如下。

（1）使用 InetAddress 对象来获取计算机的主机信息。在 Socket 通信中采用 InetAddress 对网络地址（IP、域名等）进行处理，示例代码如下：

```
import java.net.* ;
public class SocketStream {
  public static void main(String[] args){
    try{
      // InetAddress adr = InetAddress.getByName(args[0]);
      InetAddress adr = InetAddress.getByName("www.baidu.com");
      System.out.println("主机名:"+adr.getHostName());
      System.out.println("IP 地址:"+adr.getHostAddress());
    }catch(UnknownHostException e){              //InetAddress 实例对应的主机可能不存在
      System.out.println(e.toString());

    }
  }
}
```

程序运行结果如下：

```
主机名:www.baidu.com
IP 地址:112.80.248.76
```

（2）构建服务器端，包括创建 ServerSocket 对象、开启监听、流处理和关闭连接等内容，示例代码如下：

```
import java.net.* ;
import java.io.* ;
public class ServerNode {
  public static void main(String [] args){
    String msg;                                      //用于保存交流的消息
    try{                                             //注册服务
      ServerSocket server = new ServerSocket(8080);  //创建指定端口号的服务器端套接字
      System.out.println("创建服务器端 socket 对象: "+server);
      Socket socket = server.accept();               //接收一个建立的 Socket 连接
      System.out.println("接收一个来自客户端的 socket: "+socket);
      //处理连接到的 Socket 的输入输出流
      InputStream in = socket.getInputStream();
      OutputStream out = socket.getOutputStream();
      //按照协议对 Socket 进行读写操作
      InputStreamReader isr = new InputStreamReader(in);
```

```
        BufferedReader br = new BufferedReader(isr);
        PrintStream ps = new PrintStream(out);
        InputStreamReader cliisr = new InputStreamReader(System.in);  //封装对客户端输出的数据
        BufferedReader clibr = new BufferedReader(cliisr);
        while(true){
          System.out.println("等待客户端的数据……");
          msg = br.readLine();                                        //客户端传开的消息
          System.out.println("由客户端传来消息:"+msg);
          if (msg.equals("end")) {
            break;                                                    //到达客户端发来消息的末尾
          }
          System.out.println("向客户端发送数据:");
          msg = clibr.readLine();
          ps.println(msg);
          if (msg.equals("end")) {
            break;                                                    //到达传给客户端的消息末尾
          }
        }
        socket.close();
      }catch(Exception e){
      e.printStackTrace();
    }
  }
}
```

（3）构建客户端，包括创建 Socket 对象、向服务器端发送消息、流数据处理、接收服务器端传来的消息并处理等内容，示例代码如下：

```
import java.net.* ;
import java.io.* ;
public class ClientNode {
  public static void main(String [] args){
    String msg;                                          //用于保存交流的消息
    try{                                                 //注册服务
      InetAddress adr = InetAddress.getLocalHost();      //本例 C/S 在一台计算机上，访问本机 IP
      Socket socket = new Socket(adr,8080); //创建客户端 Socket，注意与服务器端开放的端口号一致
      System.out.println("创建客户端 socket: "+socket);
      //处理连接到的 Socket 的输入输出流
      InputStream in = socket.getInputStream();
      OutputStream out = socket.getOutputStream();
      //按照协议对 Socket 进行读写操作
      InputStreamReader isr = new InputStreamReader(in);
      BufferedReader br = new BufferedReader(isr);
      PrintStream ps = new PrintStream(out);
```

```
        InputStreamReader sisr = new InputStreamReader(System.in);  //封装对服务器输出的数据
        BufferedReader sbr = new BufferedReader(sisr);
        while(true){
          System.out.println("向服务器端发送数据:");
          msg = sbr.readLine();                                     //输入要向服务器端发送的数据
          ps.println(msg);                                          //发送数据
          if (msg.equals("end")) {
            break;                                                  //数据发送完毕
          }
          System.out.println("等待服务器端的消息……");
          msg = br.readLine();
          System.out.println("收到服务器端消息:"+msg);
          if (msg.equals("end")) {
            break;                                                  //数据接收完毕
          }
      }
        socket.close();
     }catch(Exception e){
     e.printStackTrace();
     }
   }
}
```

(4) 程序运行，先运行服务器端程序，此时服务器端开始监听端口等待客户端传来的Socket，再运行客户端程序并开始向服务器端发送消息，之后客户端和服务器端开始互动，一个简易的聊天功能就实现了。

服务器端程序的终端显示结果如下：

```
创建服务器端 socket 对象: ServerSocket[addr = 0.0.0.0/0.0.0.0,localport = 8080]
接收一个来自客户端的 socket: Socket[addr = /172.16.36.127, port = 46844, localport = 8080]
等待客户端的数据……
由客户端传来消息:Server 你好! 这里是 Client。
向客户端发送数据:
Client 你好! 请问有什么事吗?
等待客户端的数据……
由客户端传来消息:我想知道你那边现在天气如何?
向客户端发送数据:
我这边晴空万里。你那边呢?
等待客户端的数据……
由客户端传来消息:我这边也是。回见。
向客户端发送数据:
回见。
等待客户端的数据……
由客户端传来消息:end
```

客户端程序的终端显示结果如下：

```
创建客户端 socket:
Socket[addr = dcs- ae3a5366- 0/172. 16. 36. 127, port = 8080, localport = 46844]
向服务器端发送数据:
Server 你好！这里是 Client。
等待服务器端的消息……
收到服务器端消息:Client 你好！请问有什么事吗?
向服务器端发送数据:
我想知道你那边现在天气如何?
等待服务器端的消息……
收到服务器端消息:我这边晴空万里。你那边呢?
向服务器端发送数据:
我这边也是。回见。
等待服务器端的消息……
收到服务器端消息:回见。
向服务器端发送数据:
end
```

15.4 UDP 数据报编程

URL 通信和 Socket 通信都有建立连接的步骤，它们都是面向连接的通信方式。事实上，URL 和 Socket 通信的底层协议是 TCP。这种通信方式需要占用一定的资源和时间以保证一对一传输的准确性、同步性和可靠性，因此基于 TCP 的通信形式被广泛应用于文件传输、信号传递等方面。

UDP 不同于 TCP，它是一种无连接的通信协议，即两个通信程序之间不需要建立连接。采用 UDP 通信的程序只负责发送和接收数据，并不考虑数据的传输顺序和内容是否准确。同时，由于 UDP 是轻量级的传输协议，传输消耗资源少，因此经常被用在对实时性要求高、对准确性要求不高的应用中。

15.4.1 UDP 通信机制

UDP 通信同样有服务器端和客户端，并且同样由服务器端监听端口。不同于基于 TCP 的 Socket 通信，UDP 通信的服务器端只有在收到客户端的数据报之后，才能从数据报中获悉客户端的地址以及端口号。每个数据报都是一个独立的信息，包括完整的源地址或目标地址，因此网络中的每个程序既可以作为服务器端（处理客户端请求）又可以作为客户端（发起请求）。

在 Java 中，通常使用 DatagramSocket 类实现收发数据报，而使用 DatagramPacket 类实现数据报，具体实现流程如图 15.8 所示。

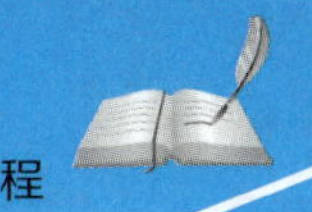

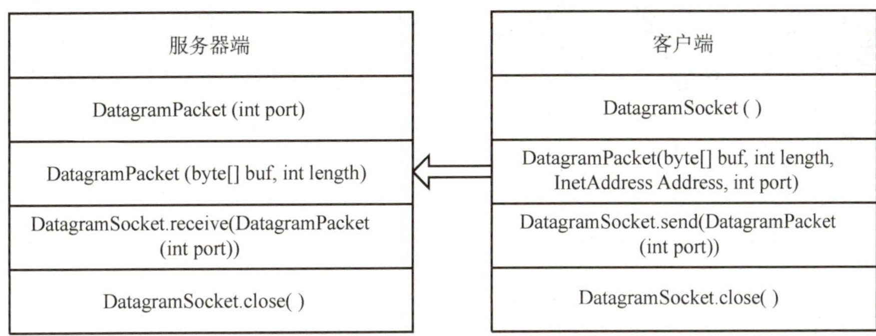

图 15.8 使用 DatagramPacket 类实现数据报

DatagramSocket 类的构造方法如表 15.4 所示。

表 15.4 DatagramSocket 类的构造方法

方法名	功能说明
DatagramSocket( )	连接并监听本机任意一个可用的端口
DatagramSocket(int port)	连接并监听指定的端口
DatagramSocket(int port, InetAddress addr)	连接并监听远程地址上的指定端口

在依据端口号构造实例的时候，要求端口不能被占用，还需要进行异常处理。

DatagramSocket 对象主要通过 receive( ) 和 send( ) 方法来分别实现数据报的接收和发送。receive( )方法执行时会使线程一直处于阻塞状态，直到数据报到达后，其中的信息被存入 receive( )的数据报对象（DatagramPacket）。由于 UDP 通信是不可靠的，可能出现 receive( )方法迟迟收不到信息的情况，因此为了防止线程死亡，需要设置超时（timeout）参数。send( )方法可以将 DatagramPacket 对象中封装的数据报发送到指定 IP 地址主机的指定端口。

DatagramPacket 类用于包装数据报，它有以下两个构造方法，分别对应于接收的数据报和发送的数据报。

- public DatagramPacket(byte[ ] buf, int length)：用于创建接收数据报的对象，其中 buf 是接收数据报的字节数组，length 是接收数据报的长度。
- public DatagramPacket(byte[ ] buf, int length, InetAddress address, int port)：用于创建发送数据报的对象，其中 buf 是发送数据报的字节数组，length 是发送数据报的长度，address 和 port 是目标主机 IP 地址及其端口。

接收数据报的程序如下：

```
try{
    //创建数据报用于接收来自服务器端的数据
    byte b[] = new byte[100];
    DatagramPacket packet = new DatagramPacket(b,b. length);    //创建客户端数据报容器
    DatagramSocket socket = new DatagramSocket(8080);          //用于接收 UDP
    socket. receive(packet);                                   //接收从服务器发来的数据报
    socket. close();                                           //关闭通信
```

```
}catch(Exception e){
    e.printStackTrace();
}
```

发送数据报的程序如下：

```
try{
    DatagramSocket socket = new DatagramSocket(8080);                     //创建对应端口的 UDP 通信
    byte b[] = "HelloWorld!".getBytes();                                  //准备要发送的信息
    InetAddress addr = InetAddress.getLocalHost();                        //发送目的地（以本机为例）
    DatagramPacket packet = new DatagramPacket(b,b.length,addr,8080);    //创建对应端口的 UDP 通信
    socket.send(packet);
    socket.close();                                                       //关闭通信
}catch(Exception e){
    e.printStackTrace();
}
```

15.4.2 UDP 通信示例

UDP 通信示例程序包括服务器编程序和客户编程序。

(1) 服务器端程序如下：

```
import java.net.*;
import java.io.*;
public class UDPServer {
  public static void main(String [] args){
    try{
      DatagramPacket packet;
      DatagramSocket socket = new DatagramSocket(8080);        //用于收发信息
      System.out.println("监听端口:"+socket.getLocalPort());
      while(true){
        //准备接收数据报的容器
        byte rec[] = new byte[1000];
        packet = new DatagramPacket(rec,rec.length);
        //接收并抽取数据
        socket.receive(packet);
        String msg = new String(packet.getData());
        System.out.println("收到数据报内容:"+msg);
        if(msg.trim().equals("end")){
          socket.close();
          break;
        }
        InetAddress addr = packet.getAddress();                //获取数据报中记录的客户端地址
        int port = packet.getPort();                           //获取数据报中记录的客户端端口
                                                               //准备发送数据报
        System.out.println("请输入要发送给客户端的信息:");
```

```
                InputStreamReader isr = new InputStreamReader(System.in);
                BufferedReader br = new BufferedReader(isr);
                msg = br.readLine();
                byte data[] = msg.getBytes();
                packet = new DatagramPacket(data,data.length,addr,port);          //生成数据报
                socket.send(packet);                                                //发送数据报
            }
        }catch(Exception e){
            e.printStackTrace();
        }
    }
}
```

(2) 客户端程序如下:

```
import java.net.*;
import java.io.*;
public class UDPClient {
    public static void main(String [] args){
        try{
            DatagramPacket packet;
            DatagramSocket socket = new DatagramSocket();               //用于收发信息
            while(true){
                //准备要发送的数据报
                System.out.println("请输入要发送给服务器端的信息:");
                InputStreamReader isr = new InputStreamReader(System.in);
                BufferedReader br = new BufferedReader(isr);
                String msg = br.readLine();
                byte data[] = msg.getBytes();
                InetAddress addr = InetAddress.getLocalHost();
                packet = new DatagramPacket(data,data.length,addr,8080);
                //发送数据
                socket.send(packet);
                if(msg.equals("end")){
                    socket.close();
                    break;
                }
                //准备接收来自服务器端的数据报
                byte rec[] = new byte[1000];
                packet = new DatagramPacket(rec,rec.length);
                socket.receive(packet);
                msg = new String(packet.getData());
                System.out.println("收到服务器端信息:"+msg);
            }
        }catch(Exception e){
```

```
            e.printStackTrace();
        }
    }
}
```

先运行服务器端程序，此时监听端口正等待数据报抵达；然后运行客户端程序，输入要发送的信息并通过 UDP 传向服务器端。经过简单通信后，由客户端发送终止通信的信号 end。

服务器端程序运行结果如下：

```
监听端口:8080
收到数据报内容:
你好！这里是 UDP 客户端。
请输入要发送给客户端的信息:
你好！服务器端向你问好。
收到数据报内容:end
```

客户端程序运行结果如下：

```
请输入要发送给服务器端的信息:
你好！这里是 UDP 客户端。
收到服务器端信息:你好！服务器端向你问好。
请输入要发送给服务器端的信息:
end
```

本章小结

（1）TCP 与 UDP 通信的主要区别如表 15.5 所示。

表 15.5　TCP 与 UDP 通信的主要区别

	TCP	UDP
是否连接	√	×
是否可靠	√	×
传输方式	面向字节流	面向报文
连接对象	仅支持一对一	支持一对一、一对多、多对一和多对多
适用场景	对传输可靠性要求高，如文件传输等	对实时性要求比较高，如远程会议等

（2）URL 格式为“<协议>://<域名或 IP>:<端口>/<路径>”。

（3）Socket 通信的实现步骤如下。

①创建 ServerSocket 和 Socket 对象，ServerSocket 使用 accept( )方法监听端口。

②处理连接到的 Socket 的输入/输出流。

③按照协议对 Socket 进行读写操作。

④关闭输入/输出流和 Socket 连接。

(4) UDP 通信的基本步骤如下。

①创建 DatagramSocket 对象。

②使用 DatagramPacket 对象封装数据报。

③使用 DatagramSocket 对象的 send( )或 receive( )方法发送或接收数据报。

④按照协议对 Socket 进行读写操作。

⑤关闭输入输出流和 Socket 连接。

习题 15

简答题

15.1　TCP/IP 模型有多少层？请做简单介绍。

15.2　URL 各组成部分是什么？

15.3　使用 Java 实现 TCP 通信的步骤是什么？

选择题

15.4　客户端使用以下哪条语句请求与服务器的连接？(　　)

A. Socket s=new Socket(ServerName, port);

B. Socket s=serverSocket.accept();

C. Socket s=serverSocket.getSocket();

D. Socket s=newSocket(ServerName);

15.5　以下哪个方法是 DatagramSocket 类用于发送数据的方法？(　　)

A. receive( )　　B. accept( )　　C. set( )　　D. send( )

15.6　使用 UDP 通信时，需要使用以下哪个类把要发送的数据打包？(　　)

A. Socket　　B. DatagramSocket

C. DatagramPacket　　D. ServerSocket

15.7　在实现基于 TCP 的网络应用程序时，服务器端正确的处理流程是什么？(　　)

A. socket( ) → bind( ) → listen( ) → connect( ) → read( )/write( ) → close( )

B. socket( ) → bind( ) → listen( ) → read( )/write( ) → close( )

C. socket( ) → bind( ) → listen( ) → accept( ) → read( )/write( ) → close( )

D. socket( ) → connect( ) → read( )/write( ) → close( )

15.8　下列关于 TCP 的描述中，哪个是错误的？(　　)

A. TCP 是有连接的通信　　B. TCP 可以实现双向通信

C. TCP 必须先连接再通信　　D. TCP 不能实现单向通信

15.9　网络资源地址没有包含的内容是以下哪个？(　　)

A. 协议　　B. 主机地址

C. 访问权限　　D. 网络资源的文件名

15.10　数据报包装类 DatagramPacket 中读取数据的方法是以下哪个？(　　)

A. getData( )　　B. getInputStream( )　　C. accept( )　　D. getLength( )

15.11　下列关于 TCP 和 UDP 的描述中，哪个是错误的？(　　)

A. TCP 是有连接的通信　　B. TCP 可以实现双向通信

C. UDP 是无连接的通信　　D. UDP 不能实现双向通信

程序设计题

15.12　基于 TCP/IP 协议编程实现简单的聊天系统，自行设计界面，实现多人聊天。服务器端负责接收所有客户端的信息，并转发到指定的聊天对象。

要求如下。

(1) 可实现本地、异地聊天。

(2) 可实现与单个特定对象或多人聊天。

结合计算机网络课程中学到的知识，自行桥接从多层协议到 Socket 的跨度，即 Socket 中的概念如何对应网络通信中的各种概念？例如，套接字的 connect、listen 和 apply 具体做了哪些工作？参与了网络协议中的哪些协议或行为？

1999 年，腾讯公司开发了 OICQ 即时通信软件（即 QQ 的前身）。一个即时通信软件的核心通信原理均包含在本章的知识点中，试开发一个即时通信程序，实现远程信息交流。

实验 15

实验 15.1　抓取服务器网页

实验 15.2　客户端上传文件

实验 15.3　网络编程综合实验——下棋小程序

第 16 章　数据库编程

【本章导读】

Java 可以使用文件进行数据的保存和读取，但用文件进行这些工作可能会出现数据重复、数据无法同步、操作的完整性和安全性受到影响等诸多问题。采用数据库管理工具进行数据的存储与查询能够非常有效地解决这些问题，因此数据库技术是目前进行数据处理的主流技术。

JDBC 是 Java 中被广泛使用的数据库操作 API，程序员可以通过它用 Java 和标准的 SQL 语句进行数据库相关应用开发，从而真正实现了跨平台软件开发。

本章将以 MySQL 数据库为例，详细介绍应用程序如何使用 JDBC 提供的 API 进行数据库的连接与操作。

【本章思维导图】

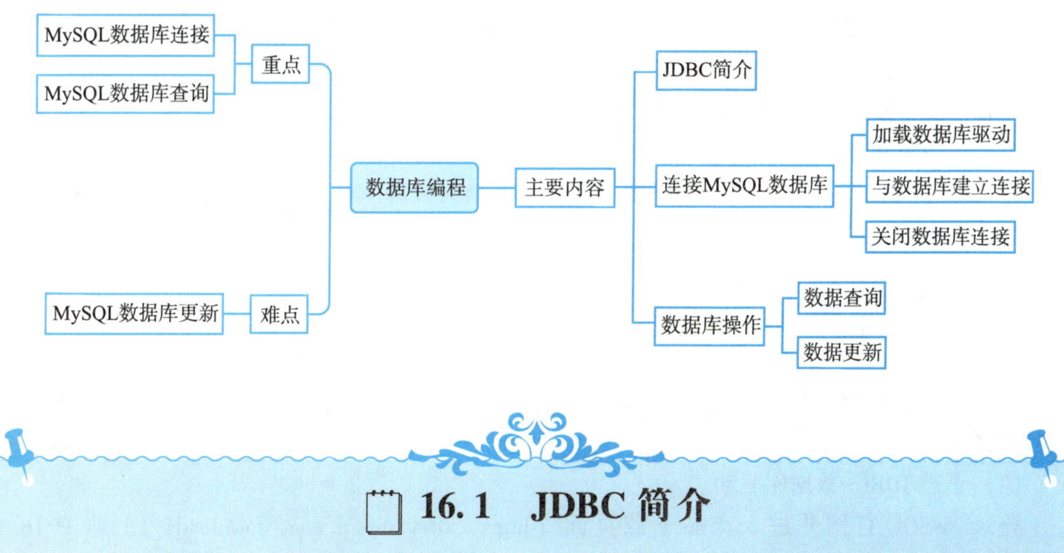

16.1　JDBC 简介

JDBC 的全称为 Java 数据库连接（Java Database Connectivity），它是专门为 Java 应用程序访问数据库而设计的一组 API，是 Java 数据库应用程序开发中的一项核心技术。JDBC 为 Java 程序员提供了访问和操作众多关系型数据库的一个统一接口。通过 JDBC，用 Java 编写的应用程序能够执行 SQL 语句、获取结果、显示数据等，并且可以将所做的修改回传给数据库。

一般来说，Java 程序可以使用 JDBC 进行以下 3 个操作。

（1）与数据库建立连接。

（2）向已建立连接的数据库发送 SQL 语句。

（3）处理 SQL 语句返回的结果。

MySQL 数据库是世界上最流行的关系型开源数据库管理系统之一，下面将基于 MySQL 数据库介绍数据库编程中的相关操作。

16.2 连接 MySQL 数据库

MySQL 数据库是一种关系型数据库管理系统，是 Oracle 公司旗下的产品，支持在 UNIX、Linux、Mac OS和 Windows 等平台上使用。相对其他数据库而言，MySQL 数据库体积小、速度快，使用起来更加方便、快捷，它的源代码开放，开发人员可根据需求自行修改。

MySQL 数据库采用社区版和商业版的双授权政策，兼顾了免费使用和付费服务的场景，软件使用成本低。因此，越来越多的公司开始使用 MySQL 数据库。在 Web 开发领域，MySQL 数据库占据着举足轻重的地位。目前，许多应用开发项目都选用 MySQL 数据库，其主要原因是 MySQL 数据库的社区版性能卓越，能够满足许多应用程序的开发需要，而且 MySQL 数据库的社区版是开源数据库管理系统，可以降低软件的开发难度和使用成本。

MySQL 数据库安装完成并启动后，应用程序为了能和数据库交互，必须首先和 MySQL 数据库服务器上的数据库建立连接。与数据库建立连接要经过以下 3 个步骤。

（1）加载数据库驱动。

（2）与数据库建立连接。

（3）关闭数据库连接。

目前，在开发中常用的数据库驱动为 Native-protocol All-Java Driver 类型驱动，这种驱动是一种纯 Java 的驱动，称作 JDBC-数据库驱动，即 JDBC 调用本地的 JDBC-数据库驱动和相应的数据库建立连接。Java 运行环境将 JDBC-数据库驱动转换为数据库管理系统所使用的专用协议来实现与特定的数据库交互。

16.2.1 加载数据库驱动

应用程序与 MySQL 数据库建立连接之前，首先需要在应用程序运行的计算机上安装 JDBC-数据库驱动。

（1）下载 JDBC-数据库驱动。

登录 MySQL 官网并进入产品下载页面（https://dev.mysql.com/downloads/），如图 16.1 所示。

在页面中选择适用于 Java 的连接器 Connector/J，进入连接器的下载页面，如图 16.2 所示。在页面的 Select Operating System 下拉列表中选择 Platform Independent，选择下方的文件（如 mysql-connector-java-8.0.26.zip）下载。

将下载的连接器压缩包解压缩后，目录下的 mysql-connector-java-8.0.29.jar 文件就是连

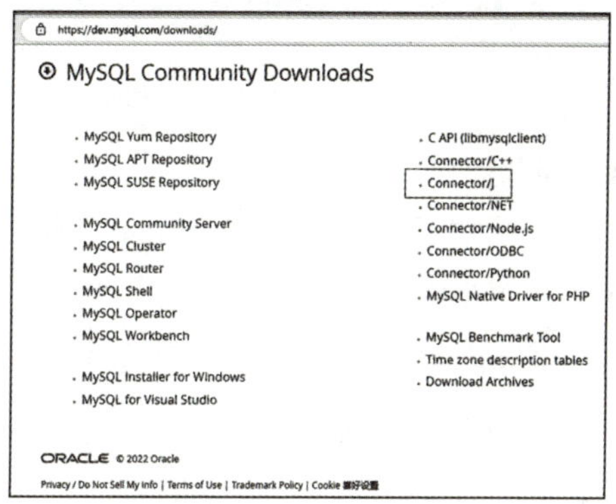

图 16.1　MySQL 产品下载页面

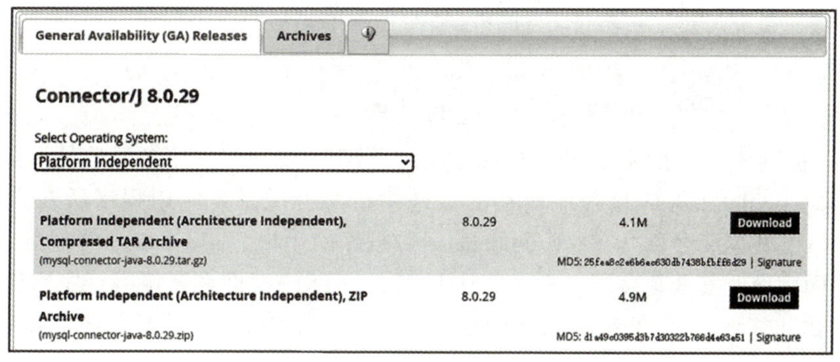

图 16.2　连接器的下载页面

接 MySQL 数据库的 JDBC-数据库驱动。将该文件添加到项目中即可进行后续的驱动器加载。以 IntelliJ IDEA 项目为例，通过“项目结构”→“项目设置”→“依赖”→“添加 JAR”操作，导入驱动程序，如图 16.3 所示。

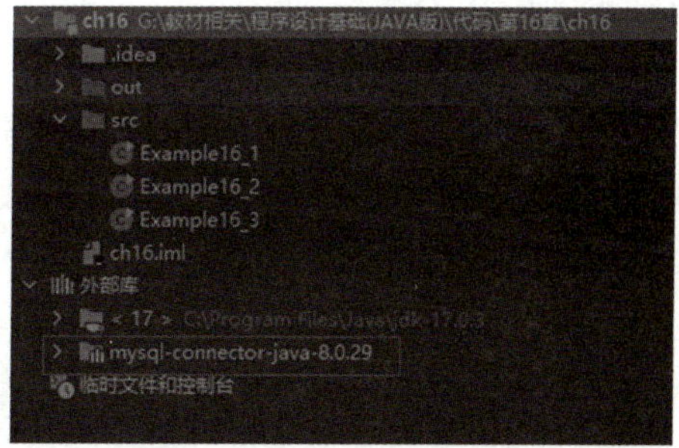

图 16.3　导入驱动程序

（2）加载 JDBC-数据库驱动。

为实现与特定的数据库连接，JDBC 必须加载相应的驱动程序类。通常可以采用 Class.forName( ) 方法显式地加载一个驱动程序类，由驱动程序负责向 DriverManager 登记注册，将使用此驱动程序与数据库连接，具体代码如下：

```
Class.forName("com.mysql.cj.jdbc.Driver");          //MySQL 8.0 以上适用
```

16.2.2 与数据库建立连接

由于 JDBC 驱动程序与数据库的连接是以对象的形式表示的，因此创建数据库连接也称为创建数据库连接对象。要想将 JDBC 驱动程序连接到一个数据库，需要使用 DriverManager 类中的静态方法来创建连接，其一般的使用格式如下：

```
Connection conn = DriverManager. getConnection( String url,String user,String password);
```

调用上述方法和数据库建立连接后，即可以返回一个 Connection 对象。应用程序与 MySQL 数据库建立连接的具体代码如下：

```
String url =
"jdbc:mysql://localhost:3306/dbname? useSSL=false&serverTimezone=UTC";
String user = "username";
String pwd = "password";
Connection conn = DriverManager. getConnection( url,user,pwd);
```

其中，url 提供了一种表示数据库位置的方法，指明了要连接的服务器地址、端口号、数据库类型及名称。localhost 为应用程序所在的本地主机，也可以是应用程序所在主机 IP 地址。dbname 为 MySQL 数据库名称。有权访问 dbname 数据库的用户为 username，密码为 password。用户应在 url 中明确设置安全套接层（Secure Socket Layer,SSL），即在连接字符序列信息中明确使用 userSSL 参数，并设置其值是 true 或 false。另外，在 url 中需要指定时区（serverTimezone = UTC），如果在中国，则 serverTimezone 可以选择设置为 Asia/Shanghai 或 Asia/Hongkong。

例 16.1 应用程序连接 MySQL 数据库。程序如下：

```
import java. sql. * ;
public class Example16_1 {
    public static void main( String args[]) {
        // JDBC driver name and database URL
        String JDBC_DRIVER = "com. mysql. cj. jdbc. Driver";
        String DB_URL = "jdbc:mysql://localhost:3306/dbname? useSSL = false&serverTimezone = UTC";
        String USER = "root";
        String PASS = "123456";
        try {
            Class. forName( JDBC_DRIVER);
            Connection conn = DriverManager. getConnection( DB_URL,USER,PASS);
            System. out. println( conn);
            if (conn ! = null)
                System. out. println( "数据库连接成功!");
            else
                System. out. println( "数据库连接失败!");
        } catch (Exception e) {
        }
    }
}
```

程序运行结果如图 16.4 所示。

```
com.mysql.cj.jdbc.ConnectionImpl@4fb64261
数据库连接成功!
```

图 16.4　例 16.1 的运行结果

需要特别注意的是，如果数据库表中的记录有汉字，那么在建立连接时需要额外多传递一个参数 characterEncoding，并取值为 gb2312 或 utf-8，示例代码如下：

```
String url =
"jdbc:mysql://localhost:3306/dbname? useSSL=false&characterEncoding=utf-8&serverTimezone=UTC";
```

16.2.3　关闭数据库连接

在 JDBC 程序的末尾，应关闭所有连接到数据库的连接，以结束每个数据库会话，节约数据库资源，代码如下：

```
conn.close();
```

16.3　数据库操作

应用程序一旦和指定的数据库建立连接，就可以使用 JDBC 提供的 API 和数据库交互信息，例如查询、修改和更新数据库中的表等。JDBC 和数据库表进行交互的主要方式是使用 SQL 语句，JDBC 提供的 API 可以将标准的 SQL 语句发送给数据库，实现和数据库的交互。

对一个数据库进行交互操作，需执行以下 3 个步骤。

（1）创建 Statement 对象。

数据库连接完成后，让已创建的连接对象 conn 调用 createStatement()方法来创建 Statement 对象，代码如下：

```
try {
    Statement stmt = conn.createStatement();
     ...
} catch (SQLException se) {
   se.printStackTrace();
}
```

（2）向数据库发送 SQL 语句并返回结果。

当创建了一个 Statement 对象之后，可以用它的 3 个执行方法中的任意一个方法来执行 SQL 语句。

ResultSet executeQuery(String SQL)：数据查询操作，执行给定的 SQL 语句(select)，并将结果封装在一个结果集 ResultSet 对象中返回。

int executeUpdate(String SQL)　数据更新操作，执行给定的 DML 语句（包括 insert、update、delete 语句）、DDL 语句（包括 create、alter、drop 语句），返回数据库执行 SQL 语句后影响的行数，可以通过影响的行数判断 DML 语句是否执行成功，若返回值大于 0，则表示执行成功，否则失败。

bookean execute(String SQL)　可以执行任意的 SQL 语句。如果 ResultSet 对象可以被检索，则返回的布尔值为 true，否则返回 false。

(3) 关闭 Statement 对象。

关闭 Statement 对象，节约数据库资源，代码如下：

```
stmt.close();
```

就像关闭 Connection 对象一样，调用 close()方法也可关闭 Statement 对象。需要说明的是，关闭 Connection 对象时，也会同时关闭 Statement 对象。然而，在程序中应始终明确关闭 Statement 对象，以确保真正清除对象。

16.3.1 数据查询

当应用程序向已建立的数据库进行数据查询操作时，会发送 SQL 查询语句，具体代码如下：

```
sql = "SELECT *  FROMd bname";
ResultSet rs = stmt.executeQuery(sql);
```

代码执行从数据库 dbname 中进行数据查询操作，并将查询结果返回给 ResultSet 对象 rs。结果集是包含 SELECT 语句中符合条件的所有行，这些行的全体称为结果集，返回的结果集是一个表，而这个表就是 ResultSet 接口的对象。在结果集中通过记录指针（也称为游标）控制具体记录的访问，记录指针指向结果集的当前记录。结果集的记录指针初始位置在结果集第一行记录，可以使用next()方法将记录指针移到下一行记录。获得一行记录后，可以使用 getXxx()方法从当前行获取数据值。

ResultSet 接口的方法可以分为以下 3 类（表 16.1 给出了 ResultSet 接口的常用方法）。

(1) 导航方法：用于移动记录指针。

(2) 获取方法：用于查看记录指针指向当前行的列中的数据。

(3) 更新方法：用于更新当前行的列中的数据。

表 16.1　ResultSet 接口的常用方法

方法名	功能说明
public boolean absolute(int row)	将记录指针移动到结果集的第 row 条记录
public boolean relative(int row)	按相对行数（或正或负）移动记录指针
public void beforFirst()	将记录指针移动到结果集的头部（第一条记录之前）
public boolean first()	将记录指针移动到结果集的第一条记录
public boolean previous()	将记录指针从结果集的当前位置移动到上一条记录

续表

方法名	功能说明
public boolean next( )	将记录指针从结果集的当前位置移动到下一条记录
public boolean last( )	将记录指针移动到结果集的最后一条记录
public void afterLast( )	将记录指针移动到结果集的尾部（最后一条记录之后）
public boolean isAfterLast( )	判断记录指针是否位于结果集的尾部
public boolean isBeforeFirst( )	判断记录指针是否位于结果集的头部
public boolean isFirst( )	判断记录指针是否位于结果集的第一条记录
public boolean isLast( )	判断记录指针是否位于结果集的最后一条记录
public int getRow( )	返回当前记录的行号
public String getString(String columnLabel)	返回当前记录字段名为 columnLabel 的值
public String getString(int columnIndex)	返回当前行第 columnIndex 列的值，为 String 类
public int getInt(int columnIndex)	返回当前行第 columnIndex 列的值，为整型
public Statement getStatement( )	返回生成结果集的 Statement 对象
public void close( )	释放此 ResultSet 对象的数据库和 JDBC 资源
public ResultSetMetaData getMetaData( )	返回结果集的列的编号、类型和属性
public void updateString(int columnIndex,String s)	将指定列中的 String 更改为 s 的值
public void updateRow( )	通过更新数据库中的相应行来更新当前行
public void deleteRow( )	从数据库中删除当前行

在使用 createStatement( )方法创建 Statement 对象时，可根据指定的 ResultSet 属性进行记录指针移动方式的设置，代码如下：

```
createStatement(int RSType,int RSConcurrency);
```

第一个参数 RSType 表示 ResultSet 对象的类型，第二个参数 RSConcurrency 用于指定结果集是只读还是可更新。

参数 RSType 的具体取值如表 16.2 所示。

表 16.2 参数 RSType 的具体取值

取值	描述
ResultSet. TYPE_FORWARD_ONLY	记录指针只能在结果集中向前移动
ResultSet. TYPE_SCROLL_INSENSITIVE	记录指针可以向前和向后移动，当结果集创建后，其他数据库的操作不会影响结果集的数据
ResultSet. TYPE_SCROLL_SENSITIVE	记录指针可以向前和向后移动，当结果集创建后，其他数据库的操作会影响结果集的数据

参数 RSConcurrency 的具体取值如表 16.3 所示。

表 16.3　参数 RSConcurrency 的具体取值

取值	描述
ResultSet. CONCUR_READ_ONLY	创建一个只读结果集，为默认值
ResultSet. CONCUR_UPDATABLE	创建一个可修改的结果集

例 16.2　应用程序数据库查询操作。程序如下：

```
import java. sql. * ;
public class Example16_2 {
    public static void main( String args[]) {
        // JDBC driver name and database URL
        String JDBC_DRIVER = "com. mysql. cj. jdbc. Driver";
        String DB_URL = "jdbc:mysql://localhost:3306/dbname? useSSL = false&serverTimezone = UTC";
        String USER = "root";
        String PASS = "123456";
        Connection conn = null;
        try {
            Class. forName( JDBC_DRIVER);
            conn = DriverManager. getConnection( DB_URL, USER, PASS);
            if (conn != null)
                System. out. println( "数据库连接成功!");
            else
                System. out. println( "数据库连接失败!");
        } catch (Exception e) {
        }
        try {
            System. out. println( "查询数据库,并将结果打印出来:");
            Statement sql = conn. createStatement( );
            ResultSet rs = sql. executeQuery( "SELECT *  FROM personlist");
            while (rs. next( ) ) {
                String number = rs. getString(1);
                String name = rs. getString(2);
                Date date = rs. getDate(3);
                int abilityvalue = rs. getInt(4);
                System. out. printf( "% s\t", number);            //打印序号
                System. out. printf( "% s\t", name);              //打印名字
                System. out. printf( "% s\t", date);              //打印记录日期
                System. out. printf( "% d\n", abilityvalue);      //打印武力值
            }
            conn. close( );
        } catch (Exception e) {
        }
    }
}
```

程序运行结果如图 16.5 所示。

```
数据库连接成功!
查询数据库，并将结果打印出来:
001 张无忌  2022-08-05  100
002 谢逊    2022-08-05  95
003 赵敏    2022-08-05  87
004 周芷若  2022-08-05  92
```

图 16.5 例 16.2 的运行结果

16.3.2 数据更新

当应用程序向已建立的数据库进行数据更新操作时，会发送 SQL 更新语句，具体代码如下：

```
public int count = stmt. executeUpdate( String sql);
```

更新操作通过参数 sql 给定的 SQL 语句，实现数据库表中记录的更新、添加和删除。

（1）更新 SQL 语句格式如下：

```
String sql = "UPDATE 表名 SET 字段 = 新值 WHERE <条件子句>";
```

（2）添加 SQL 语句格式如下：

```
String sql = "INSERT INTO 表名 (字段列表) VALUES (对应的具体的记录)";
```

（3）删除 SQL 语句格式如下：

```
String sql = "DELETE FROM 表名 WHERE <条件子句>";
```

例 16.3 应用程序数据库更新操作。向数据库表中插入记录，程序如下：

```
import java. sql. * ;
public class Example16_3 {
    public static void main( String args[]) {
        // JDBC driver name and database URL
        String JDBC_DRIVER = "com. mysql. cj. jdbc. Driver";
        String DB_URL = "jdbc:mysql://localhost:3306/dbname? useSSL = false&serverTimezone = UTC";
        String USER = "root";
        String PASS = "123456";
        Connection conn = null;
        Statement sql = null;
        ResultSet rs = null;
        try {
            Class. forName( JDBC_DRIVER);
            conn = DriverManager. getConnection( DB_URL, USER, PASS);
            if (conn != null)
                System. out. println("数据库连接成功!");
            else
                System. out. println("数据库连接失败!");
```

```
            } catch (Exception e) {
            }
            String record = "('005','张三丰','2022-08-10',100)," + "('006','张翠山','2022-08-15
',90)";     //2 条记录
            String sqlStr = "insert into personlist values" + record;
            try {
                sql = conn.createStatement();
                int count = sql.executeUpdate(sqlStr);          //数据库更新
                System.out.println("数据库增加记录完成,查询数据库并将更新后的数据表打印出来:");
                rs = sql.executeQuery("SELECT *  FROM personlist");
                while (rs.next()) {
                    String number = rs.getString(1);
                    String name = rs.getString(2);
                    Date date = rs.getDate(3);
                    int abilityvalue = rs.getInt(4);
                    System.out.printf("%s\t", number);          //打印序号
                    System.out.printf("%s\t", name);            //打印名字
                    System.out.printf("%s\t", date);            //打印记录日期
                    System.out.printf("%d\n", abilityvalue);    //打印武力值
                }
                conn.close();
            } catch (SQLException e) {
            }
        }
    }
```

程序运行结果如图 16.6 所示。

```
数据库连接成功!
数据库增加记录完成，查询数据库并将更新后的数据表打印出来:
001 张无忌  2022-08-05  100
002 谢逊    2022-08-05  95
003 赵敏    2022-08-05  87
004 周芷若  2022-08-05  92
005 张三丰  2022-08-10  100
006 张翠山  2022-08-15  90
```

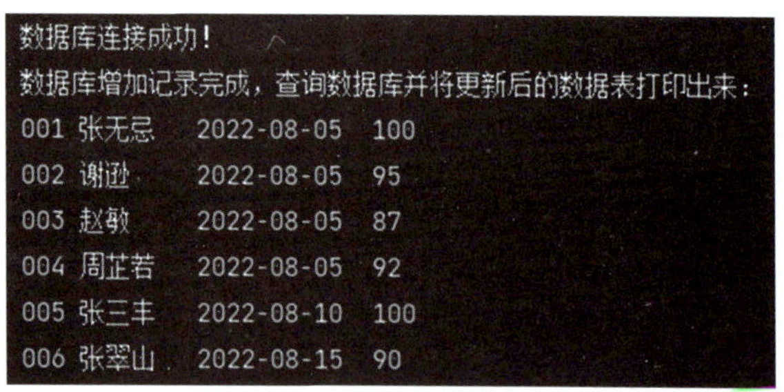

图 16.6　例 16.3 的运行结果

本章小结

(1) JDBC 为用户提供了访问和操作众多关系型数据库的统一接口。通过 JDBC API，用 Java 编写的应用程序能够执行 SQL 语句、获取结果、显示数据等，并且可以将所做的修改回传给数据库。

（2）使用 Java 开发任何数据库应用程序都需要 4 个接口：Driver、Connection、Statement 和 ResultSet。这些接口定义了使用 SQL 语句访问数据库的方法。JDBC 驱动程序开发商或第三方已实现了这些接口中的方法。

（3）使用 JDBC 访问数据库的一般步骤如下：加载驱动程序、建立与数据库的连接、创建执行方式语句、执行 SQL 语句、处理返回结果和关闭创建的各种对象。

（4）JDBC 通过 ResultSet 返回查询结果集，并提供记录指针对其记录进行定位。

（5）当查询 ResultSet 对象中的数据时，不能关闭和数据库的连接。

习题 16

简答题

16.1　描述 JDBC 中 Driver、Connection、Statement 和 ResultSet 接口的功能。

16.2　归纳使用 JDBC 进行数据库访问的完整过程。

程序设计题

16.3　编写一个应用程序，使其可以从例 16.3 数据库的 personlist 表中查询姓名字段的所有信息。

16.4　编写一个应用程序，使其可以删除例 16.3 数据库的 personlist 表中的某条记录。

扩展阅读

JDBC 通过 3 种方式执行 SQL 语句对表进行查询。这 3 种方式为：不含参数的静态查询（静态 SQL 语句）、含有参数的动态查询（动态 SQL 语句）和存储过程调用，它们分别对应 Statement、PreparedStatement 和 CallableStatement 接口。请读者查阅并学习这 3 种接口的相关知识与使用方法。

扩展练习

使用 Statement 接口实现对数据库的查询、添加和删除操作。

实验 16

实验 16　Java 连接 MySQL 并进行数据库操作

第 17 章　综合实例——C/S 网络程序（Web 服务器与浏览器）

第 17 章　综合实例——C/S 网络程序（Web 服务器与浏览器）

实验 17

实验 17.1　生成 Web 服务器配置文件

实验 17.2　Web 服务器

实验 17.3　浏览器

参考文献

[1] 耿祥义，张跃平. Java 2 实用教程［M］. 6 版. 北京：清华大学出版社，2021.

[2] 陈国君. Java 程序设计基础［M］. 7 版. 北京：清华大学出版社，2021.

[3] 尉哲明，冀素琴，郭珉. 基于 Java 的综合课程设计［M］. 北京：清华大学出版社，2014.

[4] Oracle. Java © Platform，Standard Edition & Java Development Kit Version 10 API Specification［EB/OL］.［2022-10-10］. https://www.oracle.com/java/technologies/java-archive-javase10-downloads.html.

[5] Oracle. javafx-18-javadoc［EB/OL］.［2022-10-10］. https://openjfx.io/javadoc/18/.

[6] PAUL DEITEL，HARVEY DEITEL. Java How to Program（Ninth Edition）［M］. 北京：电子工业出版社，2017.

[7] 常新功，郝丽霞，尉哲明. 基于隐性知识传播的 Java 程序设计课程思政教学探讨［J］. 教育，2022（4）：135-138.

[8] 常新功，郝丽霞. IT 类研究生课程思政教育案例探讨［J］. 电脑知识与技术，2020，16（25）：111-112.

[9] 尉哲明，冀素琴. 基于 Java 的综合课程设计研究与实践［J］. 计算机教育，2015（3）：23-25.

[10] 尉哲明，郝建文. Java 中利用内部类简化程序的编写［J］. 微机发展，2003（3）：41-44+87.

[11] FENG T. Research on Design Pattern Detection Technology Towards Java［J］. Computer Engineering and Applications，2005，41（25）：28-33.

[12] ANTONIOL G，FIUTEM R，CRISTOFORETTI L . Design Pattern Recovery in Object-oriented Software［C］// International Workshop on Program Comprehension Iwpc. IEEE，2002.

[13] ANTONIOL G，CASAZZA G，FIUTEM R，et al. Object-oriented Design Patterns Recovery［J］. Journal of Systems and Software，2001，59（2）：181-196.

[14] JOHNSON R，GAMMA E，VLISSIDES J，et al. Design Patterns：Elements of Reusable Object-oriented Software［M］. 北京：机械工业出版社，2002.

[15] PREE W. Design Patterns for Object-oriented Software Development［M］. ACM Press/Addison-Wesley Publishing Co.，1995.

[16] LARMAN C. Applying UML and Patterns：An Introduction to Object-oriented Analysis and Design and Iterative Development［J］. Communications of the Korean Institute of Information Scientists & Engineers，1998，16（9）：525-535.

[17] NOBLE J. Classifying Relationships between Object-oriented Design Patterns［C］// Australian Software Engineering Conference. IEEE CS Press，1998.

[18] MENS T，Tourwé T. A Declarative Evolution Framework for Object-oriented Design Patterns［C］//icsm. 2001，1：570.

[19] HASAN M S, HASAN K . Finding the Design Pattern from the Source Code for Developing Reusable Object Oriented Software [C] // International Conference on Applications of Digital Information & Web Technologies. IEEE, 2009.

[20] GUIZZO G, COLANZI T E, VERGILIO S R. A Pattern-driven Mutation Operator for Search-based Product Line Architecture Design [C] //International Symposium on Search Based Software Engineering. Springer, Cham, 2014: 77-91.